人工智能通识应用

韩维启 孙 鹏 梁丽霞 主 编
郭学丽 孙孟莉 韩洪禹 副主编

清华大学出版社
北京

内 容 简 介

本书是为中等职业教育学生量身打造的通识性教材,系统介绍了人工智能的基础理论、核心技术及行业应用。全书共十一个模块,内容循序渐进,兼顾知识普及与实践能力培养。模块一从人工智能的起源、全球发展脉络切入,重点剖析"中国智造"的政策支持、科研突破与产业成果,彰显本土化特色。模块二至模块四深入解析机器学习、神经网络与深度学习的基本原理,对比传统方法与前沿技术的异同,辅以医疗、交通等领域的应用案例,强化理论联系实际。模块五至模块八聚焦 AIGC、语音识别、计算机视觉等热门技术,结合智慧旅游、医疗、自动驾驶等场景,展现人工智能如何重塑社会生活。模块九独辟蹊径探讨 AI 安全、人机协同及传统文化融合,融入职业素养元素,引导学生思考科技伦理。模块十和模块十一以 ChatGPT、DeepSeek 等主流工具为例,详解大模型原理并提供实操指南,通过论文撰写、算法实现等任务提升学生技术应用能力。教材采用"理论+案例+实践"三维架构,每个模块配备课后练习,配套数字化资源助力教学,助力中职生构建 AI 知识体系,培养创新思维与职业素养,为适应智能时代奠定坚实基础。

图书在版编目(CIP)数据

人工智能通识应用 / 韩维启,孙鹏,梁丽霞主编.
北京 : 清华大学出版社,2025.8. -- ISBN 978-7-302
-68486-2

Ⅰ. TP18

中国国家版本馆 CIP 数据核字第 2025V42H05 号

责任编辑:张　弛
封面设计:刘　键
责任校对:郭雅洁
责任印制:沈　露

出版发行:清华大学出版社
　　　　网　　　址:https://www.tup.com.cn,https://www.wqxuetang.com
　　　　地　　　址:北京清华大学学研大厦 A 座　　　邮　　编:100084
　　　　社　总　机:010-83470000　　　　　　　　　邮　　购:010-62786544
　　　　投稿与读者服务:010-62776969,c-service@tup.tsinghua.edu.cn
　　　　质量反馈:010-62772015,zhiliang@tup.tsinghua.edu.cn
　　　　课件下载:https://www.tup.com.cn,010-83470410
印　装　者:三河市龙大印装有限公司
经　　　销:全国新华书店
开　　　本:185mm×260mm　　　印　　张:13.75　　　字　　数:329 千字
版　　　次:2025 年 8 月第 1 版　　　　　　　　　　印　　次:2025 年 8 月第 1 次印刷
定　　　价:49.00 元

产品编号:109829-01

前　言

在人类文明迈向智能时代的今天，人工智能已从科幻小说的畅想转变为重塑世界的现实力量。从清晨唤醒我们的语音助手，到改变医疗诊断的影像分析系统；从街道上试运行的自动驾驶汽车，到工厂里精准操作的机械臂——人工智能正在以前所未有的速度渗透到人类生活的每个维度。为培养适应智能时代的新型人才，我们精心编写了本教材，致力于为中等职业教育构建一座连接人工智能技术与人文素养的桥梁。

本书立足"通识教育"的核心定位，突破传统技术类教材的局限，构建了"三维一体"的内容体系：在纵向维度上，系统梳理人工智能从远古机械装置到现代深度学习的演进脉络，通过"动物中枢神经系统如何启发人工智能""重塑内容与创新的未来图景"等特色章节，展现技术发展背后的科学思维与人文智慧；在横向维度上，涵盖语音识别、计算机视觉、自动驾驶等十二大前沿领域，结合"智慧旅游行程规划""AI 糖尿病健康监测"等 30 余个真实案例，让抽象理论与生活实践紧密相连；在价值维度上，专设"人工智能安全""人机协同发展"等素养专题，引导学生思考技术伦理、文化传承与职业责任，培养兼具技术素养与人文关怀的数字公民。

本书的编写凸显三大创新特色：其一，首创"技术认知—应用实践—价值引领"的三阶学习路径，每个模块设置"原理图解""场景实验室""思维延展"，使理论学习与实践操作形成闭环；其二，融入"中国智造"特色内容，既展现我国在深度学习框架、智能芯片等领域的突破，也剖析智慧城市、智能制造的本土化实践，增强学生的文化自信与创新意识；其三，紧跟生成式 AI 技术浪潮，设置"测试 ChatGPT 应用""探索 DeepSeek 更多应用"等实践章节，指导学生运用大模型工具完成论文撰写、算法设计等真实任务，培养符合产业需求的 AI 应用能力。

对教师而言，本书提供模块化教学设计方案：每个模块配备思维导图式知识图谱、分层级实训项目库及职业素养案例包，特别开发"AI + 专业"融合教学案例，支持计算机、旅游管理、医疗护理等不同专业的个性化教学需求。对于学生，教材通过"技术史话""发明背后的故事"等趣味栏目激发学习兴趣，设置"AI 创意工坊""技术辩论台"等互动环节，引导学生从被动接受者转变为主动探索者。

在数字化转型的浪潮中，掌握人工智能通识能力已成为现代职场人的必备素养。本书不仅传授关键技术原理，更注重培养智能时代的核心能力——人机协作中的批判思维、技术应用中的创新意识、职业发展中的伦理判断。让我们共同开启这段充满惊喜的智能探索之旅,在解码人工智能奥秘的过程中,收获面向未来的成长密钥。

　　谨以本书献给所有渴望拥抱智能时代的师生,愿它成为您认知 AI 世界的窗口、实践智能技术的阶梯、思考人类文明未来的支点。让我们携手在人工智能的星辰大海中,驶向充满无限可能的明天!

编　者

2025 年 4 月

教学课件

目 录

CONTENTS

模块一

人工智能起源与发展

项目一　初识人工智能

人工智能(Artificial Intelligence,AI)是一门涉及多个学科领域的交叉科学,其核心在于探索、开发能够模拟、延伸和扩展人类智能的理论、方法、技术及应用系统。AI旨在使机器能够像人一样思考、学习和解决问题,从而在各种场景中实现自动化、智能化和高效化。

从定义上来看,人工智能具有以下几个关键特征。

(1) 模拟人类智能:AI通过算法和模型模拟人类的感知、思考、学习和决策过程。这些过程包括图像识别、语音识别、自然语言处理、决策制订等。

(2) 跨学科性:AI的研究和发展涉及计算机科学、数学、物理学、认知心理学、哲学等多个学科。这些学科为AI提供了理论支持和技术手段,推动了AI技术的不断进步和应用拓展。

(3) 自动化和智能化:AI的目标是实现自动化和智能化,使机器能够自主完成复杂任务,提高工作效率和质量。例如,在制造业中,AI可以自动化地完成生产线上的各种操作;在医疗领域,AI可以辅助医生进行疾病诊断和治疗计划制订。

(4) 应用广泛性:AI的应用范围非常广泛,涵盖了工业、农业、交通、医疗、教育、娱乐等多个领域。随着技术的不断进步和应用场景的不断拓展,AI将在未来发挥更加重要的作用。

在人工智能的发展历程中,人们不断探索和创新,推动了AI技术的不断进步。从最初的符号主义到连接主义,再到深度学习等先进技术的出现,AI已经逐渐发展成为一门成熟的学科领域。如今,AI技术已经在各个领域取得了显著的成果和突破,为人类社会的发展带来了巨大的变革和机遇。

同时,我们还应该看到,人工智能的发展也面临着一些挑战和问题。例如,数据隐私和安全、算法偏见和歧视、伦理道德和法律法规等问题都需要我们认真思考和解决。因此,在推动人工智能发展的同时,我们需要加强监管和规范,确保AI技术的健康、可持续和负责任的发展。

人工智能是一门具有广阔前景和潜力的学科领域,它将为人类社会的发展带来巨大的变革和机遇。在未来的发展中,我们需要不断探索和创新,加强跨学科合作和交流,推动 AI 技术的不断进步和应用拓展。

课后练习

1. 人工智能在现实生活中的应用有哪些?
2. 讨论人工智能发展面临的挑战?

什么是人工智能

项目二　探究人工智能的起源与发展

任务一　了解人工智能的起源背景

人工智能的起源并非偶然,而是在多个因素的共同推动下逐渐形成的。20 世纪中叶,随着计算机技术的初步发展以及对人类智能本质的深入思考,人工智能的概念开始萌芽。

一方面,第二次世界大战后,科学技术迅速发展,电子计算机的出现为处理大量数据和复杂计算提供了可能。计算机的运算速度和存储能力不断提升,使得人们开始思考能否利用计算机来模拟人类的智能行为。

另一方面,哲学、心理学、数学等多个学科领域对人类思维和认知过程的研究也为人工智能的诞生奠定了理论基础。例如,哲学家对人类意识和思维的本质进行了深入探讨,心理学家通过实验研究人类的学习、记忆、决策等认知过程,这些研究成果为人工智能的发展提供了启示。

任务二　探究人工智能的早期发展情况(1950—1960 年)

达特茅斯会议与人工智能的诞生

1956 年,在美国达特茅斯学院召开了一次具有历史意义的会议。这次会议由约翰·麦卡锡(John McCarthy)、马文·明斯基(Marvin Minsky)、克劳德·香农(Claude Shannon)等一批科学家共同发起,他们首次提出了"人工智能"这个术语,标志着人工智能作为一个独立的研究领域正式诞生。

在这次会议上,科学家们讨论了如何让计算机模拟人类智能的问题,包括语言理解、问题求解、机器学习等方面的研究方向。

早期的研究成果

逻辑理论家(Logic Theorist):这是第一个能够证明数学定理的计算机程序,由艾伦·纽厄尔(Allen Newell)和赫伯特·西蒙(Herbert Simon)开发。它展示了计算机在逻辑推理方面的潜力,为后来的人工智能研究提供了重要的启示。

通用问题求解器(General Problem Solver):同样由纽厄尔和西蒙开发,它可以解决各种类型的问题,通过搜索问题空间来寻找最优解。这个程序为人工智能中的问题求解方法奠定了基础。

任务三　探究人工智能第一次发展高潮(1960—1970 年)

专家系统的兴起

在这个阶段,专家系统成为人工智能研究的一个重要方向。专家系统是一种基于知识的计算机程序,它利用人类专家的知识和经验来解决特定领域的问题。

例如,MYCIN 是一个用于医疗诊断的专家系统,它可以根据患者的症状和实验室检查结果,给出诊断和治疗建议。专家系统的成功应用展示了人工智能在实际问题中的应用价值。

自然语言处理的发展

自然语言处理是人工智能的一个重要领域,它旨在让计算机理解和生成人类语言。在这个阶段,自然语言处理技术取得了一些重要的进展。

例如,语言理解系统(language understanding system)可以理解简单的自然语言指令,并执行相应的任务。同时,机器翻译技术也开始发展,虽然当时的翻译质量还比较低,但为后来的研究奠定了基础。

任务四　了解人工智能的挫折阶段(1970—1980 年)

发展困境

在这个阶段,人工智能的发展遇到了一些困难和挫折。一方面,由于计算机性能的限制和算法的复杂性,人工智能系统的性能并没有达到人们的预期。另一方面,一些研究者对人工智能的发展前景产生了怀疑,认为人工智能无法实现真正的智能。

连接主义的兴起

尽管人工智能的发展陷入了困境,但研究者们并没有放弃。在这个阶段,连接主义开始兴起,研究者们开始探索基于神经网络的人工智能方法。

神经网络是一种模拟人类大脑神经元结构的计算模型,它具有很强的学习能力和适应性。虽然当时的神经网络技术还比较简单,但为后来深度学习的发展奠定了基础。

任务五　了解人工智能第二次发展高潮(1980—1990 年)

计算机技术的飞速发展

在这个阶段,计算机技术的飞速发展为人工智能的复兴提供了条件。计算机的运算速度和存储能力不断提升,使得人工智能算法的实现更加容易。

机器学习的突破

机器学习是人工智能的一个重要分支,旨在让计算机从数据中学习知识和模式。在这个阶段,机器学习技术取得了重大突破。例如,反向传播算法的提出,使得神经网络的训练变得更加容易。支持向量机(support vector machine,SVM)等机器学习算法的出现,它们在图像识别、语音识别等领域取得了很好的效果。

任务六　探究人工智能蓬勃发展阶段(1990 年至今)

深度学习的崛起

深度学习是一种基于深度神经网络的机器学习方法,它在图像识别、语音识别、自然语言处理等领域取得了巨大的成功。

深度学习的发展得益于大规模数据的出现和计算机性能的提升。通过使用深度神经网络，计算机可以自动学习数据中的特征和模式，从而实现高效的智能任务处理。

人工智能的广泛应用

随着深度学习等技术的发展，人工智能的应用领域不断扩大。目前，人工智能已经在自然语言处理、计算机视觉、机器学习、智能机器人、自动驾驶、医疗诊断、金融分析等多个领域得到了广泛的应用。

人工智能未来发展趋势

未来，人工智能将继续呈现出以下几个发展趋势。

（1）深度学习的进一步发展：深度学习将不断提高性能和效率，拓展到更多的应用领域。

（2）强化学习的应用：强化学习将与深度学习等技术结合，应用到更多的领域，如自动驾驶、智能物流等。

（3）人工智能与物联网的融合：人工智能将与物联网深度融合，实现智能物联网，使设备更加智能化、自动化。

（4）人工智能的伦理和法律问题：随着人工智能的发展，伦理和法律问题也将日益凸显，需要制定相应的规范来确保人工智能的发展符合人类的利益和价值观。

总之，人工智能的起源与发展是一个充满挑战和机遇的过程。从早期的逻辑推理和问题求解，到后来的专家系统、自然语言处理、机器学习、深度学习等技术的发展，人工智能已经取得了巨大的进步。未来，人工智能将继续发展，为人类社会带来更多的便利和创新。

课后练习

1. 人工智能起源的背景是什么？
2. 人工智能诞生的标志性事件是什么？
3. 人工智能第一次发展高潮有哪些特点？
4. 在 20 世纪 70 年代人工智能面临怎样的处境？
5. 人工智能第二次发展高潮有哪些特点？
6. 结合实际谈谈人工智能未来的发展趋势。

人工智能的
起源与发展

项目三　探究人工智能发展的历史

任务一　远古的智能憧憬

在人类文明的早期，人们就对智能的人或物有着朦胧的憧憬。古老的神话传说中常常出现具有神奇能力的人造生物或物品。例如，古希腊神话里的赫菲斯托斯打造的各种智能机械，能够执行特定的任务，展现出超越普通物品的能力；在中国的神话故事中，也有能自动演奏音乐的神器等，这些都反映出人类对智能创造的早期渴望和幻想。

任务二 中世纪及文艺复兴时期的思想萌芽

中世纪时期,虽然科技发展缓慢,但一些哲学家开始思考人类思维的本质和认知过程。例如,托马斯·阿奎那等哲学家对人类的理性和灵魂进行了深入探讨,为后来对智能的理解奠定了一定的哲学基础。

文艺复兴时期,科学技术开始逐渐复苏。达·芬奇等伟大的艺术家和发明家不仅在艺术领域有着卓越成就,还设计了一些具有机械智能雏形的装置,虽然这些装置在当时并没有真正实现智能功能,但体现了人类对机械与智能结合的初步探索。

任务三 17 世纪至 19 世纪：机械自动化的初步尝试

随着工业革命的兴起,机械技术得到了极大的发展。在这个时期,一些发明家开始尝试制造能够自动执行特定任务的机械装置。例如,雅克·德·沃康松制造的能演奏长笛的机械鸭子等自动机械,这些装置主要依靠复杂的机械结构和预先设定的程序来执行特定的动作,虽然与现代意义上的人工智能相差甚远,但它们代表了人类在模拟生物行为方面的早期努力。

任务四 20 世纪初至中叶：理论基础的奠定

数理逻辑的发展

20 世纪初,数理逻辑取得了重大进展。伯特兰·罗素和阿尔弗雷德·怀特海的《数学原理》等著作,为计算机科学和人工智能的发展奠定了逻辑基础。数理逻辑的发展使得人们能够用精确的符号和规则来描述和推理,为计算机程序的设计提供了理论支持。

控制论和信息论的诞生

同时期,控制论和信息论的诞生也为人工智能的发展提供了重要的理论基础。控制论研究的是系统的控制和调节,信息论则关注信息的传输和处理。这两个理论为人工智能中的系统控制、信息处理和通信等方面提供了理论指导。

任务五 20 世纪中叶：人工智能的诞生

1956 年夏季,达特茅斯会议在美国新罕布什尔州的达特茅斯学院举行,标志着人工智能的诞生。这次会议由约翰·麦卡锡、马文·明斯基、纳森尼尔·罗切斯特和克劳德·香农等科学家共同发起。他们聚集了一批在计算机科学、心理学、神经科学等领域有着重要地位的研究者,共同探讨如何让机器表现出类似于人类智能的行为,包括学习、推理、解决问题和知识表示等。

达特茅斯会议的主要议题包括以下几项。

(1) 学习与推理：讨论如何让计算机通过学习获得知识和经验,并使用这些知识进行推理和解决问题。

(2) 知识表示：研究如何将人类知识以计算机可理解的方式表示和存储。

(3) 语言理解：探讨计算机如何理解自然语言,并使用自然语言进行交流。

(4) 机器感知：研究如何让计算机通过感知环境中的信息来做出决策。

会议期间,科学家们对人工智能的定义和范围进行了深入的讨论,并提出了"图灵测试""机器学习"等概念。尽管会议没有达成普遍的共识,但为人工智能领域的发展奠定了基础,并激发了科学家们的热情和创造力。

达特茅斯会议对人工智能领域的影响是深远且广泛的,主要有以下几项影响。

（1）推动了人工智能学科的形成和发展：会议后,人工智能开始作为一个独立的研究领域迅速发展,并逐渐形成了多个子领域,如机器学习、自然语言处理、计算机视觉等。

（2）促进了计算机科学与其他学科的交叉融合：心理学、神经科学、语言学等学科的参与为人工智能的研究提供了新的视角和方法。

（3）为后来的人工智能研究指明了方向：会议的议题和目标为人工智能的研究指明了方向,激发了科学家们的创新和研究热情。

课后练习

1. 谈谈中世纪及文艺复兴时期人类对人工智能的理解。
2. 机械自动化的初步尝试始于什么时候？
3. 人工智能理论基础的奠定始于什么时候？

人工智能的历史

项目四　探究世界各地的人工智能发展概况

目前,世界各地的人工智能发展呈现出多样化的特点和趋势。不同国家和地区在人工智能的研究、开发和应用方面都有自己的优势和特色,同时也面临着不同的挑战和机遇。

任务一　了解北美洲人工智能发展情况

美国

作为人工智能领域的先驱和领导者,美国在人工智能的研究、开发和应用方面一直处于世界前沿。

学术研究：美国拥有众多世界顶尖的高校和科研机构,如斯坦福大学、麻省理工学院、卡内基-梅隆大学等,这些机构在人工智能的各个领域进行着深入的研究,包括机器学习、计算机视觉、自然语言处理等。许多重要的人工智能算法和技术都是由美国的科研团队率先提出和开发的。

企业创新：美国的科技巨头如谷歌、微软、亚马逊、苹果等公司在人工智能领域投入了大量的资源,推动了人工智能技术的快速发展和应用。例如,谷歌的深度学习框架TensorFlow 和人工智能助手 Google Assistant,微软的人工智能平台 Azure 和语音助手 Cortana,亚马逊的智能语音助手 Alexa 等,都在全球范围内得到了广泛的应用。

政府支持：美国政府高度重视人工智能的发展,出台了一系列政策和计划,以促进人工智能的研究和应用。例如,美国国家科学基金会（NSF）、美国国防部高级研究计划局（DARPA）等机构都在人工智能领域投入了大量的资金,支持相关的研究项目。

加拿大

加拿大在人工智能领域也有着突出的表现,尤其是在机器学习和深度学习方面。

学术研究：加拿大的高校如多伦多大学、蒙特利尔大学等在人工智能领域的研究水平很高，培养了许多优秀的人工智能人才。多伦多大学的杰弗里·辛顿教授是深度学习领域的先驱之一，他的研究成果对深度学习的发展产生了重大影响。

企业创新：加拿大也有一些知名的人工智能企业，如 ElementAI、Maluuba 等。这些企业在自然语言处理、计算机视觉等领域开展了创新的研究和应用。

政府支持：加拿大政府也积极支持人工智能的发展，并出台了一系列政策和计划，以吸引人才和投资，促进人工智能产业的发展。

任务二　了解欧洲人工智能发展情况

英国

英国在人工智能领域有着悠久的历史和深厚的基础。

学术研究：英国的高校如剑桥大学、牛津大学、伦敦大学学院等在人工智能领域的研究实力很强，涵盖了机器学习、计算机视觉、自然语言处理等多个领域。

企业创新：英国也有一些知名的人工智能企业，如 DeepMind、BenevolentAI 等。DeepMind 是一家全球领先的人工智能公司，其在深度学习、强化学习等领域的研究成果备受瞩目。

政府支持：英国政府高度重视人工智能的发展，出台了一系列政策和计划，以推动人工智能的研究和应用。例如，英国政府成立了人工智能办公室，负责协调和推动人工智能在各领域的发展。

德国

德国在人工智能的应用方面表现突出，尤其是在工业领域。

学术研究：德国的高校和科研机构在人工智能的研究方面也有一定的实力，主要集中在机器学习、机器人技术等领域。

企业创新：德国的企业在人工智能的应用方面非常积极，尤其是在汽车制造、机械制造等传统工业领域。例如，宝马、奔驰、大众等汽车制造商都在积极探索人工智能在自动驾驶、智能生产等方面的应用。

政府支持：德国政府也出台了一系列政策和计划，以支持人工智能在工业领域的应用。例如，德国政府推出了"工业4.0"计划，将人工智能作为推动工业升级的重要技术之一。

任务三　了解亚洲人工智能发展情况

中国

中国在人工智能领域的发展非常迅速，已经成为全球人工智能领域的重要力量。

学术研究：中国的高校和科研机构在人工智能的研究方面取得了很多重要的成果，尤其是在计算机视觉、自然语言处理、语音识别等领域。

企业创新：中国的科技企业，如百度、阿里巴巴、腾讯等在人工智能领域投入了大量的资源，推动了人工智能技术的快速发展和应用。例如，百度的深度学习平台 PaddlePaddle 和人工智能助手小度、阿里巴巴的人工智能平台阿里云和智能客服机器人、腾讯的人工智能实验室和智能语音助手、DeepSeek 等，都在国内和国际市场上得到了广泛的应用。

政府支持：中国政府高度重视人工智能的发展，出台了一系列政策和计划，以推动人工智能的研究和应用。例如，中国政府发布了《新一代人工智能发展规划》，明确了中国人工智能发展的战略目标和重点任务。

日本

日本在人工智能的研究和应用方面也有一定的实力，尤其是在机器人技术和智能制造方面。

学术研究：日本的高校和科研机构在人工智能的研究方面主要集中在机器人技术、智能制造等领域。

企业创新：日本的企业在机器人技术和智能制造方面非常领先，例如，本田、丰田、索尼等公司都在积极研发智能机器人和智能制造技术。

政府支持：日本政府也出台了一系列政策和计划，以支持人工智能在机器人技术和智能制造方面的应用。例如，日本政府推出了"机器人革命"计划，旨在推动机器人技术的发展和应用。

以色列

以色列在人工智能的创新方面非常突出，尤其是在军事和安全领域。

学术研究：以色列的高校和科研机构在人工智能的研究方面主要集中在军事和安全领域，如无人机技术、网络安全等。

企业创新：以色列有很多创新的人工智能企业，如 Mobileye、Waze 等。这些企业在自动驾驶、导航等领域的技术创新备受瞩目。

政府支持：以色列政府高度重视人工智能的发展，出台了一系列政策和计划，以支持人工智能在军事和安全领域的应用。

印度

印度探索人工智能技术的应用，主要集中在医疗健康、金融科技和智能制造等领域。

学术研究：印度在人工智能学术研究方面表现出显著的增长潜力。印度理工学院（IITS）和印度科技学院（IISC）等顶尖高校在人工智能领域的研究中扮演了重要角色。例如，印度理工学院孟买分校（IIT BOMBAY），其研究涵盖机器学习、深度学习等领域。

企业创新：印度的企业在 AI 创新中表现活跃，尤其是在 AI 应用场景的落地方面。塔塔咨询服务公司（TCS）、印孚瑟斯（INFOSYS）等企业在 AI 解决方案和数据分析领域处于领先地位，推动了 AI 技术的商业化进程。

政府支持：印度政府近年来通过多项政策推动 AI 发展，旨在构建完整的 AI 生态系统。例如印度政府发布了《人工智能法草案》《个人数据保护法案》等法规，旨在规范 AI 的数据隐私和伦理使用，同时推动 AI 的健康发展。

阿拉伯联合酋长国

阿拉伯联合酋长国（阿联酋）在人工智能学术研究方面表现活跃，研究重点集中在生成式 AI、自然语言处理和智能机器人技术。

学术研究：穆罕默德·本·扎耶德人工智能大学（MBZUAI），是全球首个专注于人工智能研究的高等学府，研究涵盖自然语言处理、计算机视觉和机器人技术等领域，旨在培养高水平 AI 专业人才，MBZUAI 和阿联酋技术创新研究所（TII）联合推出了多个 AI 大模型，如 JAIS 和 FALCON 系列。

企业创新：阿联酋企业在 AI 领域表现出强大的创新活力,推动了 AI 技术的实际落地。例如,以 G42(阿联酋科技集团)为代表的 AI 企业,推出了 JAIS 和 FALCON 系列 AI 模型,专注生成式 AI 和阿拉伯语应用。

政府支持：阿联酋通过顶层设计将人工智能融入国家发展战略,成为全球 AI 政策领域的先行者。阿联酋推出《2031 年阿联酋人工智能战略》,目标到 2031 年成为全球人工智能领域的领导者,同时设立"人工智能委员会",旨在通过 AI 技术提升政府效率、促进经济增长和社会发展。

任务四　了解其他地区人工智能发展情况

澳大利亚

澳大利亚在人工智能的研究和应用方面也有一定的表现,尤其是在机器学习和数据科学方面。

学术研究：澳大利亚的高校如悉尼大学、墨尔本大学等在人工智能的研究方面有一定的实力,主要集中在机器学习、数据科学等领域。

企业创新：澳大利亚也有一些知名的人工智能企业,如 Data61、Canva 等。这些企业在数据分析、图像识别等领域开展了创新的研究和应用。

政府支持：澳大利亚政府也积极支持人工智能的发展,出台了一系列政策和计划,以吸引人才和投资,促进人工智能产业的发展。

课后练习

1. 谈谈北美洲人工智能的发展情况。
2. 谈谈欧洲人工智能的发展情况。
3. 谈谈亚洲人工智能的发展情况。
4. 谈谈澳大利亚人工智能的发展情况。

世界各地的
人工智能
发展概况

项目五　探究中国人工智能的成就

任务一　了解中国在人工智能方面的政策支持与引领

中国政府高度重视人工智能的发展,将其作为国家战略的重要组成部分。近年来,出台了一系列政策文件,为人工智能的发展提供了有力的政策支持和引领。

《新一代人工智能发展规划》

2017 年,国务院发布了《新一代人工智能发展规划》,明确了我国人工智能发展的战略目标、重点任务和保障措施。该规划提出了三步走的战略目标,即到 2020 年人工智能总体技术和应用与世界先进水平同步,到 2025 年人工智能基础理论实现重大突破,部分技术与应用达到世界领先水平,到 2030 年人工智能理论、技术与应用总体达到世界领先水平,成为世界主要人工智能创新中心。

为实现这一目标,该规划提出了六大重点任务,包括构建开放协同的人工智能科技创新体系、培育高端高效的智能经济、建设安全便捷的智能社会、加强人工智能领域军民融合、构建安全高效的智能化基础设施体系、前瞻布局新一代人工智能重大科技项目。

地方政策支持

各地方政府也纷纷出台了相应的政策措施,支持人工智能的发展。例如,北京市发布了《北京市加快科技创新培育人工智能产业的指导意见》,上海市发布了《上海市人工智能创新发展专项支持实施细则》,深圳市发布了《深圳市人工智能产业发展行动计划（2019—2023年）》《深圳市加快打造人工智能先锋城市行动计划（2025—2026）》等。这些政策措施在资金支持、人才培养、产业发展等方面为人工智能的发展提供了有力的保障。

任务二　探究中国的科研创新与突破

中国在人工智能的科研创新方面取得了显著的成就,在一些领域已经达到了世界领先水平。

学术研究

中国的高校和科研机构在人工智能的基础理论研究、算法设计、应用开发等方面取得了一系列重要成果。例如,在深度学习、强化学习、自然语言处理、计算机视觉等领域,中国的科研团队发表了大量高水平的学术论文,在国际上产生了重要影响。

中国的人工智能学术会议和学术组织也日益活跃,为人工智能的学术交流和合作提供了重要平台。例如,中国人工智能学会、中国计算机学会人工智能与模式识别专业委员会等组织每年都会举办一系列学术会议和活动,吸引了国内外的专家学者参与。

技术创新

中国的企业和科研机构在人工智能技术创新方面也取得了显著的成就。例如,在语音识别、图像识别、自然语言处理等领域,中国的企业已经开发出了具有世界领先水平的技术产品。例如,科大讯飞的语音识别技术、商汤科技的图像识别技术、百度的自然语言处理技术等,都在国际上具有较高的知名度和影响力。

中国的人工智能技术创新还体现在人工智能芯片、智能机器人、智能驾驶等领域。例如,华为的人工智能芯片、大疆的智能无人机、百度的自动驾驶汽车等,都是中国在人工智能技术创新方面的重要成果。

任务三　熟悉中国的产业发展与应用

中国的人工智能产业发展迅速,已经形成了较为完整的产业链和产业生态。

产业规模

中国的人工智能产业规模不断扩大,已经成为全球人工智能产业的重要力量。根据相关数据统计,2019年中国人工智能产业规模达到了1200亿元人民币,预计到2025年将达到4000亿元人民币。

中国的人工智能企业数量也在不断增加,已经形成了一批具有国际竞争力的人工智能企业。例如,百度、阿里巴巴、腾讯、科大讯飞、商汤科技、旷视科技等企业,在人工智能的技术研发、产品应用、市场拓展等方面都取得了显著的成就。

应用领域

中国的人工智能技术已经在多个领域得到了广泛的应用,为经济社会发展带来了巨大的效益。例如,在智能制造、智能交通、智能医疗、智能金融、智能教育、文化娱乐等领域,人工智能技术已经发挥了重要作用。

在智能制造领域,人工智能技术可以实现生产过程的智能化控制和优化,提高生产效率和产品质量。在智能交通领域,人工智能技术可以实现交通流量的智能监测和调度,提高交通效率和安全性。在智能医疗领域,人工智能技术可以实现疾病的智能诊断和治疗,提高医疗水平和服务质量。在智能金融领域,人工智能技术可以实现风险的智能评估和管理,提高金融服务的效率和安全性。在智能教育领域,人工智能技术可以实现个性化的教育服务和教学管理,提高教育质量和效果。在文化娱乐领域,人工智能技术可以生成视频、图片、文章等,提高了文化作品的创作效率,网易公司推出全球首款全流程 AI 网游《逆水寒》,或许在不久的将来,人们可以如同科幻电影中所描述的一样,畅游在人工智能与虚拟现实的世界。

任务四　了解中国在人工智能领域的人才培养与引进情况

中国高度重视人工智能人才的培养和引进,为人工智能的发展提供了坚实的人才支撑。

人才培养

中国的高校和科研机构在人工智能人才培养方面发挥了重要作用。近年来,越来越多的高校开设了人工智能相关专业,培养了大量的人工智能专业人才。例如,清华大学、北京大学、上海交通大学、浙江大学等高校都开设了人工智能专业,为人工智能的发展培养了一批高素质的专业人才。

中国的企业也积极参与人工智能人才的培养,通过与高校合作、举办培训课程等方式,培养了一批具有实践经验的人工智能人才。例如,百度、阿里巴巴、腾讯等企业都与高校合作,开展了人工智能人才培养项目。

人才引进

中国政府和企业积极引进海外的人工智能人才,为人工智能的发展提供了强大的智力支持。近年来,中国出台了一系列政策措施,吸引海外的人工智能人才回国创业和工作。为海外的人工智能人才提供了优厚的待遇和发展机会。

中国的企业也通过高薪聘请、股权激励等方式,吸引海外的人工智能人才加盟。例如,百度、阿里巴巴、腾讯等企业都在全球范围内招聘人工智能人才,为企业的发展提供了强大的智力支持。

任务五　探究中国在人工智能领域的未来展望

中国在人工智能领域已经取得了显著的成就,但也面临着一些挑战和问题。未来,中国将继续加大对人工智能的支持力度,推动人工智能的创新发展和应用,为经济社会发展注入新的动力。

加强基础研究

中国将继续加强人工智能的基础研究,提高人工智能的理论水平和技术创新能力。加大对人工智能基础研究的投入,支持高校和科研机构开展人工智能的基础研究和前沿技术研究。加强人工智能的学科建设,培养更多的人工智能专业人才。

推动产业发展

中国将继续推动人工智能产业的发展,提高人工智能的产业化水平和市场竞争力。加大对人工智能产业的支持力度,培育一批具有国际竞争力的人工智能企业。加强人工智能产业的创新能力建设,推动人工智能技术与实体经济的深度融合。

加强人才培养

中国将继续加强人工智能人才的培养,提高人工智能人才的数量和质量。加大对人工智能人才培养的投入,支持高校和科研机构开展人工智能人才培养工作。加强人工智能人才的引进和激励机制建设,吸引更多的海外人工智能人才回国创业和工作。

加强国际合作

中国将继续加强人工智能的国际合作,提高人工智能的国际影响力和话语权。积极参与国际人工智能标准制定和国际人工智能合作项目,推动人工智能技术的全球应用和发展。加强与国际人工智能组织和企业的交流与合作,共同推动人工智能技术的创新和发展。

课后练习

1. 谈谈中国人工智能政策支持情况。
2. 谈谈中国人工智能科研创新与突破情况。
3. 谈谈中国人工智能产业发展与应用情况。
4. 谈谈中国人工智能人才培养与引进情况。

中国智造:
我们的成就

模块二

探究机器学习基础

项目一　初识机器学习理论基础

任务一　了解机器学习的定义

机器学习是人工智能的一个分支,其定义可以表述为:机器学习是一种能够使计算机系统通过数据驱动的方式自动地改进其性能的技术。具体而言,它研究并构建了一系列算法和统计模型,这些算法和模型能够让计算机系统从输入的数据中学习并生成相应的数据输出,而无须进行明确的编程指令。在学习过程中,系统会不断地对模型进行调整和优化,以更准确地预测或分类新的数据。

机器学习的主要目标是让计算机系统能够具备自我学习和改进的能力,从而能够处理复杂的问题和大规模的数据集。通过利用训练数据集进行训练,机器学习算法能够学习到数据中的潜在规律和模式,并利用这些规律和模式对新数据进行预测或分类。这种学习方式不仅提高了系统的性能和准确性,还增强了系统的适应性和灵活性。

如今,机器学习已经广泛应用于各个领域,如数据挖掘、计算机视觉、自然语言处理等,成为推动人工智能发展的重要力量。

任务二　探究机器学习的主要类别

机器学习的主要类别可以根据学习方式和数据的使用方法来进行划分,包括监督学习、无监督学习、半监督学习、强化学习和自监督学习。这些类别各有特点,适用于不同的应用场景和数据环境。在实际应用中,需要根据具体问题和数据特点选择合适的机器学习类别和算法。

监督学习

监督学习(supervised learning)是机器学习中最常见的一类,它利用已有的标注数据训练模型。具体来说,数据集中包含输入(特征)和对应的输出(标签),模型的目标是通过学习这种映射关系,能够对未见过的数据做出准确的预测。在训练过程中,模型根据输入数据的特征,预测输出值,并将预测结果与实际标签进行比较,通过误差反馈机制不断调整模型参数,使其更好地契合数据。监督学习的算法种类繁多,涵盖了从简单到复杂的各种模型,如线性回归、逻辑回归、支持向量机、决策树、随机森林、神经网络等。应用场景包括图像分类、自然语言处理、医疗诊断、金融预测等。

无监督学习

与监督学习不同,无监督学习(unsupervised learning)不依赖于标签数据,而是通过对数据本身的特征和结构进行分析,来发现数据中的潜在模式。无监督学习常用于聚类、降维和关联分析等任务,其主要目标是从数据中提取出有用的信息和结构,而无须提供明确的输出目标。无监督学习的算法包括 K-means 聚类、层次聚类、主成分分析(PCA)、自编码器等。应用场景包括客户细分、异常检测、推荐系统等。

半监督学习

半监督学习(semi-supervised learning)介于监督学习和无监督学习之间,它既使用标注数据,也使用未标注数据。该方法常用于标注数据稀缺而未标注数据大量存在的场景。在半监督学习中,标注数据帮助模型进行初步学习,而未标注数据则用于进一步提高模型的泛化能力。常见的算法包括基于图的算法、自训练算法、生成对抗网络(generative adversarial network,GAN)等。应用场景包括文本分类、医学影像分析、语音识别等。

强化学习

强化学习(reinforcement learning)是一种通过与环境进行交互来学习的方式。算法根据环境的反馈(即奖励或惩罚)来调整其行为策略,以最大化长期累积的奖励。强化学习通常用于解决决策问题,如游戏、自动驾驶等。常见的强化学习算法包括 Q 学习(Q-learning)、深度 Q 网络(deep Q-network,DQN)、策略梯度方法等。

自监督学习

自监督学习(self-supervised learning)有时也被视为无监督学习的一种扩展,它是一种利用数据自身的信息来进行监督的训练方式,它不需要人工标注的标签,而是从输入数据中生成伪标签来进行训练。这种方法能够充分利用未标注数据,提高模型的泛化能力和特征提取能力。常见的自监督学习方法包括对比学习、掩码语言模型等。

任务三　探究机器学习的核心要素

机器学习的核心要素主要包括数据、模型、策略(或称为目标函数、优化准则)以及算法。

数据

(1) 数据收集:数据是机器学习的基石。数据收集是机器学习项目的第一步,它涉及从各种来源获取相关数据,如数据库、文件、传感器、网络等。数据的质量、数量和多样性对模型的训练效果至关重要。

(2) 数据预处理:数据预处理是确保数据质量和一致性的重要步骤。它包括数据清洗(去除噪声、缺失值处理等)、数据变换(归一化、标准化、离散化等)和数据集成(合并多个数据源)等。预处理后的数据更适合机器学习模型的训练。

(3) 特征工程：特征工程是从原始数据中提取出对模型训练有用的特征的过程。它包括特征选择(选择最有用的特征)、特征构造(基于原始特征创建新特征)和特征降维(减少特征数量以提高模型效率)等。良好的特征工程能够显著提高模型的性能。算法通过分析大量的训练数据来学习规律和模式。数据的质量和数量对模型的性能有着至关重要的影响。

模型

(1) 模型选择：模型选择是根据问题的性质和数据的特点选择合适的机器学习模型。不同的模型适用于不同的任务,如分类、回归、聚类等。模型的选择需要考虑模型的复杂度、训练速度、预测准确性等因素。

(2) 模型假设：模型假设是模型对数据的内在规律的假设。在监督学习中,模型假设通常是一个函数或映射关系,它能够将输入数据映射到输出数据。在无监督学习中,模型假设则可能是一个数据分布或数据结构的假设。

(3) 模型参数：模型参数是模型中的可调节部分,它们通过训练过程进行优化以最小化损失函数。参数的选择和初始化对模型的训练效果和性能有重要影响。

策略

(1) 损失函数：损失函数是衡量模型预测值与实际值之间差距的函数。它用于评估模型的性能,并作为优化模型参数的依据。常见的损失函数包括均方误差、交叉熵损失、对数损失等。

(2) 正则化：正则化是一种防止模型过拟合的技术。它通过向损失函数中添加一个惩罚项来限制模型参数的复杂度,从而避免模型在训练数据上过拟合。常见的正则化方法包括 L1 正则化和 L2 正则化。

(3) 优化算法：优化算法是用于求解模型参数的方法。它根据损失函数的梯度信息来更新模型参数,以最小化损失函数。常见的优化算法包括梯度下降法、随机梯度下降法、牛顿法、拟牛顿法等。

算法

(1) 训练算法：训练算法是用于训练机器学习模型的算法。它根据给定的数据和策略来优化模型参数。训练算法的选择取决于问题的性质、数据的特点以及模型的复杂度。

(2) 评估算法：评估算法是用于评估模型性能的方法。它使用测试数据来验证模型的预测准确性、泛化能力等。常见的评估指标包括准确率、召回率、F1 分数、ROC 曲线等。

(3) 迭代与优化：迭代与优化是机器学习过程中的重要环节。通过不断地迭代训练和优化模型参数,可以逐步提高模型的性能。迭代过程可能涉及调整模型参数、修改模型结构、增加数据量等。

数据、模型、策略和算法是机器学习的核心要素。它们相互依赖、相互作用,共同构成了机器学习的完整框架。在机器学习过程中,需要根据具体问题和数据特点选择合适的要素和方法,以构建出高效、准确的预测模型。

任务四 探究机器学习的基础理论

机器学习的学科理论基础是一个融合了多个学科领域的复杂体系,它涵盖了数学、统计学、计算机科学、信息论与优化理论等多个方面。

数学基础

1. 线性代数

- 线性代数是数学的一个分支,研究向量、矩阵及其运算的性质和规律。
- 在机器学习中,线性代数用于处理高维数据、进行特征提取、计算距离和相似度等。
- 例如,矩阵乘法在神经网络的前向传播和反向传播中起着关键作用。

2. 微积分

- 微积分是研究函数的微分和积分的数学分支。
- 在机器学习中,微积分用于计算损失函数的梯度、优化模型参数以及进行梯度下降等优化算法。
- 偏导数和链式法则在反向传播算法中尤为重要。

3. 概率论与随机过程

- 概率论是研究随机现象的数学分支,而随机过程则研究随时间变化的随机现象。
- 在机器学习中,概率论用于建模数据的生成过程、评估模型的预测不确定性以及进行贝叶斯推理等。
- 随机过程如马尔可夫链和隐马尔可夫模型在序列数据建模中非常有用。

统计学基础

1. 统计推断

- 统计推断是根据样本数据对总体进行推断的过程。
- 在机器学习中,统计推断用于估计模型的参数、进行假设检验以及构建预测区间等。
- 点估计和区间估计在模型参数估计中非常重要。

2. 回归分析

- 回归分析是研究自变量和因变量之间关系的统计方法。
- 在机器学习中,回归分析用于构建预测模型,如线性回归和多项式回归等。
- 回归分析还可以用于特征选择和模型诊断。

3. 实验设计与样本选择

- 实验设计是研究如何设计实验以收集有效数据的学科。
- 在机器学习中,实验设计用于确定数据收集的策略、选择合适的特征以及进行模型评估等。
- 样本选择技术如主动学习和半监督学习可以提高数据的有效性和模型的性能。

计算机科学基础

1. 算法设计与分析

- 算法设计与分析是计算机科学的核心领域之一,它关注如何设计高效、正确的算法来解决实际问题。
- 在机器学习中,算法设计与分析用于设计训练算法、优化算法以及评估算法等。
- 常见的机器学习算法如决策树、支持向量机、神经网络等都需要高效的算法来实现。

2. 数据结构

- 数据结构是研究如何组织、存储和管理数据的学科。

- 在机器学习中,数据结构用于存储和处理高维数据、进行特征提取和选择以及构建预测模型等。
- 常见的数据结构如数组、链表、树和图等在机器学习中都有广泛的应用。

3. 计算复杂度与性能优化

- 计算复杂度理论研究计算问题的难度和所需的资源(如时间、空间)。
- 在机器学习中,计算复杂度用于评估算法的效率、优化算法的复杂度以及设计高效的算法等。
- 性能优化技术如并行计算和分布式计算可以显著提高机器学习算法的执行速度。

信息论与优化理论

1. 信息论

- 信息论是研究信息的度量、传输和处理的理论。
- 在机器学习中,信息论用于评估数据的信息量、进行特征选择和模型诊断等。
- 互信息和熵等概念在特征选择和模型评估中非常有用。

2. 优化理论

- 优化理论研究如何求解优化问题,即如何在给定约束条件下找到最优解。
- 在机器学习中,优化理论用于求解模型参数的最优值,以最小化损失函数或最大化目标函数。
- 常见的优化算法如梯度下降法、牛顿法、拟牛顿法、共轭梯度法等在机器学习中都有广泛的应用。

机器学习是一项综合性的技术,它的学科理论基础涉及多个学科领域,这些理论为机器学习提供了坚实的数学和计算基础。在实际应用中,需要根据具体问题和数据特点选择合适的理论基础和方法来构建高效的机器学习模型。同时,随着技术的不断发展,机器学习的学科理论基础也在不断完善和拓展。

课后练习

1. 机器学习的主要类别有哪些?
2. 机器学习的核心要素是什么?
3. 机器学习的主要基础理论是什么?

机器学习理论基础

项目二 探究机器学习的方法

机器学习的方法主要包括监督学习、无监督学习、半监督学习、强化学习和自监督学习五种,每种方法都适用于特定的应用场景和数据类型,在实际应用中,需要根据具体问题和数据特点选择合适的机器学习类别和算法。

任务一 了解监督学习

定义

监督学习是利用一组已知类别的样本调整分类器的参数,使其达到所要求性能的过程,也称为监督训练或有教师学习。它是从标记的训练数据来推断一个功能的机器学习任务，这些训练数据包括一套训练实例。在监督学习中，每个实例都是由一个输入对象（通常为矢量）和一个期望的输出值（也称为监督信号）组成。监督学习算法会分析这些训练数据，并产生一个推断的功能，该功能可用于映射出新的实例。

学习过程

监督学习的学习过程通常包括以下 5 个步骤。

（1）数据准备：收集并清洗数据，将数据划分为训练集和测试集。

（2）模型选择：根据问题类型和数据特性选择合适的算法模型，如线性回归、决策树、支持向量机、神经网络等。

（3）训练：使用训练集数据，让模型学习特征与标签之间的映射关系。这一过程涉及调整模型参数，以最小化预测误差。

（4）评估与调优：在测试集上评估模型性能，根据评估结果调整模型参数或选择不同的模型，进行交叉验证等操作以优化模型。

（5）部署应用：模型训练完成后，将其部署到实际应用中，对新数据进行预测或分类。

代表算法

监督学习的代表算法包括以下几种。

（1）线性回归：用于预测连续值输出的任务，如预测房价、股票价格等。

（2）逻辑回归：一种非线性回归模型，主要用于二分类问题。

（3）决策树：一种常见的分类方法，通过递归地划分数据空间，构建一个树状结构来进行预测。

（4）支持向量机：一种强大的分类算法，特别是在高维数据空间中表现优异。

（5）K-近邻算法（K-neares neighbor，KNN）：一种分类算法，通过计算测试数据与各个训练数据之间的距离，选取距离最小的 K 个点，确定这些点所在类别的出现频率，最后返回出现频率最高的类别作为测试数据的预测分类。

（6）朴素贝叶斯：基于贝叶斯定理的分类算法，假设给定目标值时属性之间相互条件独立。

应用场景

监督学习广泛应用于各种预测和分类问题中，如以下几种。

（1）图像分类：在医学、安防、自动驾驶等领域，监督学习用于识别图像中的对象或场景，如病变检测、人脸识别、车辆识别等。

（2）预测分析：如房价预测、股票价格预测、销售额预测等。在市场预测中，监督学习算法可以分析市场数据，预测未来的市场走势。

（3）自然语言处理：如语音识别、文本分类、情感分析等。监督学习算法可以将语音信号转换为文本或指令，或将文本转换为数值特征进行分类。

（4）信用评估：评估贷款申请人的信用风险，决定是否给予贷款以及贷款额度。

（5）异常检测：在网络安全、工业监测等领域，监督学习算法可以学习正常行为模式，并识别出偏离正常模式的异常行为。

优势和特点

（1）监督学习能够从已标记的数据中吸收经验，实现输入和输出数据的高配对。

（2）基于现有的经验积累，监督学习也能触类旁通，在新样本中得到不错的结果映射。

（3）监督学习高度依赖人类标记后的数据集进行算法训练，因此对所标注的数据集的质量、准确度、聚类分类精度等有较高要求。

（4）监督学习算法通常包含回归和分类两大类，评估指标也相应有所不同。

（5）监督学习在训练过程中需要明确的答案定义或数据聚类方式，这使得它在某些复杂任务上可能受到限制。但同时，这种明确性也有助于提高模型的准确性和有效性。

任务二　了解无监督学习

定义

无监督学习是指对给定的数据的表示学习，即在没有任何监督信息的情况下学习数据的特征。它能有效地识别数据中存在的潜在结构，比如聚类和降维。

学习过程

在无监督学习中，模型不会事先知道输入数据的正确答案。相反，它通过寻找数据中的模式、结构或分布来进行推断。其学习过程通常包括以下 4 个步骤。

（1）数据输入：将未标记的数据输入模型中。

（2）特征提取：模型自动从数据中提取特征。

（3）模式识别：模型在数据中寻找潜在的模式和结构。

（4）结果输出：根据找到的模式和结构，模型输出相应的结果，如聚类结果或降维后的数据。

代表算法

无监督学习的代表算法包括以下 4 种。

（1）聚类算法：根据相似性将数据点分组成簇，常见的聚类算法有簇聚类算法（K-means）、层次聚类算法（hierarchical clustering）、基于密度的聚类算法（DBSCAN）、还有其他一些聚类算法，如高斯混合模型（GMM）、基于网格的聚类算法、模糊 C-means（FCM）等。

（2）降维算法：旨在将训练数据中的高维数据映射到低维空间中，同时尽量保留数据的原始结构和信息。线性降维方法适用于数据具有线性分布的场景，包含主成分分析、线性判别分析（LDA）。非线性降维方法更适合处理具有复杂分布特征的数据集，包含 t-分布随机邻域嵌入（t-SNE）、局部线性嵌入（LLE）、多维缩放（MDS）等。

（3）异常检测算法：试图找到数据空间中密集的区域外的点。常见的异常检测算法有基于密度估计的方法、支持向量机等。

（4）链接预测算法：预测数据点之间的未来链接。常见的链接预测算法有优先链接算法、局部路径算法、random walk with restart 算法等。

应用场景

无监督学习在多个领域有广泛的应用场景，包括但不限于以下几种场景。

（1）消费者行为分析：通过聚类算法分析消费者的购买行为，为市场营销提供策略支持。

（2）天文数据分析：利用无监督学习算法发现天文数据中的潜在结构和模式，帮助科学家更好地理解宇宙。

（3）文本数据分析：通过无监督学习算法对文本数据进行聚类、降维等操作，提取出关键信息，为文本挖掘提供支持。

（4）异常检测：在金融、网络安全等领域，通过无监督学习算法检测异常交易或攻击行为，提高系统的安全性。

优势和特点

无监督学习的优势和特点主要体现在以下几个方面。

（1）无须标记数据：无监督学习不需要大量的已标记数据，降低了数据标记的成本。

（2）自动发现结构：无监督学习可以自动发现数据的结构和模式，有助于解决一些特定问题，如聚类分析、异常检测等。

（3）灵活性：无监督学习算法可以适应不同类型的数据，包括数值型、文本型、图像型等。

（4）可扩展性：随着数据量的增加，无监督学习算法可以扩展到更大的数据集上，保持性能的稳定。

任务三　探究半监督学习

定义

半监督学习是一种介于监督学习和无监督学习之间的机器学习方法。它利用少量的有标签数据和大量的无标签数据来进行模型训练，从而提高模型的性能。这种方法特别适用于标签数据难以获取或成本高昂的场景。

学习过程

半监督学习的学习过程通常包括以下 5 个步骤。

（1）数据准备：收集包含有标签和无标签数据的训练集。有标签数据通常较少，但提供了关键的监督信息；无标签数据则数量较多，用于增强模型的泛化能力。

（2）模型选择：根据问题的具体需求和数据特性，选择合适的半监督学习算法。常见的半监督学习算法包括自监督学习、基于聚类的半监督学习、基于生成模型的半监督学习等。

（3）训练：使用训练集中的有标签和无标签数据对模型进行训练。训练过程中，模型会尝试利用有标签数据学习标签与特征之间的映射关系，同时利用无标签数据增强模型的泛化能力。

（4）评估与调优：在测试集上评估模型的性能，并根据评估结果对模型进行调优。由于半监督学习通常涉及大量的无标签数据，因此评估过程可能需要考虑无标签数据对模型性能的影响。

（5）部署应用：模型训练完成后，将其部署到实际应用中，对新数据进行预测或分类。

代表算法

半监督学习的代表算法包括以下几种。

（1）自训练算法：首先，使用少量的有标签数据训练一个初始模型。其次，利用这个模型对无标签数据进行预测，生成伪标签。最后，将一部分高置信度的伪标签数据加入训练集中，重新训练模型。这个过程可以迭代进行，直到模型性能不再显著提升或达到预设的迭代次数。自训练算法简单易行，但伪标签的准确性对模型性能有显著影响。

（2）协同训练算法：假设数据有两个或多个充分冗余但视角不同的特征集。先为每个特征集分别训练一个分类器。然后，每个分类器选择其认为最可靠的未标记样本进行预测，并将预测结果作为其他分类器的额外训练数据。这个过程不断迭代，直到所有分类器的性能稳定。协同训练算法适用于多视图数据，能够利用不同特征集之间的互补性。

（3）半监督支持向量机：在标准支持向量机的基础上，引入一个额外的约束，即无标签数据应该尽可能远离决策边界。这通常通过最大化无标签数据的间隔分布来实现。同时，还可以利用图拉普拉斯正则化等技术来保持数据的局部一致性。该算法能够在保持数据局部结构的同时实现有效的分类。

（4）生成对抗网络在半监督学习中的应用：利用生成对抗网络的框架，构建一个生成器和一个判别器。生成器负责生成与真实数据相似的样本，而判别器则负责区分真实数据和生成的假数据。在半监督学习中，判别器还可以被训练来区分不同的类别（对于有标签数据）以及真实数据和生成数据（对于无标签数据）。它能够利用生成对抗网络的强大生成能力，来增强模型的泛化性能。

（5）基于图的半监督学习：将数据表示为图的形式，其中节点表示数据点，边表示数据点之间的相似性或关系。然后，利用图传播算法（如标签传播算法）来在图上传播已知的标签信息，从而预测未标记数据的标签。这种方法能够充分利用数据之间的相似性关系，实现有效的标签传播。

应用场景

半监督学习在多个领域有广泛的应用场景，包括但不限于以下几种。

（1）文本分类：在文本分类任务中，数据集通常非常庞大但标签较少。半监督学习方法可以在有限的标签数据下实现较好的分类效果。

（2）图像分类：图像分类任务也是一个典型的半监督学习应用场景。在图像分类中，数据集通常包含大量的无标签图像和少量的有标签图像。半监督学习方法可以在这种情况下实现较好的分类效果。

（3）推荐系统：推荐系统是一种基于用户行为的系统，用于根据用户的历史行为推荐相关商品或内容。在推荐系统中，数据集通常包含大量的用户行为数据但标签较少。半监督学习方法可以在这种情况下实现较好的推荐效果。

（4）社交网络分析：在社交网络分析中，数据集通常包含大量的用户信息但标签较少。半监督学习方法可以在这种情况下实现较好的分析效果。

（5）生物信息学：在生物信息学中，数据集通常包含大量的基因序列数据但标签较少。半监督学习方法可以在这种情况下实现较好的分析效果。

优势和特点

（1）半监督学习能够在有限的标签数据下，利用大量的无标签数据进行学习，从而提高模型的泛化能力。

（2）在某些领域，如医学图像分析、金融风险评估等，收集标签数据非常困难或昂贵。半监督学习可以在这些场景下提供有效的解决方案。

（3）半监督学习结合了监督学习和无监督学习的优点，既利用了有标签数据的监督信息，又利用了无标签数据的数量优势。

（4）半监督学习通常需要额外的信息或假设来指导学习过程，如数据的相似性、聚类结构或生成模型等。

（5）半监督学习的效果受到无标签数据的质量和数量的影响。如果无标签数据质量不高或数量不足，可能会导致模型性能下降。

任务四 探究强化学习

定义

强化学习是机器学习的一个分支，主要研究智能主体（agent）在环境（environment）中应该怎样采取行动（action）以最大化所获得的累积奖励（reward）。这种学习方式类似于心理学中的行为主义理论，即智能体根据行为效果（环境对行为的反馈）来指导自己的行为，以适应环境并获得最大价值。

学习过程

强化学习的学习过程可以概括为以下几个步骤。

（1）状态感知：智能体首先感知当前环境的状态（state），状态是环境的一个描述，包含了环境当前的特征信息，用于智能体做出决策。

（2）策略选择：根据当前状态和一定的策略（policy），智能体从动作集合中选择一个动作来执行。策略定义了从状态到动作的映射。

（3）执行动作：智能体执行选定的动作，并与环境进行交互。

（4）接收反馈：环境根据智能体的动作给出一个强化信号，即奖励或惩罚。奖励反映了智能体采取该动作后的即时收益，而价值则倾向于衡量长远的收益。

（5）策略更新：智能体根据接收到的奖励信号来更新其策略，以便在未来的决策中更好地选择动作。

这个过程是迭代进行的，智能体通过不断地尝试和学习，逐渐优化其策略，以最大化累积奖励。

代表算法

强化学习领域有许多经典的算法，以下是一些代表性的算法。

Q-learning

- 是一种无模型、非策略的强化学习算法。
- 使用 Bellman 方程估计最佳动作值函数，该方程迭代地更新给定状态动作对的估计值。
- 以其简单性和处理大型连续状态空间的能力而闻名。

SARSA

- 是一种无模型、基于策略的强化学习算法。
- 使用 Bellman 方程来估计动作价值函数，但它是基于下一个动作的期望值，而不是像 Q-learning 中的最优动作。
- 以其处理随机动力学问题的能力而闻名。

DDPG（deep deterministic policy gradient）

- 是一种用于连续动作空间的无模型、非策略算法。
- 采用 actor-critic 架构，其中 actor 网络用于选择动作，而 critic 网络用于评估动作。
- 对于机器人控制和其他连续控制任务特别有用。

此外，还有 A2C（actor-critic with advantage）、PPO（proximal policy optimization）、DQN（deep Q-network）和 TRPO（trust region policy optimization）等流行的强化学习算法。

应用场景

强化学习在许多领域都有广泛的应用，包括但不限于以下几种。

（1）工业机器人：通过强化学习，工业机器人可以更加智能地完成各种复杂任务，如装配、搬运、焊接等。

（2）服务机器人：服务机器人可以利用强化学习算法来学习如何与人类进行交互、提供服务。

（3）自动驾驶汽车：强化学习在自动驾驶汽车中有着重要的应用，通过与环境的交互，汽车可以学习如何做出最优的驾驶决策。

（4）电子游戏：强化学习已经在许多电子游戏中取得了显著的成果，如围棋、象棋等棋类游戏和视频游戏。

（5）医疗领域：强化学习可以结合医学影像数据和临床症状，帮助医生进行疾病诊断，并优化治疗方案。

（6）仓储管理：强化学习可以用于优化仓储管理中的货物存储和搬运策略。

（7）配送路线规划：在物流配送过程中，强化学习可以根据交通状况、客户需求等因素，规划最优的配送路线。

优势和特点

（1）适用于复杂环境下的决策问题，特别是在面对大规模状态空间和动态变化的环境时，强化学习表现出色。

（2）无须先验知识，能够在复杂环境中进行自主学习和逐步优化。

（3）无须标注数据来指导学习过程，这使得强化学习在很多实际问题中更具优势。

（4）没有监督者，只有一个奖励信号，智能体通过奖励信号来调整策略和价值函数。

（5）延迟反馈，而不是即时反馈，智能体需要根据累积奖励来优化策略。

（6）具有时间序列性质，智能体的决策和奖励是随时间变化的。

（7）智能体的行为影响后续数据，即智能体的当前决策会影响其未来的状态和奖励。

任务五　了解自监督学习

定义

自监督学习是无监督学习的一种，也被称作预文本任务（pretext task）。它主要利用辅助任务从大规模的无监督数据中挖掘自身的监督信息，通过这种构造的监督信息对网络进行训练，从而学习到对下游任务有价值的表征。这种学习方式的核心思想是利用数据本身的信息来构造监督信号，而不需要外部的人工标注。

学习过程

自监督学习的学习过程可以概括为以下几个步骤。

（1）设计辅助任务：根据数据的特点和下游任务的需求，设计一系列与数据本身相关的辅助任务。这些任务可以是图像旋转、拼图、像素预测等，也可以是自然语言处理中的单词预测等。

（2）构造监督信息：通过解决这些辅助任务，模型能够从无标签数据中自动构造出监督信息。这些监督信息通常是基于数据本身的特性或规律生成的，因此不需要外部的人工标注。

（3）训练模型：利用构造的监督信息对模型进行训练，使模型能够学习到数据的内在结构和特征。这个过程中，模型会不断优化其参数，以更好地完成辅助任务。

（4）应用于下游任务：经过预训练的模型可以应用于各种下游任务，如图像分类、物体（包括动物、植物等）检测、自然语言处理等。在这些任务中，模型可以利用其学到的特征表示来提高性能。

代表算法

自监督学习的代表算法包括但不限于以下几种。

（1）基于上下文的方法：这种方法通过构建基于数据上下文的辅助任务来进行学习。例如，在图像处理中，可以通过对原始图片进行一些变换（如颜色、旋转、裁切等）来扩充原始训练集合，并设计相应的辅助任务（如旋转预测）来引导模型学习。

（2）基于对比的方法：这种方法通过学习对两个事物的相似或不相似进行编码来构建表征。具体来说，通过构建正负样本对，并度量正负样本之间的距离来实现自监督学习。核心思想是使得样本和正样本之间的相似度远远大于样本和负样本之间的相似度。

（3）基于互信息的方法：这种方法通过输入和输出之间的互信息最大化来学习数据的表示。例如，Deep InfoMax 方法利用图像中的局部结构来学习图像表示，通过对比全局特征和局部特征来进行分类。

应用场景

自监督学习因其强大的特征提取能力和对无标签数据的利用能力，在以下多个领域得到了广泛的应用。

（1）图像处理：在图像处理领域，自监督学习被广泛应用于图像分类、图像检索、图像生成等任务中。通过设计各种辅助任务（如图像旋转、图像块预测等），模型能够学习到图像中的丰富特征，从而提升在这些任务中的表现。

（2）自然语言处理：在自然语言处理领域，自监督学习被用于词嵌入、句子嵌入、文本分类等任务中。通过利用大规模的无标签文本数据，模型能够学习到词汇和句子之间的语义关系，进而提升在这些任务中的性能。BERT、GPT 等预训练语言模型的成功正是基于自监督学习的原理。

（3）音频分析：在音频分析领域，自监督学习被用于音频分类、音频检索等任务中。通过设计各种辅助任务（如音频片段预测、音频旋转等），模型能够学习到音频中的特征表示，从而提升在这些任务中的准确性。

（4）推荐系统：在推荐系统领域，自监督学习被用于用户行为预测、商品推荐等任务中。通过利用用户的历史行为数据和商品信息，模型能够学习到用户和商品之间的潜在关系，进而提升推荐系统的效果。

优势和特点

（1）降低数据标注成本：自监督学习能够利用大量无标签数据进行预训练，从而减少对标注数据的依赖，显著降低数据标注成本。

（2）提升模型泛化能力：通过预训练学习到的通用特征表示，自监督学习模型在下游任务上往往表现出更好的泛化能力。

（3）拓展应用场景：自监督学习不受限于特定领域或任务，可以广泛应用于图像识别、自然语言处理、语音识别等多个领域。

（4）利用无标签数据：自监督学习能够充分利用大量的无标签数据进行训练，这是其与其他学习方法（如监督学习）的主要区别之一。

（5）构造辅助任务：自监督学习通过设计一系列与数据本身相关的辅助任务来构造监督信息，从而实现对模型的训练。

（6）学习到的特征表示有价值：经过自监督学习的模型能够学习到对下游任务有价值

的特征表示,这些特征表示可以用于各种下游任务中,提高模型的性能。

课后练习

1. 谈谈机器学习中监督学习的要义。
2. 谈谈机器学习中无监督学习的要义。
3. 谈谈机器学习中半监督学习的要义。
4. 谈谈机器学习中强化学习的要义。
5. 谈谈机器学习中自监督学习的要义。

机器学习的方法

项目三　探究机器学习算法的应用领域

机器学习算法的应用非常广泛,几乎涵盖了所有需要数据处理和模式识别的领域。以下是机器学习算法在不同领域中的一些主要应用场景。

任务一　在医疗保健领域的应用

医学图像分析:利用机器学习算法,可以对医学图像(如 X 光片、CT 扫描等)进行自动分析,识别肿瘤、病变区域等关键信息。

疾病诊断:通过分析患者的病历、检查结果等数据,机器学习可以辅助医生进行疾病诊断,提高诊断的准确性和效率。

基因组学研究:机器学习算法可以分析基因序列数据,预测基因的功能、相互作用以及疾病风险。

药物发现:通过筛选和分析大量的化合物数据,机器学习可以加速新药的研发过程,降低研发成本。

个性化医疗:根据患者的个体差异和疾病情况,机器学习可以制订个性化的治疗方案,提高治疗效果。

任务二　在金融服务领域的应用

信用评分:通过分析客户的信用记录、还款历史等数据,机器学习可以评估客户的信用风险,为贷款审批提供决策支持。

风险管理:机器学习可以实时监测和分析金融市场数据,识别潜在的风险因素,为金融机构提供风险预警和防控建议。

股票预测:通过分析历史股价数据、市场趋势等信息,机器学习可以预测股票价格的走势,为投资者提供决策依据。

欺诈检测:机器学习算法可以识别异常交易模式,及时发现并防止金融欺诈行为。

自动交易:利用机器学习算法,可以实现股票的自动买卖,提高交易效率和收益。

任务三　在电子商务领域的应用

个性化推荐:通过分析用户的浏览记录、购买历史等数据,机器学习可以为用户推荐感兴趣的商品,提高用户满意度和购买转化率。

市场分析:机器学习可以分析市场趋势、消费者行为等数据,为电商企业制定营销策略提供决策支持。

用户行为预测:通过分析用户的行为数据,机器学习可以预测用户的未来需求和行为趋势,为企业制定个性化的服务策略提供依据。

任务四　在智能交通领域的应用

交通流量预测:通过分析历史交通数据、天气信息等因素,机器学习可以预测未来的交通流量情况,为交通规划和管理提供决策支持。

智能交通信号控制:利用机器学习算法,可以实现交通信号的智能控制,优化交通流量,减少拥堵和交通事故。

自动驾驶技术:机器学习算法可以处理和分析大量的传感器数据,实现车辆的自动驾驶和智能导航。

路径规划:利用机器学习算法为物流车辆规划最优路径,降低运输成本和时间成本。

任务五　在自然语言处理领域的应用

文本分类:利用机器学习算法,可以对文本进行自动分类,如新闻分类、垃圾邮件过滤等。

情感分析:通过分析文本中的词汇、语法等信息,机器学习可以识别文本中的情感倾向,如正面、负面或中立。

语言翻译:机器学习算法可以实现不同语言之间的自动翻译,为跨语言交流提供便利。

语音识别:利用机器学习算法,可以将语音信号转换为文本信息,实现语音输入和语音控制。

语音合成:将文本转换为语音,应用于智能客服、有声读物制作等。

自然语言理解:让计算机理解人类自然语言,实现人机对话,应用于智能问答、聊天机器人等。

任务六　在图像处理与计算机视觉领域的应用

图像分类:利用机器学习算法,可以对图像进行自动分类,如动物、植物、建筑等,应用于图像检索、医学影像分析等。

目标检测:机器学习算法可以在图像中自动识别和定位目标物体,如人脸、车辆等,应用于自动驾驶、智能制造等领域。

图像分割:利用机器学习算法,可以将图像分割成不同的区域或对象,实现图像的精细处理和分析,应用于医学影像分割、遥感图像解析等。

人脸识别:机器学习算法可以识别和分析人脸特征,实现人脸的自动识别和验证,广泛应用于智能手机解锁、安全监控等领域。

任务七　在工业制造领域的应用

生产过程优化:通过分析生产过程中的数据,机器学习可以优化生产流程,提高生产效率和产品质量。

质量控制：机器学习算法可以实时监测和分析产品质量数据，及时发现潜在的质量问题并采取措施进行改进。

设备故障预测：通过分析设备的运行数据和历史故障记录，机器学习可以预测设备的故障情况，为设备的维护和管理提供决策支持。

任务八　在物联网领域的应用

物联网设备数据分析：利用机器学习算法，可以对物联网设备产生的数据进行实时分析和处理，为设备的运行和管理提供决策支持。

智能家居控制：机器学习算法可以实现智能家居设备的智能控制和管理，提高家居生活的舒适性和便利性。

智能城市管理：通过分析城市交通、环境、能源等数据，机器学习可以为城市管理者提供决策支持，优化城市管理和服务。

随着技术的不断进步和数据的不断增长，机器学习的应用前景将更加广阔。

课后练习

1. 上网搜索了解机器学习算法应用于哪些领域。
2. 在医疗保健领域机器学习算法的作用有哪些？
3. 在电子商务领域机器学习算法的作用有哪些？
4. 在智能交通领域机器学习算法的作用有哪些？
5. 在图像处理与计算机视觉领域机器学习算法的作用有哪些？
6. 在物联网领域机器学习算法的作用有哪些？

机器学习算法的应用

模块三

采集数据信息

项目一　了解嫦娥工程中的传感器

2004 年,我国正式开展月球探测工程,并命名为嫦娥工程。嫦娥工程分为无人月球探测、载人登月和建立月球基地 3 个阶段。2007 年 10 月 24 日,嫦娥一号成功发射,实现首次绕月飞行,于 2009 年按预定计划受控撞月。2010 年 10 月 1 日,嫦娥二号顺利发射,圆满并超额完成各项既定任务。2013 年 12 月 2 日,嫦娥三号成功发射,我国首次实现月球软着陆和月面巡视勘察。2018 年 12 月 8 日,嫦娥四号开启了月球探测的新旅程,首次实现人类探测器在月球背面软着陆,首次实现月背与地球的中继通信。2020 年 11 月 24 日,长征五号遥五运载火箭搭载嫦娥五号探测器成功发射升空并将其送入预定轨道。2024 年 10 月 15 日,嫦娥六号从月球背面带回了 1935.3g 的背面样品已完成初步整理、探测。"嫦娥"探月,离不开各种传感器的支持,下面以嫦娥三号为例进行介绍。

嫦娥三号的主要任务是进行我国首次月球软着陆和自动巡视勘察,获取月球内部的物质并进行成分分析,将前期工程的"表面探测"扩展至内部探测。为了完成这项光荣而艰巨的任务,嫦娥三号探测器携带测月雷达、红外成像光谱仪、全景相机等仪器设备,如图 3-1 所示,按照设计好的轨道从地球飞往月球,飞行轨道如图 3-2 所示。

2013 年 12 月 2 日 1 时 30 分,载着嫦娥三号的长征三号乙运载火箭在西昌卫星发射中心发射升空,如图 3-3 所示。

2013 年 12 月 14 日,嫦娥三号平稳落月,我国航天器首次地外天体软着陆成功。图 3-4 所示为北京飞行控制中心大屏幕上显示的嫦娥三号探测器软着陆图和降落相机图像。

2013 年 12 月 15 日晚,嫦娥三号着陆器和玉兔巡视器顺利完成互拍,如图 3-5 所示,嫦娥三号圆满完成任务。

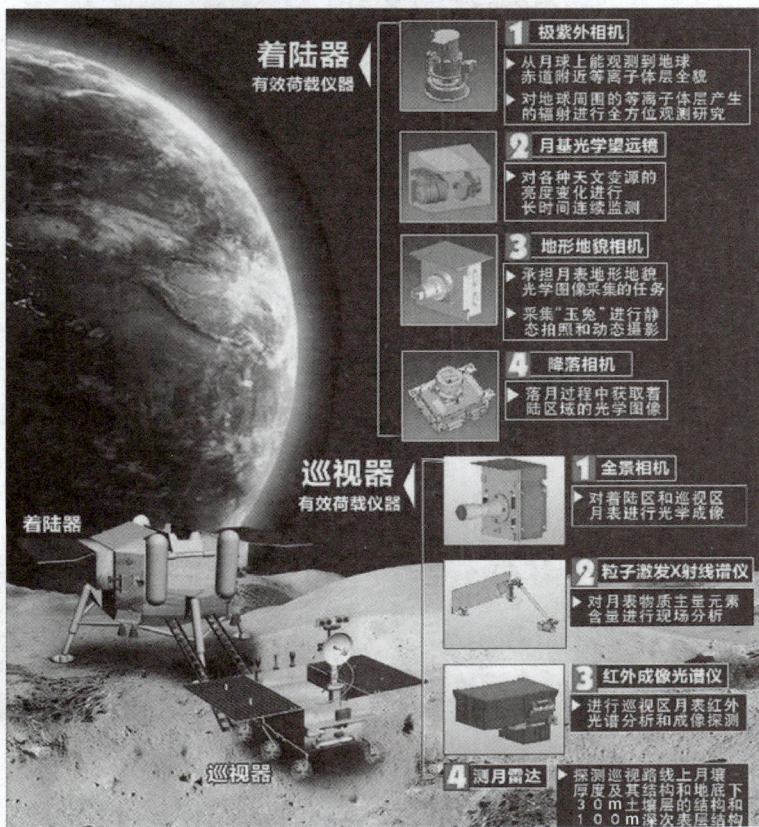

图 3-1 嫦娥三号探测器有效载荷示意图

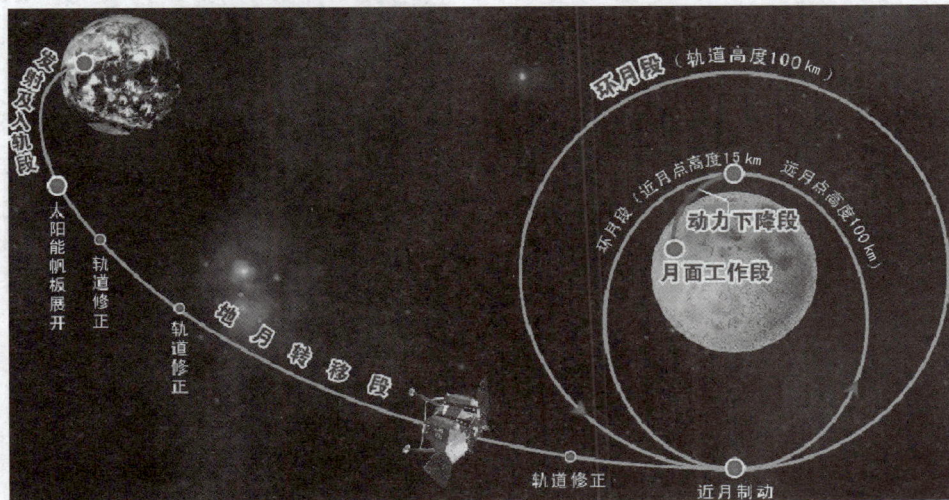

图 3-2 嫦娥三号探测器飞行轨道示意图

图 3-3　搭载嫦娥三号的长征三号乙运载火箭发射升空

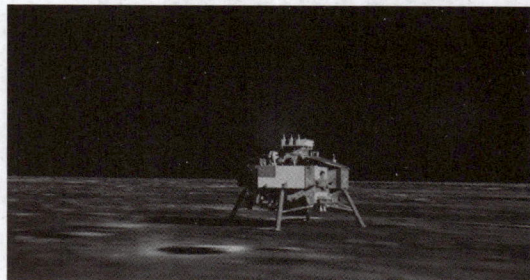

图 3-4　嫦娥三号探测器软着陆图和降落相机图像

图 3-5　嫦娥三号着陆器和玉兔巡视器互拍

　　嫦娥三号着陆器和玉兔巡视器的结构简图分别如图 3-6 和图 3-7 所示。着陆器由 4 条腿支撑，携带了近紫外线月基天文望远镜、极紫外线相机等设备。玉兔巡视器又称"月球车"，其实它并不是一辆车，而是一台安装有轮子、能适应恶劣环境并开展科学探测的航天器，是一个小型化、低功耗、高集成的机器人。玉兔巡视器设计质量为 140kg，由移动、结构与机构、导航控制、综合电子、电源、热控、测控数传和有效载荷 8 个分系统组成。以太阳能为能源,能够耐受月表真空、强辐射和高温差等极端环境。从图 3-7 可看出,巡视器主体为长方形盒状,底部安有 6 个轮状的移动装置,顶部的 2 片太阳能帆板可以打开,尾部有很多天线。右后侧是导航相机和全景相机。腹部"武器"最多,包括红外成像光谱仪、避障相机、机械臂等设备。拥有多维精细超光谱遥感成像探测等多项技术,包括两器分离、月面自主移动、月面遥控操作等。

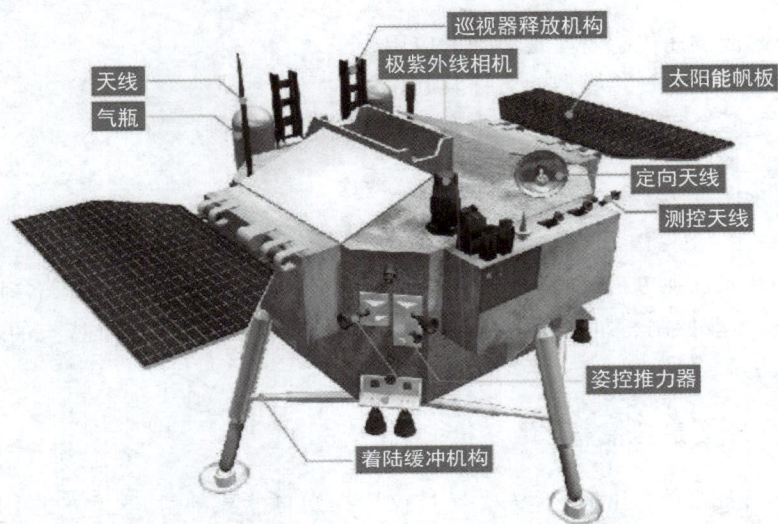

图 3-6　嫦娥三号着陆器结构简图

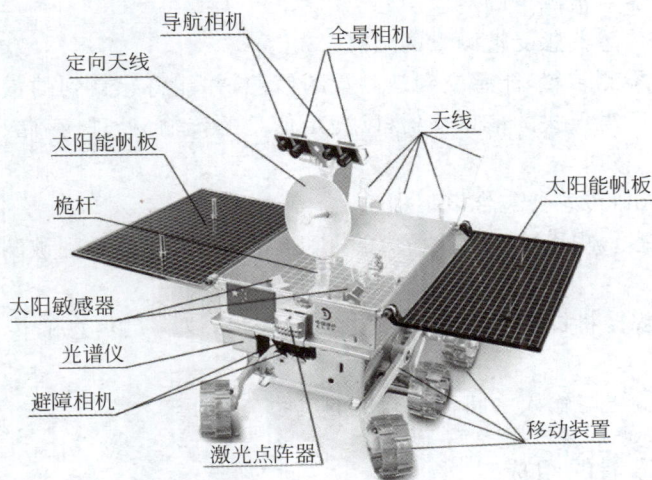

图 3-7　玉兔巡视器结构简图

　　综上所述,嫦娥三号探测器集成了大量的各种类型传感器,通过传感器与系统的有机结合,把相关信息反馈到地面的同时实现了系统监控的目的。

知识点拨

(1)加速度传感器组合帮助嫦娥三号实现了精确的变轨控制和平稳、准确着陆。

（2）安装在着陆器上的测距测速天线，像灵敏的"触角"，实时收发射频信号，并及时传递至探测器控制系统，实时掌握嫦娥三号着陆器相对于月球表面的速度和位置。

（3）玉兔巡视器是我国自行研制的具有高智能的机器人，它在月面巡视时采取自主导航和地面遥控的组合控制模式，充分利用现代传感技术对月面环境和障碍进行感知和识别，实现自我导航、避障、选择路线、选择探测地点、选择探测仪器等。

拓展讨论

（1）结合案例讲述传感器在现实中的应用。

（2）指出案例中几种传感器的名称及其作用。

（3）列举一两个实际生活与学习中有关传感器应用的实际事例。

项目二　探究传感技术

随着电子技术高速发展，新型传感器应运而生，传感器品种不断丰富，各种各样的传感器在航天航空、工业控制、家用电器、汽车制造、环境监测等领域发挥着特有的作用，显示了传感器的强大生命力。

任务一　什么是传感器

传感器（transducer/sensor）是人类通过仪器探知自然界的触角，它的作用与人的感官类似。如果将计算机视为识别和处理信息的"大脑"，将通信系统比作传递信息的"神经系统"，将执行器比作人的肌体的话，那么传感器就相当于人的五官。

"感"——传感器对被测量的对象敏感。

"传"——传送传感器感受被测量的信息。

传感器是一种检测装置，能感受到被测量的信息，并能将感受到的信息，按一定规律变换成电信号或其他所需形式的信息输出，以满足信息的传输、处理、存储、显示、记录和控制等要求。

从定义可以看出，传感器包含以下信息。

（1）它是由敏感元件和转换元件构成的一种检测装置，能感受到被测量的信息，并能检测感受到的信息。

（2）能按一定规律将被测量转换成为电信号输出，以满足信息的传输、处理、存储、显示、记录和控制等要求。

（3）传感器的输出与输入之间存在确定的关系。

任务二　传感器的组成

传感器一般由敏感元件、转换元件、转换电路（测量电路和辅助电源）三部分组成（图 3-8）。

（1）敏感元件直接感受被测量，并输出与被测量有确定关系的物理量信号。

（2）转换元件将敏感元件输出的物理量信号转换为电信号。

（3）转换电路负责对转换元件输出的电信号进行放大、调制。

转换元件和转换电路一般还需要辅助电源供电。

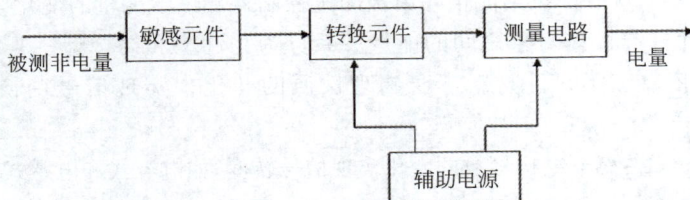

图 3-8 传感器组成框架图

任务三 传感器的分类

（1）按被测物理量分类，常见的物理量见表 3-1。

表 3-1 常见物理量

被测物理量类型	物　理　量
机械量	长度、厚度、位移、速度、加速度
	旋转角、转数、质量、重量、力
	压力、真空度、力矩、风速、流速
	流量
声	声压、噪声
磁	磁通、磁场
温度	温度、热量、比热容
光	亮度、色彩

（2）按工作原理分类，传感器有电学式、磁学式、光电式、电化学式等。

切削力测量片如图 3-9 所示，动圈式磁电传感器如图 3-10 所示。

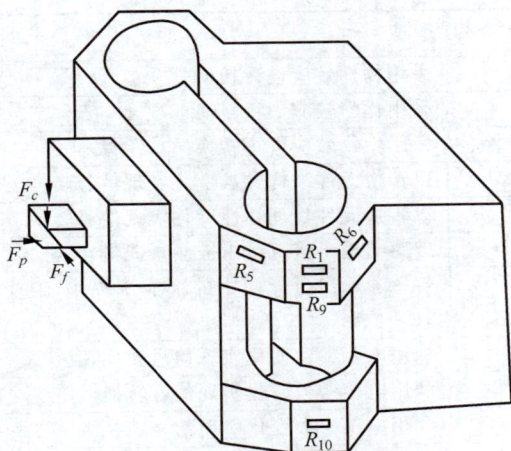

图 3-9 切削力测量片

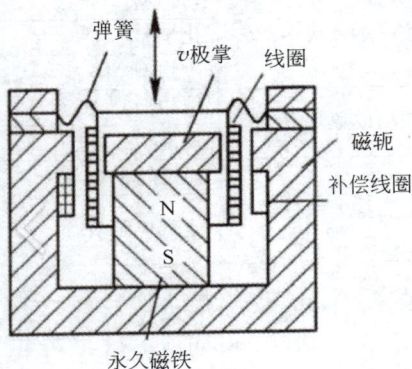

图 3-10 动圈式磁电传感器

（3）按信号变换特征分为能量转换型和能量控制型。

① 能量转换型：直接由被测对象输入能量使其工作，如热电偶温度计、压电式加速度计。

② 能量控制型：从外部供给能量并由被测量控制外部供给能量的变化，如电阻应变片。

（4）按敏感元件与被测对象之间的能量关系分为物性型和结构型。

① 物性型：依靠敏感元件材料本身物理性质的变化来实现信号变换，如水银温度计（图 3-11）。

② 结构型：依靠传感器结构参数的变化实现信号转变，如电容式和电感式传感器（图 3-12）。

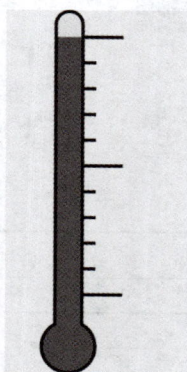

图 3-11　水银温度计

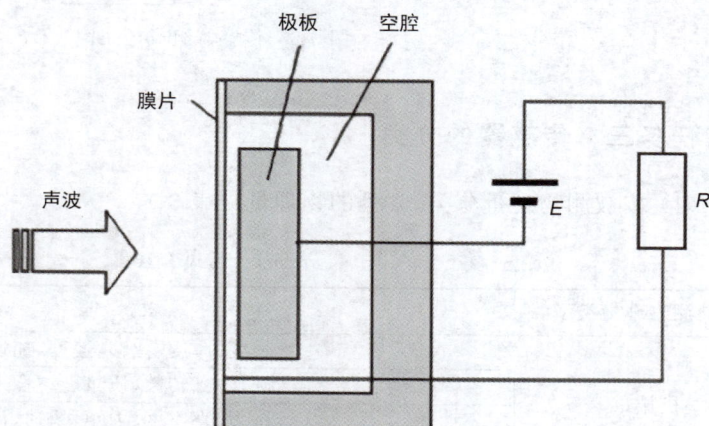

图 3-12　电容式和电感式传感器

（5）按输出电信号类型分类。

根据传感器输出电信号的类型不同，可以分为模拟量传感器、数字量传感器、开关量传感器。如接近开关是一种采用非接触式检测、输出开关量的传感器。

传感器的分类见表 3-2。

表 3-2　传感器分类表

分 类 法	形　式	说　明
按基本效应分类	物理型	采用物理效应进行转换
	化学型	采用化学效应进行转换
	生物型	采用生物效应进行转换
按构成原理分类	结构型	以转换元件结构参数变化实现信号转换
	物性型	以转换元件物理特性变化实现信号转换
按能量关系分类	能量转换型	传感器输出量直接由被测量能量转换
	能量控制型	传感器输出量能量由外部能源提供，但受输入量控制
按工作原理分类	电阻式	利用电阻参数变化实现信号转换
	电容式	利用电容参数变化实现信号转换
	电感式	利用电感参数变化实现信号转换
	压电式	利用压电效应实现信号转换
	磁电式	利用电磁感应原理实现信号转换
	热电式	利用热电效应实现信号转换
	光电式	利用光电效应实现信号转换
	光纤式	利用光纤特性参数变化实现信号转换

分 类 法	形 式	说 明
按输入量分类	长度、位移、压力、温度、流量、距离	以被测量命名(即按用途分类)
按输出量分类	模拟式	输出量为模拟信号(电压、电流等)
	数字式	输出量为数字信号(脉冲、编码等)

现在很多的开发都从传感器研究的目的出发,着眼于变换过程的特征可以将传感器按输出量的性质分为以下类型。

① 电阻式传感器(图 3-13)。电阻式传感器是利用变阻器将被测非电量转换为电阻信号的原理制成的。电阻式传感器一般有电位器式、触点变阻式、电阻应变片式及压阻式等。电阻式传感器主要用于位移、压力、力、应变、力矩、气流流速、液位和液体流量等参数的测量。

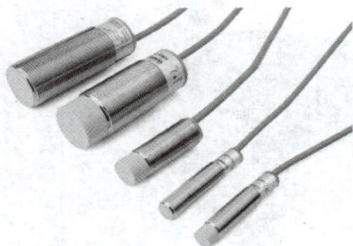

② 电容式传感器(图 3-14)。电容式传感器是利用改变电容的几何尺寸或改变介质的性质和含量,从而使电容量发生变化的原理制成的,主要用于压力、位移、液位、厚度、水分含量等参数的测量。

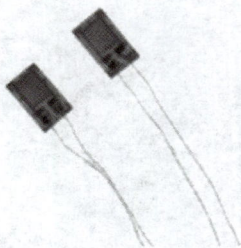

图 3-13　电阻式传感器　　　　　图 3-14　电容式传感器

③ 电感式传感器(图 3-15)。电感式传感器是利用改变磁路几何尺寸、磁体位置来改变电感或互感的电感量或压磁效应的原理制成的,主要用于位移、压力、力、振动、加速度等参数的测量。

磁电式传感器利用电磁感应原理,把被测非电量转换成电量,主要用于流量、转速和位移等参数的测量。

④ 压电式传感器(图 3-16)。它是基于压电效应的传感器,是一种自发电式和机电转换式传感器。它的敏感元件由压电材料制成。压电材料受力后表面产生电荷。此电荷经电荷放大器、测量电路放大和变换阻抗就成为正比于所受外力的电量输出。压电式传感器用于测量力、能变换为力的非电物理量。

它的优点是频带宽、灵敏度高、信噪比高、结构简单、工作可靠和重量轻等。缺点是某些压电材料需要防潮措施,而且输出的直流响应差,需要采用高输入阻抗电路或电荷放大器来克服这一缺陷。

⑤ 光电式传感器(图 3-17)。光电式传感器在非电量检测及自动控制技术中占有重要的地位。它是利用光电器件的光电效应和光学原理制成的,主要用于光强、光通量、位移、浓度等参数的测量。

图 3-15　电感式传感器

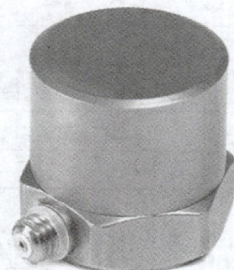

图 3-16　压电式传感器

⑥ 热电式传感器(图 3-18)。热电式传感器是将温度变化转换为电量变化的装置。它是利用某些材料或元件的性能随温度变化的特性来进行测量的。例如将温度变化转换为电阻、热电动势、热膨胀、导磁率等的变化,再通过适当的测量电路达到检测温度的目的。把温度变化转换为电势的热电式传感器称为热电偶,把温度变化转换为电阻值的热电式传感器称为热电阻。

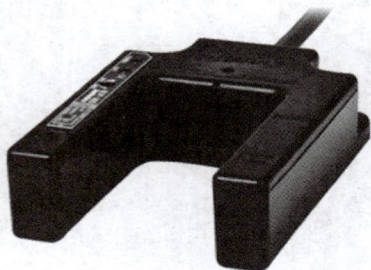

图 3-17　光电式传感器

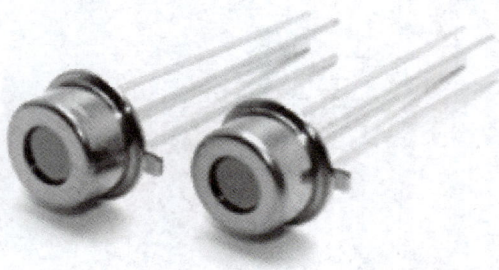

图 3-18　热电式传感器

⑦ 气敏传感器(图 3-19)。气敏传感器是一种检测特定气体的传感器。它主要包括半导体气敏传感器、接触燃烧式气敏传感器和电化学气敏传感器等,其中用得最多的是半导体气敏传感器。

气敏传感器的应用主要有:一氧化碳气体的检测、瓦斯气体的检测、煤气的检测、氟利昂(R11,R12)的检测、呼气中乙醇的检测、人体口腔口臭的检测等。

它将气体种类及其与浓度有关的信息转换成电信号,根据这些电信号的强弱就可以获得与待测气体在环境中的存在情况有关的信息,从而可以进行检测、监控、报警;还可以通过接口电路与计算机组成自动检测、控制和报警系统。

⑧ 湿敏传感器(图 3-20)。湿敏传感器是由湿敏元件和转换电路等组成,将环境湿度变换为电信号的装置,在工业、农业、气象、医疗及日常生活等方面都得到了广泛的应用,特别是随着科学技术的发展,对于湿度的检测和控制越来越受到人们的重视并进行了大量的研制工作。

理想的湿敏传感器的特性要求:适合在宽温、湿范围内使用,测量精度高;使用寿命长,稳定性好;响应速度快,湿滞回差小,重现性好;灵敏度高,线性好,温度系数小;制造工艺简单,易于批量生产,转换电路简单,成本低;抗腐蚀,耐低温和高温特性好等。

图 3-19 气敏传感器

图 3-20 湿敏传感器

以上介绍的是比较常见的传感器类型,按照生活用途分类,还有其他种类的传感器,有兴趣的读者可以查阅相关资料。

任务四 传感器的基本特性

传感器的静态特性

静态特性是指输入的被测量不随时间变化或随时间缓慢变化时表现的特性。表征传感器静态特性的主要参数有线性度、灵敏度、分辨力、迟滞、重复性。

(1)线性度。线性度是传感器的输出与输入之间呈线性关系的程度。

(2)灵敏度。灵敏度是指传感器在稳态下的输出变化值与输入变化值之比。

(3)分辨力。分辨力是指传感器在规定测量的范围内能检出被测量的最小变化量的能力。当被测量的变化小于分辨力时,传感器对输入量的变化无任何反应;只有当输入量的变化超过了分辨力的量值时,输出才有可能准确表现出来,因而,传感器就存在分辨力的问题。分辨力越小,表明传感器检测非电量的能力越强,分辨力的高低从某个侧面反映了传感器的精度。

(4)迟滞。迟滞反映传感器正向特性与反向特性不一致的程度。产生这种现象的原因是传感器的机械部分不可避免地存在间隙、摩擦及松动。

(5)重复性。重复性是指传感器输入量按同一方向进行全量程连续多次测量时所得输出-输入特性曲线不重合的程度。它是反映传感器精密度的一个指标,产生的原因与迟滞基本相同,重复性越好,误差越小。

传感器的动态特性

传感器要检测的输入信号是随时间变化的。传感器应能跟踪输入信号的变化,这样才能获得正确的输出信号;如果输入信号变化太快,传感器就可能跟踪不上,这种跟踪输入信号的特性就是传感器的响应特性,即动态特性。表征传感器动态特性的主要参数有响应速度、频率响应。

(1)响应速度。响应速度是反映传感器动态特性的一项重要参数,是传感器在阶跃信号作用下的输出特性。它主要包括上升时间、峰值时间及响应时间等,反映了传感器的稳定输出信号(在规定误差范围内)随输入信号变化的快慢。

(2)频率响应。频率响应是指传感器的输出特性曲线与输入信号频率之间的关系,包括幅频特性和相频特性。在实际应用中,应根据输入信号的频率范围来选用合适的传感器。

任务五　传感器的应用

1）日常生活中使用的传感器

我们生活中很多家用电器都含有传感器，如自动电饭锅、吸尘器、空调等（图3-21）。

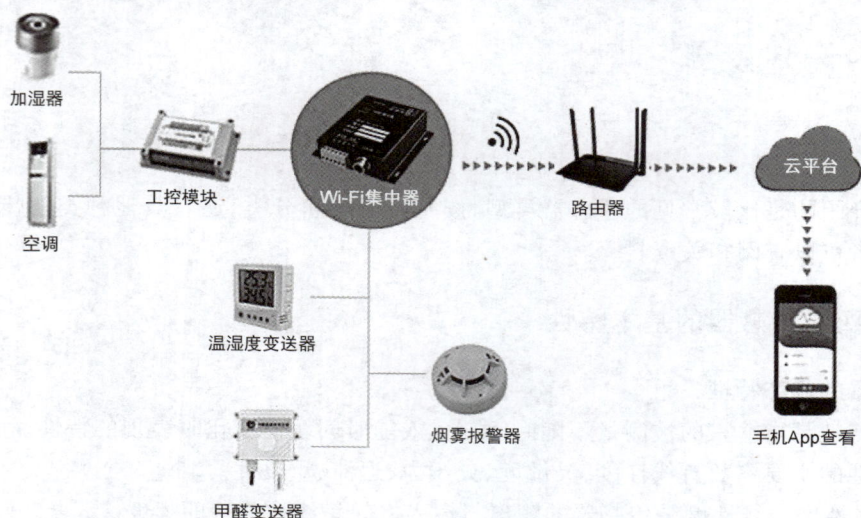

图 3-21　生活中的传感器

2）工业生产中使用的传感器

工业生产中使用的传感器如图3-22所示。

图 3-22　工业生产中使用的传感器

3）地震救助和农业使用的传感器

图3-23所示为各种探测设备。农业生产中使用的传感器如图3-24所示。

4）汽车中使用的传感器

汽车需要用传感器（图3-25）对温度、压力、距离、转速、加速度、湿度、电磁、光电、振动等进行实时准确的测量，一般需要30～100种传感器。

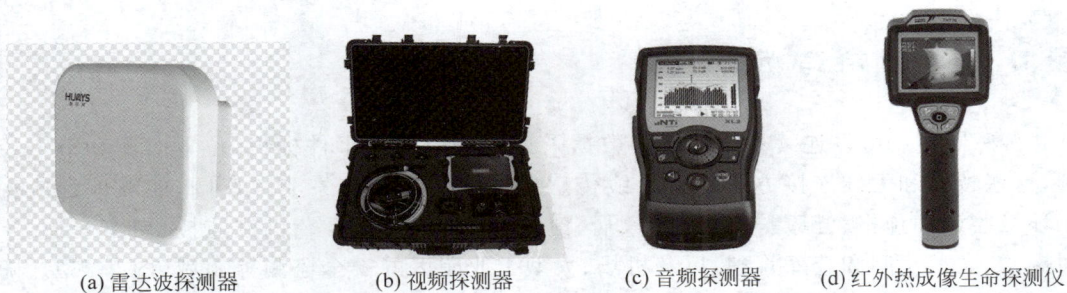

(a) 雷达波探测器　　　(b) 视频探测器　　　(c) 音频探测器　　(d) 红外热成像生命探测仪

图 3-23　各种探测设备

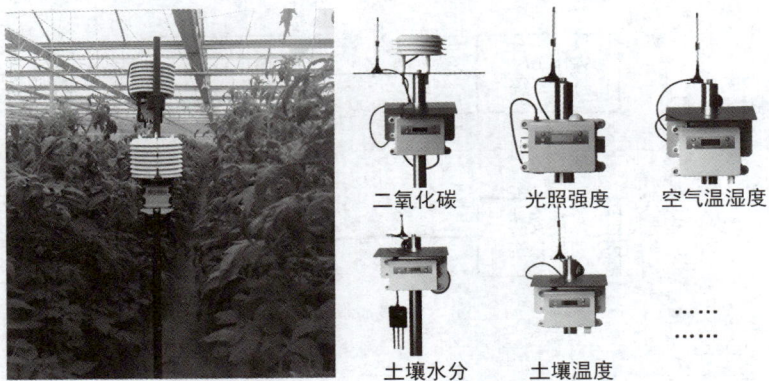

二氧化碳　　　光照强度　　　空气温湿度

土壤水分　　　土壤温度　　　……
……

图 3-24　农业生产中使用的传感器

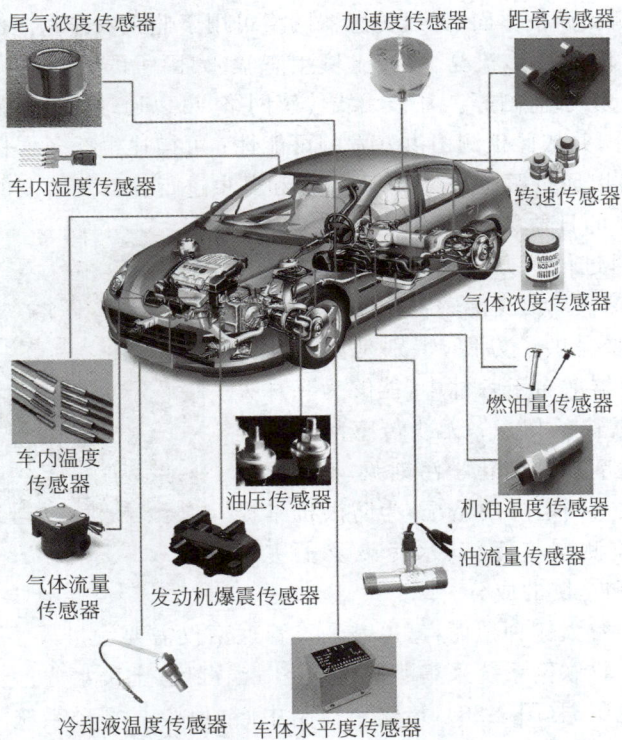

尾气浓度传感器　　　加速度传感器　　距离传感器

车内湿度传感器

转速传感器

气体浓度传感器

燃油量传感器

机油温度传感器

车内温度
传感器

油压传感器

油流量传感器

气体流量
传感器

发动机爆震传感器

冷却液温度传感器　　车体水平度传感器

图 3-25　汽车中使用的传感器

项目三　了解传感器应用

　　传感器节点可以连续不断地进行数据采集、事件检测、事件标识、位置监测和节点控制,这些特性和无线连接方式使得无线传感器网络的应用前景非常广阔,能够广泛应用于环境监测和预报、健康护理、智能家居、建筑物状态监控、复杂机械监控、城市交通、空间探索、大型车间和仓库管理,以及机场、大型工业园区的安全监测等领域(图3-26)。随着无线传感器网络的深入研究和广泛应用,它深入人类生活的各个领域并且受到业内人士的重视。

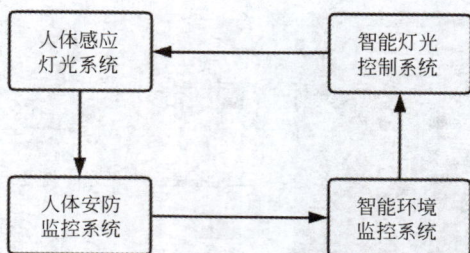

图 3-26　无线传感器网络应用场景

任务一　在生态环境监测和预报中的应用

　　在生态环境监测和预报方面,无线传感器网络可用于监视农作物灌溉情况、土壤空气情况、家畜和家禽的环境和迁移状况、无线土壤生态学、大面积的地表监测等,可用于行星探测、气象和地理研究、洪水监测等。基于无线传感网络,可以通过数种传感器来监测降雨量、河水水位和土壤水分,并依此预测山洪暴发的可能性;可描述生态多样性,从而进行动物栖息地生态监测;还可以通过跟踪鸟类、小型动物和昆虫进行种群复杂度的研究等。

　　随着人们对环境的日益关注,环境科学所涉及的范围越来越广泛。通过传统方式采集原始数据是一件困难的工作(图3-27)。无线传感器网络为野外随机性的研究数据获取提供了方便,特别是如下几方面:将几百万个传感器散布于森林中,能够为森林火灾地点的判定提供最快的信息;无线传感网络能提供遭受化学污染的位置及测定化学污染源,不需要人工冒险进入受污染区;判定降雨情况,为防洪抗旱提供准确信息;实时监测空气污染、水污染及土壤污染;监测海洋、大气和土壤的成分。

图 3-27　传统农业

　　对于规模化的温室大棚种植而言,单靠人工管理不仅需要大量人手,耗力费时,并且存在一定的人工误差。物联网系统采集温室内的空气温湿度、土壤水分、土壤温度、二氧化碳、光照强度等实时环境数据(图3-28),传输到控制中心,由中心平台系统将最新监测数据与预先设定适合农作物生长的环境参数进行比较,如发现传感器监测到的数据与预设数值有了偏差,计算机会自动发出指令,智能启动与系统相连接的通风机、遮阳、加湿、浇灌等设备进行工作,直到大棚内环境数据达到系统预设的数据范围之内,相关设备才会停止工作。

图 3-28　实时环境数据

物联网技术的应用真正实现了农业生产自动化、管理智能化,通过计算机、手机实现对温室大棚种植管理智能化调温、精细化施肥,可达到提高产量、改善品质、节省人力、降低人工误差、提高经济效益的目的,实现温室种植的高效和精准化管理。

任务二　在交通管理中的应用

在交通管理中利用安装在道路两侧的无线传感网络系统,可以实时监测路面状况、积水状况,以及公路的噪声、粉尘、气体等参数,达到道路保护、环境保护和行人健康保护的目的。

1995 年,美国交通部提出了"国家智能交通系统项目规划",当时计划到 2025 年全面投入使用。这种系统将有效地使用传感网络进行交通管理,不仅可以使汽车按照一定的速度行驶、前后车辆自动保持一定的距离,而且还可以提供有关道路堵塞的最新消息,推荐最佳行车路线,以及提醒驾驶员避免交通事故等(图 3-29)。

由于该系统将应用大量的传感器与各种车辆保持联系,人们可以利用计算机来监视每一辆汽车的运行状况,如制动质量、发动机调速时间等。根据具体情况,计算机可以自动进行调整,使车辆保持在高效低耗的最佳运行状态,并就潜在的故障发出警告,或直接与事故抢救中心取得联系。目前在美国宾夕法尼亚州的匹兹堡市就已经建成这样的交通信息系统,并且通过电台等媒体附带产生了一定商业价值。

道路两侧的传感器节点可以实时监测道路破损、路面不平等情况(图 3-30),在暴雨时可以监测路面积水情况,并将这些数据通过无线传感网络实时发送到相关部门,便于相关部门对道路进行检修或发布道路积水警报及进行险情排除等工作。道路两侧的传感器节点还可以实时监测公路附近的环境状况,例如噪声、粉尘及有毒气体浓度等参数,并通过无线传感网络系统将这些数据实时发送出去,便于有关部门对道路情况进行监测。

图 3-29　智能交通系统

图 3-30　监测道路情况

　　智能交通系统(intelligent traffic system,ITS)是在传统交通体系的基础上发展起来的新型交通系统,它将信息、通信、控制和计算机技术,以及其他现代通信技术综合应用于交通领域,并将"人-车-路-环境"有机地结合在一起。在现有的交通设施中增加一种无线传感网络技术,将能够从根本上缓解困扰现代交通的安全、通畅、节能和环保等问题,同时还可以提高交通运行效率。因此,将无线传感网络技术应用于智能交通系统已经成为近几年来的研究热点。智能交通系统主要包括交通信息的采集、交通信息的传输、交通控制和诱导等几个方面。无线传感网络可以为智能交通系统的信息采集和传输提供一种有效手段,用来监测路面与路口各个方向的车流量、车速等信息。它主要由信息采集输入、策略控制、输出执行、各子系统间的数据传输与通信等子系统组成。信息采集子系统主要通过传感器来采集车辆和路面信息,然后由策略控制子系统根据设定的目标,并运用计算方法计算出最佳方案,同时输出控制信号给执行子系统,以引导和控制车辆的通行,从而达到预设的目标。无线传感网络在智能交通中还可以用于交通信息发布、电子收费、车速测定、停车管理、综合信息服务平台、智能公交与轨道交通、交通诱导系统和综合信息平台等技术领域。

任务三　在医疗系统和健康护理中的应用

当前很多国家都面临着人口老龄化的问题,我国老龄化速度更居全球之首。中国 60 岁以上的老年人数量已经达到 1.6 亿,约占总人口的 12%,80 岁以上的老年人数量达 1805 万,占老年人口总数的 11.29%。一对夫妇赡养四位老人、生育一个子女的家庭大量出现,使赡养老人的压力进一步加大。"空巢老人"在各大城市平均比例已达 30%,个别大中城市甚至已超过 50%,这对于中国传统的家庭养老方式提出了严峻挑战。

无线传感网络技术通过连续监测提供丰富的背景资料并进行预警响应,不仅有望解决老龄化问题还可大大提高医疗的质量和效率。无线传感网络集合了微电子技术、嵌入式计算技术、现代网络及无线通信和分布式信息处理等技术,能够通过各类集成化的微型传感器协同完成对各种环境或监测对象的信息的实时监测、感知和采集,是当前在国际上备受关注的,涉及多学科高度交叉、知识高度集成的前沿热点之一(图 3-31)。

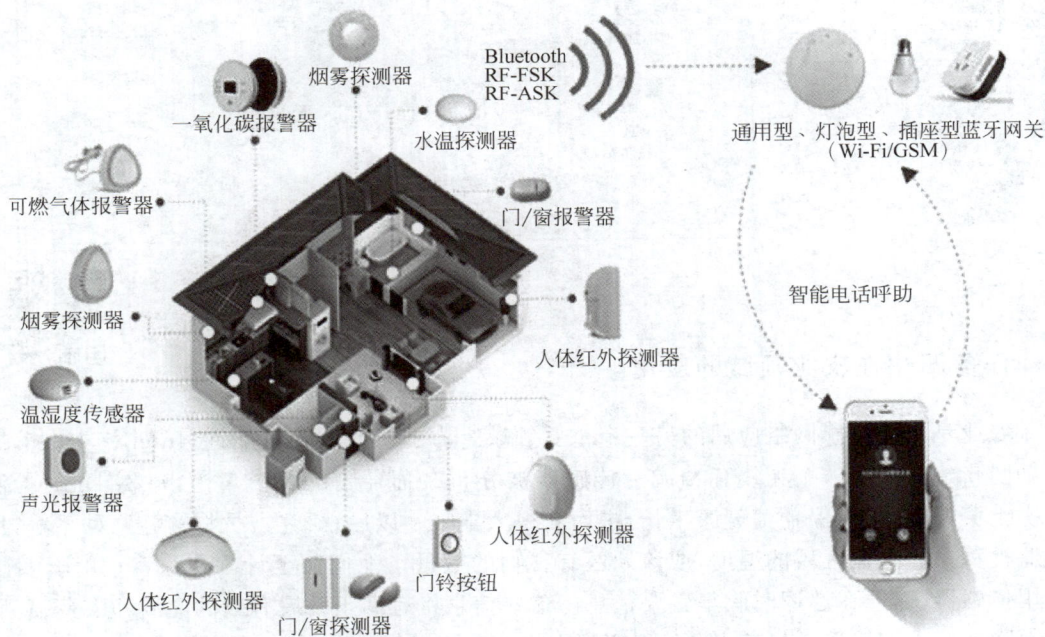

图 3-31　智能监护

近年来,无线传感网络在医疗系统和健康护理方面已有很多应用,例如,监测人体的各种生理数据,跟踪和监控医院里医生和患者的行动,以及医院的药物管理等。如果在住院病人身上安装特殊用途的传感器节点,例如心率和血压监测设备,医生就可以随时了解被监护病人的病情,在发现异常情况时能够迅速抢救(图 3-32)。罗切斯特大学的一项研究表明,这些计算机甚至可以用于医疗研究。科学家使用无线传感器创建了一个"智能医疗之家",即一个5间房的公寓住宅,在这里利用人类研究项目来测试概念和原型产品。"智能医疗之家"使用微尘来测量居住者的重要征兆(血压、脉搏和呼吸)、睡觉姿势及每天24h的活动状况。所收集的数据将被用于开展以后的医疗研究。通过在鞋、家具和家用电器等设备中嵌入网络传感器,可以帮助改善老年人、重病患者及残疾人的家庭生活。利用传感器网络可高效传递必要的信息从而方便接受护理,而且可以减轻护理人员的负担,提高护理质量。利用传感网络长时间地收集人的生理数据,可以加快研制新药品的过程,而安装在被监测对象身上的微型传感器也不会给人的正常生活带来太多的不便。此外,在药物管理等诸多方面,它也有新颖而独特的应用。

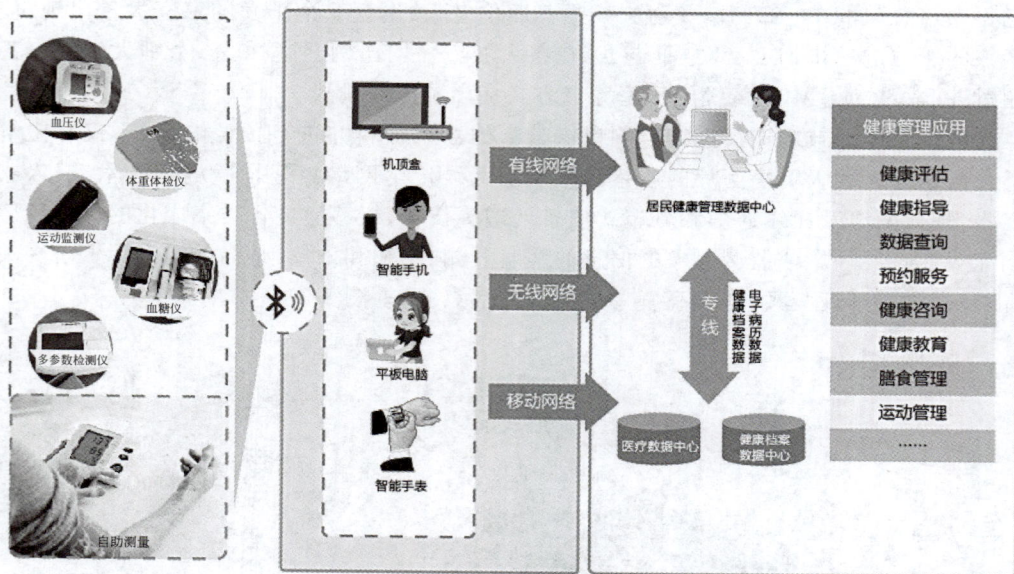

图 3-32　远程医疗

智慧农业

任务四　在农业领域的应用

　　农业是无线传感网络应用的另一个重要领域。为了研究这种可能性,Intel 率先在美国俄勒冈州建立了第一个无线葡萄园。传感器被分布在葡萄园的每个角落,每隔 1min 检测一次土壤温度,以确保葡萄健康生长,进而获得大丰收。以后,研究人员将实施一种系统,用于监视每一传感器区域的温度,或该地区有害物的数量。他们甚至计划在家畜(如狗)身上使用传感器,以便在巡逻时收集必要信息。这些信息将有助于开展有效的灌溉和农药喷洒,进而降低成本和确保农场获得更高效益(图 3-33)。

　　据媒体报道,国家科技支撑计划项目"西北优势农作物生产精准管理系统"实施以来,主要针对西部地区优势农产品苹果、猕猴桃、丹参、甜瓜、番茄等,以及西部干旱少雨的生态环境特点开展专项技术研究、系统集成与典型应用示范,将无线传感网络技术成功应用于精细农业生产中。这个实时采集作物生长环境的传感网络技术应用于农业生产,为发展现代农业提供了新的技术支撑。在项目实施中,承担单位之一的西北工业大学利用传感网络技术,

图 3-33　农业数据采集

开发出可实时采集大气温湿度、CO_2 浓度、土壤温湿度的传感网络节点。

系统由感知节点、汇聚节点、通信服务器、基于 Web 的监控中心、农业专家系统、交互式农户生产指导平台组成（图 3-34）。系统已应用于陕西省安塞、杨凌、阎良日光温室的番茄、甜瓜等作物。众多的感知节点实时采集作物生长环境信息，以自组织网络形式将信息发送到汇聚节点，由汇聚节点通过 GPRS 上传到互联网上的实时数据库中。农业专家系统分析处理相关数据，提出生产指导建议，并以短消息方式通知农户。系统还可远程控制温室的滴灌、通风等设备，按照专家系统的建议实行温度、水分等自动化管理操作。西北农林科技大学面向西部优势农产品精准化生产需求和西北地区主要农业设施环境特点，研究以苹果、猕猴桃、甜瓜、番茄、丹参为代表的西部优势农作物的生长发育模拟模型及精准的量化管理指标，已建立了以上各作物的生长发育、产量及品质数据库。

针对优质果业和中草药精准管理，建立了生产地气候数据生成模拟模型，以温度、光照为主要驱动因子的发育进程模拟模型，丹参主茎叶龄动态发育模型，丹参光合生产与干物质积累模型。通过技术组装配套，开发出 6 套主要作物精准化管理技术规范，建立蔬菜、苹果、猕猴桃、丹参等 6 个示范基地。通过精准化育苗和水肥管理，生产效益提高 11%，苹果精准化示范园较常规果园产量提高 12%，优质果率提高 8%，降低投资 17%，每亩（1 亩≈666.67m²）合计增加效益 1215 元；猕猴桃精准化示范园产量提高 15%，优质果率提高 10%，降低投资 16%，每亩合计增效 1500 元。相关技术已辐射 2 万余亩，已累计增加效益 7000 多万元。

我国是一个农业大国，农作物的优质高产对国家的经济发展意义重大。在目前农业自然资源不断减少、生态环境恶化趋势没有扭转的情况下，农业想要进一步发展，就必须要求农业转变增长方式，推动农业发展的现代化、信息化。传感网络的出现为农业各领域的信息采集与处理提供了新的思路和有力手段。借助这种技术手段，能够实时提供土壤温湿度、空

图 3-34　农业大棚中的传感网络系统

气变更、酸碱度、二氧化碳浓度,动植物病虫害信息、生长信息,农作物灌溉情况等,这些信息帮助人们及时发现农业生产中的问题,使农业有可能渐渐地从以人为中心,转向以信息和软件为中心的生产模式。随着无线传感网络的不断发展,国内外在该领域已经初步推出相关产品并得到示范应用。

课后练习

一、选择题

1. 嫦娥三号的主要任务是实现我国首次月球(　　)和自动巡视勘察。
   A. 硬着陆　　　　　　B. 软着陆　　　　　C. 轨道飞行　　　　D. 返回地球
2. 以下传感器中,属于能量转换型的是(　　)。
   A. 电阻应变片　　　　B. 热电偶温度计　　C. 电感式传感器　　D. 电容式传感器
3. 玉兔巡视器的能源主要依赖于(　　)。
   A. 核能　　　　　　　B. 太阳能　　　　　C. 化学电池　　　　D. 风能
4. 下列传感器中,用于检测气体浓度的是(　　)。
   A. 湿敏传感器　　　　B. 气敏传感器　　　C. 压电式传感器　　D. 热电式传感器
5. 传感器的静态特性参数不包括(　　)。
   A. 线性度　　　　　　B. 灵敏度　　　　　C. 响应速度　　　　D. 重复性
6. 无线传感网络在农业中的应用不包括(　　)。
   A. 监测土壤温湿度　　　　　　　　　　　B. 控制温室通风
   C. 跟踪动物迁移　　　　　　　　　　　　D. 检测汽车尾气
7. 以下属于物性型传感器的是(　　)。
   A. 电容式传感器　　　B. 水银温度计　　　C. 电感式传感器　　D. 电阻应变片

8. 嫦娥三号着陆器上用于实时掌控速度和位置的装置是（　　）。
　　A. 测距测速天线　　　　　　　　B. 全景相机
　　C. 机械臂　　　　　　　　　　　D. 红外成像光谱仪

9. 汽车中用于检测加速度的传感器属于（　　）。
　　A. 磁电式传感器　　B. 压电式传感器　　C. 光电传感器　　　D. 热电式传感器

10. 无线传感网络在医疗领域的主要作用是（　　）。
　　A. 监测交通流量　　　　　　　　B. 远程医疗监护
　　C. 控制工业机器人　　　　　　　D. 检测空气质量

二、判断题

1. 湿敏传感器主要用于检测气体种类和浓度。（　　）

2. 玉兔巡视器的导航控制分系统包含避障相机和机械臂。（　　）

3. 热电式传感器包括热电偶和热电阻两种类型。（　　）

4. 传感器的动态特性参数包括线性度和迟滞。（　　）

5. 无线传感网络在智能交通系统中仅用于监测车速。（　　）

6. 能量控制型传感器需要外部能源供电。（　　）

7. 嫦娥五号的任务是从月球背面采集样品。（　　）

8. 电感式传感器通过改变磁路几何尺寸实现信号转换。（　　）

9. 结构型传感器依赖材料物理性质的变化。（　　）

10. 无线传感网络在农业中可监测作物病虫害信息。（　　）

三、填空题

1. 传感器一般由敏感元件、转换元件和_____组成。

2. 嫦娥三号实现软着陆的关键传感器是_____。

3. 按输出信号类型，传感器可分为模拟量、数字量和_____传感器。

4. 无线传感网络在医疗中用于监测患者的_____数据。

5. 热电式传感器将温度变化转换为_____或电阻值。

6. 玉兔巡视器的导航控制模式包括自主导航和_____。

7. 传感器的动态特性参数包括响应速度和_____。

8. 电容式传感器主要用于测量压力、位移和_____。

9. 无线传感网络在环境监测中可检测噪声、粉尘和_____浓度。

10. 智能交通系统的核心目标是提高交通运行的_____。

四、简答题

1. 简述传感器在嫦娥三号任务中的主要作用。

2. 传感器的静态特性包括哪些参数？

3. 列举无线传感网络在农业中的三种应用。

4. 能量转换型传感器与能量控制型传感器的区别是什么？

5. 简述汽车中传感器的应用场景（至少三种）。

模块四

探秘神经网络与深度学习

中枢神经系统的
信息处理机制

项目一　认识动物的中枢神经系统

在动物世界里,有一种行为充满了奇幻色彩,那便是候鸟的迁徙。每年特定时节,成千上万只候鸟飞越千山万水,准确无误地从越冬地飞往繁殖地,它们如何在茫茫天地间找到方向,仿佛有一张无形的地图指引着它们。

候鸟的迁徙是一场关乎生存的伟大征程。在这背后有一个关键因素——高效的调控机制。对于候鸟而言,它们能完成如此漫长且精准的迁徙,离不开身体内一套精密的导航系统,而这套系统的核心调控者便是中枢神经系统。中枢神经系统如同一个超级指挥官,协调着候鸟感知地球磁场、太阳位置以及地标等信息,进而指挥它们的翅膀有节奏地扇动,保持正确的飞行路线。就像北极光需要特定的物理条件相互配合才能呈现,候鸟的神奇迁徙行为也依赖于中枢神经系统高效且精准的调控。

当我们深入探究动物的各种奇妙行为,从蜜蜂精准的舞蹈语言传递花蜜位置,到蝙蝠利用超声波在黑暗中捕食,无一不与中枢神经系统紧密相连。在接下来的模块内容中,就让我们一同揭开动物中枢神经系统的神秘面纱,探索这一神奇系统是如何构建、运作,进而让动物们展现出令人惊叹的行为吧!

任务一　揭秘动物中枢神经系统的奇妙世界

动物的中枢神经系统定义

动物世界中众多物种展现了令人惊叹的智慧,这源于动物的中枢神经系统。动物的中枢神经系统就像是一个复杂的"指挥中心",它通过脑和脊髓以及它们之间的神经连接,整合和处理各种信息,协调身体各部分的活动,使动物能够作为一个整体对内外环境的变化做出适当的反应,维持生命活动的正常进行和个体的生存与发展。

中枢神经系统接收全身各处的感觉信息,经整合加工后成为协调的运动信息传出,同时这些信息回传储存在中枢神经系统内。

动物中枢神经系统的进化历程

动物中枢神经系统从简单到复杂的进化过程是一个漫长而渐进的过程,以下以不同进化阶段的代表性动物为例进行简述。

1. 腔肠动物 —— 神经网

腔肠动物如水螅,是比较原始的多细胞动物,其神经系统为神经网,这是动物界最简单最原始的神经系统。神经网没有神经中枢,神经细胞彼此交织成网状,遍布全身。当水螅身体的某一部位受到刺激时,兴奋可向四周扩散,引起全身反应,这种反应没有方向性和协调性,是一种比较原始的应激方式。

2. 扁形动物 —— 梯形神经系统

扁形动物如涡虫,出现了梯形神经系统。在身体前端有一对脑神经节,由脑神经节向后发出两条纵行的神经索,神经索之间有横神经相连,形状像梯形。这种神经系统使动物的头部能够集中更多的神经细胞,初步出现了神经中枢的雏形,对刺激的反应也更加准确和迅速,相较于神经网是一个很大的进步。

3. 环节动物 —— 链状神经系统

环节动物以蚯蚓为代表,具有链状神经系统。其神经系统由脑、围咽神经环、咽下神经节和腹神经索组成。链状神经系统使动物的神经系统更加集中和完善,动物对刺激的传导和反应更加迅速、准确,而且每个体节的神经节可以完成一些简单的反射活动,使身体的运动更加灵活和协调。

4. 节肢动物 —— 链状神经系统进一步发展

节肢动物如昆虫,同样具有链状神经系统,但相较于环节动物更为发达。昆虫的脑分为前脑、中脑和后脑,前脑是视觉和行为的高级中枢,中脑与触角的感觉功能有关,后脑则与控制取食等活动相关。此外,节肢动物的神经节有明显的愈合现象,这使得神经系统的传导速度更快,能更好地适应其复杂的行为和快速的运动。

5. 软体动物 —— 四对主要神经节

以蜗牛为代表的软体动物,其神经系统由四对主要的神经节组成,即脑神经节、足神经节、侧神经节和脏神经节,各神经节之间有神经相连。在一些高等的软体动物中,神经节有集中的趋势,出现了类似脑的结构,能更好地协调身体各部分的活动,以适应不同的生活环境和生活方式。

6. 脊椎动物 —— 高度发达的中枢神经系统

脊椎动物的中枢神经系统包括脑和脊髓。以鱼类为例,已经具有了明显的脑的分化,分为端脑、间脑、中脑、小脑和延脑五部分,能初步完成嗅觉、视觉、听觉等多种感觉和运动的协调。随着进化到两栖类、爬行类,脑的结构和功能进一步完善,大脑半球逐渐增大,出现了新脑皮。到了鸟类和哺乳类,中枢神经系统达到了高度发达的水平。哺乳动物的大脑皮层高度发达,具有复杂的沟回,增加了大脑皮层的表面积,使大脑能够承担更多更复杂的功能,如学习、记忆、语言、思维等,成为动物体的最高级神经中枢,能精确地调控机体的各种生理活动和行为。

动物中枢神经系统的组成与功能

动物的中枢神经系统由脑和脊髓两部分组成,图 4-1 所示是人的中枢神经系统组成。

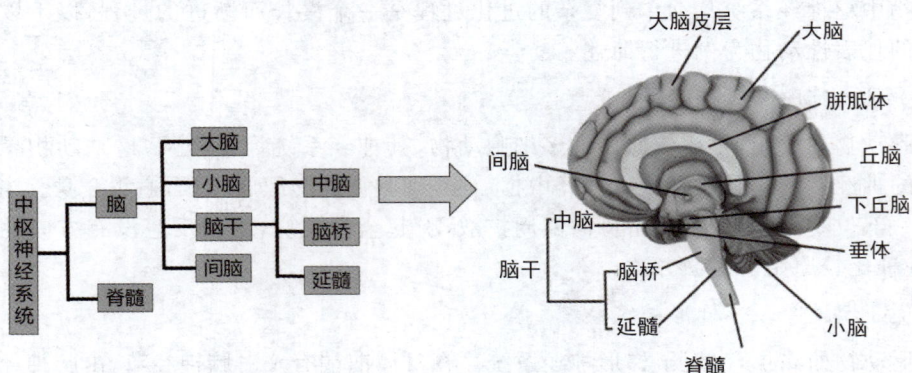

图 4-1   人的中枢神经系统组成

(一)动物的脑

动物的脑是一个极其复杂且高度精密的器官,不同动物的脑在结构和功能上既有相似性,又存在因适应各自生存环境和生活方式而产生的差异,以下以哺乳动物为例介绍脑的结构与功能。

1. 脑的结构

脑位于颅腔内,是中枢神经系统的控制中心,不同的脑区承担不同的功能,脑主要由大脑、小脑、脑干和间脑等部分组成。

(1)大脑。由左右两个大脑半球组成,是动物脑的最大部分。大脑半球表面有许多沟回,增加了大脑的表面积。大脑皮层是大脑表层的灰质结构,是神经系统的最高级中枢,可分为不同的功能区,如躯体运动中枢、躯体感觉中枢、视觉中枢、听觉中枢、语言中枢等。大脑内部的白质由神经纤维组成,负责在大脑不同区域以及大脑与其他脑区之间传递信息。

(2)小脑。位于大脑后方,脑干的背侧。主要由小脑半球和蚓部组成,表面也有丰富的沟回。小脑通过大量的神经纤维与大脑、脑干和脊髓相连。

(3)脑干。脑干是脑的最古老部分,位于大脑下方,与脊髓相连,包括间脑、脑桥和延髓。脑干内部有许多重要的神经核团和神经纤维束,是连接大脑、小脑和脊髓的重要通道。

(4)间脑。位于大脑半球和中脑之间,主要包括丘脑和下丘脑等结构。丘脑是感觉传导的重要中继站,除嗅觉外,各种感觉传导通路都要在丘脑换元后才能投射到大脑皮层。下丘脑体积虽小,但功能极为重要,它是调节内脏活动和内分泌活动的较高级神经中枢所在。

2. 脑的功能

(1)感觉功能。动物的感觉功能是其与外界环境进行交互的重要方式,主要包括视觉、听觉、嗅觉、味觉和触觉。

(2)接收信息。动物通过各种感觉器官收集外界信息,如视觉、听觉等信息,然后通过神经传导将这些信息传递到脑。

（3）信息处理。脑的不同区域负责对不同类型的感觉信息进行处理和分析。如大脑的视觉皮层对眼睛传来的光信号进行处理，可让动物感知到物体的形状、颜色、运动等特征。

（4）学习与记忆。大脑具有学习和记忆的能力，动物通过学习可以适应环境的变化，记忆则是对学习过程中获得的信息进行存储和提取。海马体在记忆的形成和巩固中起着重要作用，而大脑皮层的不同区域则负责不同类型记忆的存储和提取。

（5）运动控制。运动指令生成是由大脑的运动皮层负责产生运动指令，这些指令通过神经纤维传递到脊髓，再由脊髓将信号传递到肌肉，从而控制动物的肢体运动、面部表情等各种动作。

（6）运动协调与平衡。小脑在运动协调中起着关键作用，它接收来自大脑运动皮层、脊髓和内耳等的信息，对运动的力量、方向、幅度等进行微调，确保动作的精准性和流畅性。

（7）调节功能。内环境稳定调节的方式是由下丘脑通过调节体温、血糖水平、水盐平衡等生理过程，确保动物体内环境的稳定。

（8）内分泌调节。下丘脑与垂体一起构成了神经内分泌调节系统，下丘脑分泌各种促激素释放激素，作用于垂体，垂体再分泌相应的促激素，调节甲状腺、肾上腺、性腺等内分泌腺的分泌活动，从而影响动物的生长发育、生殖、代谢等生理过程。

（9）情绪与行为。脑的边缘系统，包括杏仁核、海马体、扣带回等结构，与动物的情绪和行为密切相关。杏仁核在恐惧、愤怒等情绪的产生和调节中起关键作用，而海马体与情绪记忆的形成有关。

不同种类的动物，脑的结构和功能会有所不同。例如，鸟类的脑在视觉和运动控制方面有独特的适应性，昆虫的脑虽然相对简单，但也能完成基本的感觉、运动和行为调控等功能。

（二）动物的脊髓

脊髓是动物神经系统的重要组成部分，属于低级神经中枢，是连接大脑与身体其他部分的信息高速公路，负责传递感觉和运动输入信息，并控制运动反射。在神经传导和反射等生理过程中发挥着关键作用，以下是其结构与功能的具体介绍。

1. 脊髓的结构

（1）外部形态。脊髓位于椎管内，是从脑延伸出的神经束，呈前后稍扁的圆柱形，全长粗细不等，有颈膨大和腰骶膨大两个膨大部位，分别与支配上肢和下肢的神经相连。脊髓末端变细，称为脊髓圆锥，再向下延续为无神经组织的终丝。脊髓表面有 6 条纵行的沟裂，前正中裂和后正中沟将脊髓分为左右对称的两半，前外侧沟和后外侧沟分别有脊神经的前根和后根附着。

（2）内部结构。

① 灰质。灰质位于脊髓中央，呈蝴蝶形或 H 形。灰质可分为前角、后角和侧角（胸腰段脊髓）。前角主要由运动神经元组成，其轴突组成脊神经前根，支配骨骼肌的运动。后角主要接受来自脊神经后根传入的感觉信息，对感觉信息进行初步处理。侧角含有交感神经节前神经元，在调节内脏活动中起重要作用。

② 白质。白质在灰质周围，由神经纤维束组成，可分为前索、外侧索和后索。各索内含有不同功能的神经纤维束，如传导感觉信息的上行纤维束和传导运动指令的下行纤维束。上行纤维束将身体各部位的感觉信息向脑传递，下行纤维束则将脑发出的运动指令传至脊髓前角运动神经元，以控制肌肉的运动。

2．脊髓的功能

（1）传导功能。

① 感觉传导。感觉传导是感觉信息上传的重要通路，来自身体外周的各种感觉神经冲动，如触觉、痛觉、温度觉等，通过脊神经后根进入脊髓，然后在脊髓内形成上行纤维束，将感觉信息传导至脑，使动物能够感知到身体各部位的感觉刺激。

② 运动传导。脑发出的运动指令通过下行纤维束传导至脊髓，再由脊髓前角运动神经元将神经冲动传出，经脊神经支配相应的肌肉，从而产生运动。

（2）反射功能。

① 躯体反射。躯体反射指完成一些简单的躯体反射活动，如膝跳反射、跟腱反射等。这些反射的反射弧基本结构包括感受器、传入神经、脊髓中枢、传出神经和效应器。当感受器受到刺激时，神经冲动经传入神经传至脊髓，在脊髓内经过神经元的突触传递，直接通过传出神经引起效应器的反应，无须经过脑的高级中枢。

② 内脏反射。内脏反射指参与一些内脏活动的反射调节，如排尿反射、排便反射等。在正常情况下，这些反射受脑的高级中枢调控，但脊髓本身也能完成基本的反射活动。当膀胱内尿液充盈到一定程度时，膀胱壁上的感受器会产生神经冲动，经传入神经传至脊髓，脊髓可通过传出神经引起膀胱逼尿肌收缩和尿道内括约肌舒张，从而产生排尿动作。

脊髓的结构和功能是相互关联、相互作用的，其结构的完整性是实现正常功能的基础，而各种功能的正常发挥又保证了动物机体的正常生理活动和对环境的适应。

中枢神经系统在动物生理学中起着重要的作用，它对于动物的生存和繁衍具有重要意义，一旦中枢神经系统出现异常，将导致各种疾病和症状的产生。

中枢神经系统的信息处理机制

动物中枢神经系统的信息处理机制是一个复杂而精细的过程，涉及神经元的基本功能、突触传递、信息的编码、整合与传递以及脑区的协同作用等多个层面。

（一）神经元的组成及基本功能

1．神经元的组成

中枢神经系统的功能主要由神经元来完成。神经元是中枢神经系统的基本单位，它具有接收、传递和处理信息的能力。神经元的连接方式非常复杂，不同的神经元之间形成了复杂的网络连接，这些网络连接构成了神经回路，使得动物能够进行思维和学习。

神经元又称为神经细胞，分为细胞体和突触两部分。细胞体由细胞核、细胞膜、细胞质组成，具有联络和整合输入信息并传出信息的作用。突触有树突和轴突两种。多个神经元之间通过轴突、树突形成连接，构成神经元网络，如图 4-2 所示。

人脑的神经网络：人脑是人类思维的物质基础，思维的功能定位在大脑皮层。人脑中大约有 1000 亿个神经元，每个神经元又通过神经突触与大约 1000 个其他神经元相连，形成一个高度复杂、高度灵活的动态网络。

2．神经元的基本功能

（1）接收信息。神经元通过树突接收来自其他神经元或感觉器官的信息。树突具有大量的分支和树突棘，增加了接收信息的表面积，能够接收多种来源的信号输入。

（2）产生电信号。当神经元接收到足够强度的刺激时，会在细胞膜上产生动作电位，这

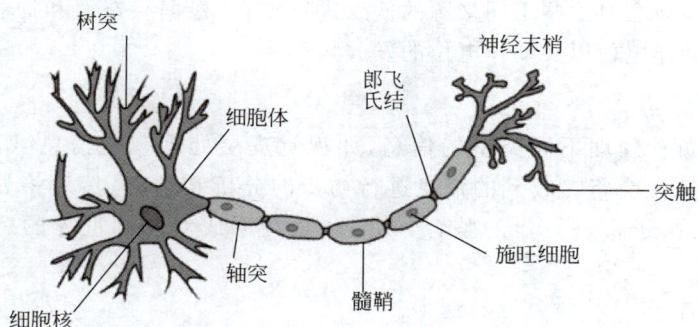

图 4-2   动物的神经元网络

是一种快速的、可传播的电信号,是神经元传递信息的主要方式。动作电位的产生依赖于细胞膜上的离子通道,如钠离子通道和钾离子通道等。

(3)传导信号。动作电位一旦产生,就会沿着神经元的轴突进行传导,将信息从神经元的胞体传递到轴突末梢,从而实现信息在神经元内部的快速传递。

(二)突触传递

1. 突触结构

突触是神经元之间或神经元与效应器细胞之间传递信息的特殊结构,由突触前膜、突触间隙和突触后膜组成。

2. 化学传递

当动作电位传导到轴突末梢时,会引起突触前膜中的突触小泡释放神经递质到突触间隙。神经递质与突触后膜上的特异性受体结合,导致突触后膜离子通道的开放或关闭,从而改变突触后膜的电位,产生突触后电位,实现信息从一个神经元到另一个神经元的传递。

3. 突触可塑性

突触传递的效率不是固定不变的,而是可以根据神经元的活动和经验等因素发生改变,这种现象称为突触可塑性,包括长时程增强(LTP)和长时程抑制(LTD)等,是学习和记忆等高级神经功能的基础。

(三)信息编码

1. 频率编码

神经元通过动作电位的发放频率来编码信息的强度等特征。例如,当刺激强度增加时,神经元发放动作电位的频率也会相应提高,从而将刺激强度的信息编码在动作电位的频率中。

2. 时间编码

动作电位的发放时间也可以携带信息。神经元可能会在特定的时间点发放动作电位,这些时间模式可以编码不同的信息内容,尤其是在处理复杂的感觉信息和进行精细的运动控制时,时间编码起着重要作用。

(四)信息整合

1. 神经元层面

一个神经元通常会接收来自多个其他神经元的输入,这些输入可能是兴奋性的,也可能是抑制性的。神经元会对这些不同来源的信息进行整合,根据兴奋性和抑制性输入的总和来决定是否产生动作电位以及动作电位的发放频率。

2. 脑区层面

不同的脑区负责处理不同类型的信息,如视觉皮层处理视觉信息、听觉皮层处理听觉信息等。这些脑区会将接收到的信息进行初步的分析和整合,然后将处理后的信息传递到其他相关脑区,进行进一步的整合和处理,最终形成对外部世界的感知和相应的行为反应。

(五)反馈调节

1. 神经元回路

中枢神经系统中存在着大量的神经元回路,这些回路可以实现信息的反馈调节。例如,在一个简单的反射弧中,感觉神经元将信息传递给中枢神经元,中枢神经元再将信息传递给运动神经元,同时运动神经元的活动也可以通过中间神经元反馈到感觉神经元或其他相关神经元,从而调节整个反射活动的强度和持续时间。

2. 神经调质

除了神经递质外,中枢神经系统中还存在着一些神经调质,如多巴胺、乙酰胆碱等。它们可以通过调节神经元的兴奋性、突触传递效率等方式,对信息处理过程进行广泛的调节,影响整个中枢神经系统的功能状态。

(六)高级脑功能中的信息处理

1. 学习与记忆

学习是指动物通过经验改变自身行为的过程,记忆则是对学习到的信息进行存储和提取的能力。在学习和记忆过程中,中枢神经系统会通过突触可塑性等机制,改变神经元之间的连接强度和信息传递模式,将新的信息编码存储在神经元网络中。

2. 决策与行为控制

动物在面对各种复杂的环境信息时,需要做出决策并产生相应的行为。中枢神经系统会整合来自感觉系统、内部状态(如饥饿、口渴等)以及记忆等多方面的信息,在高级脑区如前额叶皮层等的参与下,进行复杂的信息处理和分析,最终做出决策,并通过运动系统产生相应的行为。

神经元的信号传递

神经元的信号传递是神经系统实现信息处理和功能调控的基础,可分为电信号传递和化学信号传递两个主要过程。

以兴奋在神经元之间的信号传递为例,描述其具体过程,如图 4-3 所示。

1. 电信号到化学信号的转换

当兴奋以动作电位的形式传导到突触前神经元的轴突末梢时,轴突末梢的膜电位发生去极化,这种去极化会激活突触前膜上的电压门控钙离子通道。

钙离子通道打开,细胞外的钙离子大量内流进入突触前末梢。钙离子浓度的升高会触发突触小泡向突触前膜移动,并与突触前膜融合。

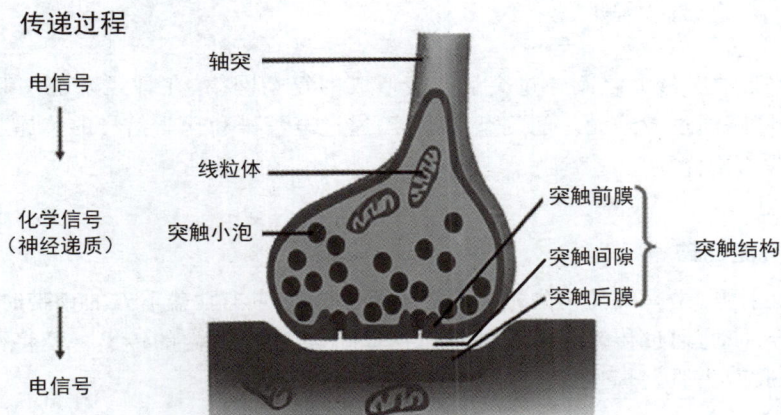

图 4-3　兴奋在神经元之间的信号传递

突触小泡通过胞吐作用将其所包含的神经递质释放到突触间隙中。神经递质是一类能够在神经元之间传递信息的化学物质,常见的有乙酰胆碱、多巴胺、谷氨酸等。

2. 神经递质的扩散与结合

释放到突触间隙中的神经递质会迅速向突触后膜扩散。由于突触间隙非常狭窄,神经递质在极短的时间内就能到达突触后膜。

突触后膜上存在着与神经递质特异性结合的受体。神经递质与相应的受体结合,就像钥匙插入锁孔一样,具有高度的特异性。

3. 化学信号到电信号的转换

神经递质与突触后膜受体结合后,会引起突触后膜上离子通道的开放或关闭,从而导致离子进出突触后膜,使突触后膜的电位发生变化,产生突触后电位。

如果神经递质引起突触后膜对钠离子等阳离子的通透性增加,钠离子内流,使突触后膜发生去极化,这种去极化电位称为兴奋性突触后电位(EPSP)。EPSP 可以使突触后神经元更容易产生动作电位,即更容易兴奋。

若神经递质使突触后膜对氯离子等阴离子的通透性增加,氯离子内流,或使钾离子外流增加,会导致突触后膜发生超极化,这种超极化电位称为抑制性突触后电位(IPSP)。IPSP会使突触后神经元更难产生动作电位,即起到抑制作用。

4. 信号的整合与传递

一个突触后神经元通常会与多个突触前神经元形成突触联系,因此会同时接收到多个兴奋性或抑制性的突触后电位。突触后神经元会对这些电位进行整合。

如果兴奋性突触后电位的总和超过了一定的阈值,就会在突触后神经元的轴突始段触发动作电位,从而使兴奋继续在突触后神经元上进行传导,实现兴奋在神经元之间的信号传递。

神经回路

（一）定义

神经回路是由神经元之间通过突触连接形成的复杂网络，在神经系统中起着至关重要的作用，神经回路通过神经元之间复杂的连接，通过电信号和化学信号的传递和相互作用实现信息的处理和整合。

（二）类型

1. 简单神经回路

如膝跳反射弧，是一种简单的单突触反射回路。当叩击膝盖下方的韧带时，感受器受到刺激产生神经冲动，通过传入神经直接传递到脊髓，再由脊髓内的传出神经将神经冲动传递到效应器，即股四头肌，引起肌肉收缩，产生膝跳反射。

2. 复杂神经回路

大脑中的神经回路则要复杂得多，涉及大量神经元的相互连接和信息交互。例如，在视觉神经回路中，光线刺激视网膜上的光感受器，光感受器将光信号转换为神经冲动，通过双极细胞传递到神经节细胞，神经节细胞的轴突形成视神经，将信号传入大脑的视觉中枢。在这个过程中，还会经过多个中间神经元和神经核团的处理和调制，最终形成对视觉信息的感知和理解。

（三）功能

以猫捕食老鼠的行为为例，说明神经回路在其中的调控作用。

1. 感觉信息处理阶段

（1）视觉回路。猫的视网膜上的光感受器细胞捕捉到老鼠的视觉信息，如老鼠的形状、运动轨迹等，将光信号转换为电信号。这些信号通过视网膜神经节细胞传导至外侧膝状体，再进一步投射到初级视觉皮层。在视觉皮层中，不同的神经元对老鼠的不同视觉特征进行选择性处理，如有的神经元对老鼠的边缘、轮廓敏感，有的对运动方向敏感，通过视觉神经回路中神经元之间的连接和相互作用，将这些分散的信息整合起来，形成对老鼠整体视觉形象的感知。

（2）听觉回路。猫耳朵中的听觉感受器捕捉到老鼠发出的声音，声音信号经听觉神经传导至耳蜗核、上橄榄核等听觉中枢，最终到达听觉皮层。听觉神经回路中的神经元对声音的频率、强度、方向等信息进行分析和整合，帮助猫确定老鼠的位置和运动状态。

（3）嗅觉回路。猫通过嗅觉感受器检测到老鼠散发的气味分子，嗅觉信号经嗅神经传导至嗅球，再到梨状皮层等嗅觉中枢。嗅觉神经回路对气味信息进行处理，识别出老鼠的气味特征，进一步辅助猫对老鼠的定位和追踪。

2. 决策与运动控制阶段

（1）前额叶皮层等高级脑区的决策作用。猫的前额叶皮层等脑区会综合来自视觉、听觉、嗅觉等感觉神经回路的信息，对是否进行捕食行为以及如何进行捕食进行决策。如果综合信息判断老鼠处于可捕食的状态，前额叶皮层会发出相应的指令。

（2）运动控制回路的作用。运动指令从大脑皮层运动区传至脊髓运动神经元，通过锥体系和锥体外系等运动神经回路，控制猫的肌肉收缩和舒张，使猫做出诸如弓背、伸爪、扑咬等捕食动作。同时，小脑、基底神经节等也参与到运动的协调和微调过程中，确保猫的捕食动作准确、迅速和高效。

3. 学习与记忆相关神经回路的作用

（1）海马体的作用。在捕食过程中,猫的海马体参与对捕食场景、老鼠行为模式等信息的记忆编码和存储。通过多次捕食经验,海马体中的神经回路发生突触可塑性变化,强化与捕食相关的记忆,使得猫在以后遇到类似情况时能够更快速、准确地做出捕食反应。

（2）杏仁核的作用。杏仁核与情绪和动机相关,在捕食行为中,杏仁核可以将捕食过程中的奖励信息（如成功捕获老鼠后的满足感）与捕食相关的刺激（如老鼠的视觉、气味等）联系起来,增强猫对捕食行为的动机和驱动力,使猫更积极地寻找和捕食老鼠。

（四）意义

神经回路是神经系统实现各种功能的基础,对其研究有助于深入理解大脑的工作原理,揭示神经系统疾病的发病机制,为开发新的诊断和治疗方法提供理论依据。同时,神经回路的研究也为人工智能等领域提供了重要的借鉴和启示,推动了智能算法和模型的发展。

任务二　解码智慧之源:动物中枢神经系统如何启发人工智能

动物中枢神经系统和人工智能的关系是多方面的,二者相互启发、相互促进,共同推动着科学技术的发展。

动物中枢神经系统对人工智能的启发

动物的智慧表现多种多样,通常包括学习、适应环境、解决问题和社交互动等能力。这些能力在某些方面与人工智能的表现相似,人工智能的某些技术和算法受到动物行为和大脑结构的启发。

（一）架构设计层面

1. 分布式并行处理

动物中枢神经系统由大量神经元组成,神经元之间广泛连接,形成分布式结构。大脑处理视觉信息时,不同区域的神经元可同时对图像的颜色、形状、运动等特征并行处理。这启发人工智能构建分布式计算架构,如在深度学习中采用多 GPU 并行计算,提升数据处理速度,使模型能快速处理海量数据,像大规模图像识别任务中,并行架构可加速特征提取与模型训练。

2. 模块化与层次化

神经系统具备模块化与层次化特点,不同脑区负责特定功能,且功能实现有层次顺序。以听觉处理为例,从内耳接收声音信号,经脑干初步处理,再到丘脑中转,最后在听觉皮层进行高级分析。受此启发,人工智能设计模块化神经网络,如卷积神经网络（convolutional neural network,CNN）,卷积层、池化层、全连接层等模块各司其职,分层提取图像特征,从低级边缘特征到高级语义特征,逐步提升模型对复杂信息的理解与处理能力。

（二）学习模式层面

1. 无监督与强化学习

动物在自然环境中通过自主探索学习,神经系统能在无明确外部监督下发现环境规律,即无监督学习。同时,动物基于行为后果的奖惩反馈进行学习,类似强化学习。如老鼠在迷宫探索中,通过不断尝试找到出口,基于获得食物奖励强化正确路径选择。这促使人工智能发展无监督学习算法,如自动编码器用于数据降维与特征提取;强化学习算法则让智能体在环境中通过试错学习最优策略,如 AlphaGo 通过强化学习在围棋博弈中战胜人类棋手。

2. 持续学习与知识迁移

动物能在一生中持续学习新知识,并将过往经验知识迁移到新情境。例如,学会捕食一种猎物的技巧后,可迁移用于捕捉类似猎物。这为人工智能持续学习与知识迁移研究提供方向,如开发能随时间不断学习新任务、更新知识的机器学习模型,以及将在一个任务中学习到的特征或策略迁移到相关任务,提升模型学习效率与泛化能力,减少新任务训练所需数据量与时间。

（三）信息处理层面

1. 低功耗与容错性

动物中枢神经系统以极低功耗运行,且对噪声与局部损伤有较强容错性。即使部分神经元受损,仍能维持基本功能。人脑处理信息能耗仅约 20W,远低于计算机运行复杂算法的能耗。这启发人工智能研发低功耗芯片与算法,如脉冲神经网络（SNN）模拟神经元脉冲发放机制,以事件驱动方式处理信息,降低能耗;设计具有容错能力的神经网络架构,如采用冗余连接或分布式存储方式,确保部分计算单元故障时系统仍能正常工作。

2. 多模态信息融合

动物能整合视觉、听觉、嗅觉等多模态感官信息进行决策。如猫捕食时,结合视觉中老鼠的位置、听觉中老鼠的动静、嗅觉中老鼠的气味判断猎物方位与行动轨迹。这促使人工智能发展多模态融合技术,将图像、语音、文本等不同类型数据融合,提升模型对复杂场景的理解与决策能力,如在智能安防系统中,融合视频监控与声音监测信息更准确识别异常事件。

（四）系统适应性层面

1. 自适应与自组织

动物中枢神经系统能根据环境变化自适应调整神经元连接与功能。如长期处于黑暗环境的动物,视觉系统神经元连接会发生改变以适应低光环境。这为人工智能自适应系统设计提供灵感,使模型能根据输入数据特征、任务需求或环境变化自动调整参数与结构,如自适应学习率调整算法,根据训练过程中模型性能变化自动调整学习率,提升训练效果;自组织映射网络（SOM）可根据输入数据分布自组织形成拓扑结构,实现数据聚类与可视化。

2. 生物节律与动态调节

动物神经系统活动存在生物节律,如昼夜节律影响睡眠-觉醒周期与认知功能。神经系统还能根据身体状态与环境应激动态调节活动水平。这启发人工智能系统引入动态调节机制,根据任务负载、资源可用性等因素动态调整计算资源分配与算法执行策略,如在移动设备上运行人工智能应用时,根据电池电量、CPU 负载动态调整模型精度与计算复杂度,平衡性能与能耗。

动物中枢神经系统和人工智能相互促进

（一）理论与技术借鉴

1. 人工智能借鉴动物神经系统

动物神经系统为人工智能提供了丰富的理论和技术灵感。如前面提到的，人工神经网络借鉴了动物神经元的结构和信息传递方式，以神经元为基本单元，通过突触连接成网络来处理和传递信息。深度学习中的卷积神经网络受到动物视觉系统中感受野概念的启发，通过卷积层模拟动物视觉神经元对局部区域的感知，有效提取图像特征。

2. 动物神经系统研究借助人工智能

人工智能技术也为动物神经系统的研究提供了新的工具和方法。例如，利用机器学习算法可以对大量的神经科学实验数据进行分析和建模，帮助研究人员理解神经信号的编码、传递和处理机制。通过数据挖掘技术，可以从海量的神经影像数据中发现与神经系统疾病相关的特征和模式，辅助疾病的诊断和治疗。

（二）功能与能力模拟

1. 人工智能模拟动物神经系统功能

（1）人工智能试图模拟动物神经系统的多种功能，如感知、学习、记忆和决策等。在感知方面，图像识别和语音识别技术模拟动物的视觉和听觉感知能力；在学习和记忆方面，强化学习和记忆网络等模型尝试模拟动物的学习和记忆过程，使智能体能够通过与环境的交互不断积累经验并做出最优决策。

（2）动物神经系统为人工智能提供目标参照

动物神经系统所具备的高效、灵活和自适应的能力，为人工智能的发展提供了明确的目标和参照标准。人工智能研究人员希望能够使智能系统达到或接近动物神经系统的性能水平，如实现像动物一样快速准确的目标识别、在复杂环境中的自主导航以及对环境变化的快速适应能力等。

2. 人工智能模拟动物神经系统能力模拟

例如人工神经网络是一种模拟生物神经系统的数学模型，通过训练可以学习并模拟生物大脑的功能，在动物神经系统模拟中，人工神经网络被用来模拟动物大脑中的神经元和突触连接，从而实现对动物行为的预测和控制。

哈佛大学与谷歌深度思维实验室合作创建了一个生物力学上逼真的大鼠数字模型，即"虚拟大鼠"，该模型通过训练一个人工神经网络作为"大脑"，在物理模拟器中控制虚拟身体的行为。研究发现，虚拟大鼠的神经网络能够准确地预测与真实大鼠大脑中相同的神经活动，并且能够模仿各种各样的行为。

（三）发展与创新推动

1. 动物神经系统研究促进人工智能创新

对动物神经系统的深入研究不断揭示出新的神经机制和功能原理，为人工智能的创新发展提供了新的思路和方向。例如，近年来对动物脑机接口的研究发现了神经信号与外部设备之间的有效交互方式，这为人工智能与生物系统的融合提供了可能，有望开发出更加智能和自然的人机交互界面。

2. 人工智能推动动物神经系统研究发展

人工智能的发展也为动物神经系统研究带来了新的机遇和挑战。一方面,人工智能技术的不断进步为神经科学研究提供了更强大的工具和平台,有助于加快对动物神经系统的探索和理解;另一方面,人工智能在模拟动物神经系统过程中所遇到的问题和困难,也促使神经科学家进一步深入研究动物神经系统的奥秘,以提供更准确的理论和模型。

(四)伦理与社会影响

1. 共同引发伦理思考

动物神经系统研究和人工智能的发展都涉及一些伦理问题,如在动物实验中对动物神经系统进行干预和改造是否符合伦理道德,以及人工智能在具备一定的智能和自主性后可能引发的伦理问题,如机器是否应该拥有权利、人工智能的决策是否会对人类造成伤害等。这些问题需要科学家、伦理学家和社会各界共同探讨和思考,以确保两者的发展符合人类的价值观和社会利益。

2. 对社会产生广泛影响

动物神经系统研究和人工智能的发展都对社会产生了广泛的影响。动物神经系统研究有助于揭示生命的奥秘,为人类健康和医学发展带来新的突破;人工智能则在各个领域的广泛应用改变了人们的生活和工作方式,提高了生产效率和生活质量。同时,两者的发展也可能带来一些社会问题,如就业结构的变化、数据隐私和安全等,需要社会做好相应的应对和调整。

项目二　揭开人工神经网络的神秘面纱

揭开人工神经
网络的神秘面纱

在当今科技飞速发展的时代,人工神经网络正逐渐成为引领创新的关键技术之一。20世纪80年代以来人工神经网络逐渐成为人工智能领域的研究热点。特别是近几年来,人们对人工神经网络的研究不断深入拓展,已经取得了大的突破。尤其在图像模式识别、自然语言处理、智能机器人、自动控制、生物、医学、经济等领域已成功解决了许多现代计算机难以解决的问题,表现出良好的智能特性和优势。

任务一　走近人工神经网络

人工神经网络的概念

人工神经网络(artificial neural network,ANN)简称神经网络,是一种模仿生物神经网络结构和功能的计算模型,由大量的神经元相互连接组成,通过对数据的学习和处理来实现对复杂问题的求解和模式识别等任务。

(一)人工神经网络的核心组成

1. 神经元

神经元是人工神经网络的基本计算单元,接收输入信号并处理后输出。

2. 权重

权重表示连接不同神经元的"强度",决定信号传递的比例。

3. 激活函数

激活函数决定神经元是否被激活(如"开关"),引入非线性能力。

(二)人工神经网络的定义

人工神经网络通过四个维度阐述其定义。

1. 生物学仿生维度

人类大脑由约 860 亿个神经元相互连接组成一个复杂的网络,神经元之间通过电信号和化学信号进行信息传递,从而实现感知、学习、记忆和决策等复杂功能。人工神经网络借鉴了这一生物学原理,构建人工神经元作为基本处理单元。每个神经元接收多个输入信号,对这些输入进行加权求和,再经过激活函数处理产生输出信号,众多神经元相互连接形成网络,模拟生物神经网络处理信息的过程。

2. 数学函数映射维度

人工神经网络是一种从输入空间到输出空间的非线性映射函数。给定一组输入数据,神经网络通过一系列神经元的计算和连接,将其映射为对应的输出结果。网络中的权重和偏置参数决定了这种映射的具体形式。通过调整这些参数,神经网络能够学习到输入和输出之间的复杂关系,以适应不同的任务需求。例如,在图像分类任务中,神经网络将图像的像素值作为输入,通过学习将其映射到不同的图像类别标签上。

3. 机器学习算法维度

在机器学习领域,人工神经网络是一种强大的算法工具。它可以自动从大量数据中学习特征和模式,无须人工手动设计复杂的特征提取规则。通过训练数据对网络进行训练,不断调整网络的参数,使得网络在训练数据上的预测误差逐渐减小。训练完成后,网络可以对新的未知数据进行预测和分类,表现出一定的智能和泛化能力。常见的训练方法如反向传播算法,结合梯度下降等优化算法来更新网络参数。

4. 工程应用维度

在实际工程和应用中,人工神经网络广泛应用于各个领域,包括计算机视觉(如图像识别、目标检测、图像生成)、自然语言处理(如机器翻译、文本分类、情感分析)、语音识别、金融预测、医疗诊断、自动驾驶等。它能够处理复杂的、具有高度非线性和不确定性的数据,为解决各种实际问题提供有效的解决方案,推动了众多行业的智能化发展。

人工神经网络技术史话

人工神经网络的发展是一个历经波折但又充满创新的过程,经历了多个阶段的发展与变革。

(一)起源与萌芽期(1943—1950 年)

1943 年,美国神经生理学家沃伦·麦卡洛克(Warren McCulloch)和数学家沃尔特·皮茨(Walter Pitts)合作提出了第一个人工神经网络模型 MP 模型。该模型抽象展现了神经元的数理模型,为人工神经网络的研究奠定了基础。

(二)第一次高潮期(1951—1968 年)

1957 年,弗兰克·罗森布拉特(Frank Rosenblatt)在 M-P 模型的基础上增加了学习机制,提出了感知机,并首次将神经网络理论付诸于工程实现,迎来了人工神经网络研究的第一次高潮期。

（三）受挫期（1969—1981 年）

感知器模型被广泛应用于文字识别、声音识别等领域,但由于其无法解决线性不可分问题和神经网络模型的不透明性、解释性不强等问题,导致研究逐渐陷入低潮。

1969 年,Minsky 和 Papert 指出了简单线性感知器的功能局限性,进一步加剧了人工神经网络研究的低潮。同时,20 世纪 70 年代集成电路和微电子技术的迅猛发展,基于逻辑符号处理方法的人工智能得到了迅速发展并取得了显著的成果,这使得人工神经网络的研究更加不受重视。

（四）复兴期（1982—2010 年）

1982 年,约翰·霍普菲尔德（John Hopfield）提出了 Hopfield 神经网格,这是一种递归神经网络,具有联想记忆和优化计算等功能。Hopfield 网络的提出为神经网络在优化问题和联想记忆方面的应用开辟了新的途径。1986 年,大卫·鲁梅尔哈特（David Rumelhart）、杰弗里·辛顿（Geoffrey Hinton）和罗纳德·威廉姆斯（Ronald Williams）等重新发现并推广了反向传播 BP 算法,为多层神经网络的训练提供了一种有效的方法,反向传播算法的提出引发了人工神经网络研究的复兴,多层感知机在图像识别、语音识别等领域取得了一系列重要成果。人工神经网络的研究与应用领域不断拓展。

1990 年起,径向基函数网络（RBF）和支持向量机等机器学习方法得到了广泛关注和发展。这些方法在某些任务上表现出了优于神经网络的性能,使得神经网络的发展面临一定的竞争压力。然而,神经网络的研究仍然在不断推进,新的网络结构和算法不断涌现。Yann LeCun 等人在 20 世纪 90 年代提出了卷积神经网络,并将其应用于手写数字识别任务,取得了很好的效果。CNN 通过卷积层和池化层等结构,能够自动提取图像的局部特征,减少了网络的参数数量,提高了训练效率和泛化能力。但在当时,由于计算资源的限制,CNN 的应用范围相对有限。

（五）深度学习爆发期（2010 年至今）

2010 年,循环神经网络（RNN）及其变种如长短期记忆网络（long short-term memory,LSTM）和门控循环单元（GRU）在自然语言处理领域取得了重要进展。这些网络结构能够处理序列数据,如文本和语音,在机器翻译、语音识别、文本生成等任务中表现出色。

2012 年,在 ImageNet 图像识别大赛中,Alex Krizhevsky 等使用卷积神经网络取得了巨大成功,其错误率相比之前的方法大幅降低。这一成果引发了深度学习的热潮,使得卷积神经网络在计算机视觉领域得到了广泛应用和深入研究。

2014 年,伊恩·古德费洛（Ian Goodfellow）等提出了生成对抗网络,这是一种新型的神经网络架构,由生成器和判别器两个部分组成,通过对抗训练的方式实现数据的生成任务。GAN 在图像生成、图像修复、数据增强等领域取得了显著成果。Hinton 提出深度信念网络,开启深度学习时代。GPU 算力提升和大数据推动神经网络广泛应用。

人工神经网络的基本结构

人工神经网络通常由多个神经元组成不同的层,包括输入层、隐藏层和输出层三部分,如图 4-4 所示。

（1）输入层接收外部原始数据（如图像像素、文本编码）,将其传递给隐藏层。

（2）隐藏层是网络的核心部分，通过多个神经元的协同作用，对输入数据进行复杂的处理和变换，提取数据特征（如边缘、形状、语义）。隐藏层的数量和每个隐藏层的神经元数量决定了网络的深度和复杂度。

（3）输出层则产生最终的结果（如分类标签、预测值）。

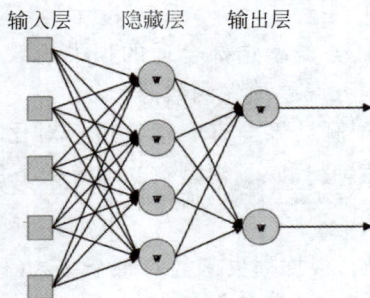

图 4-4　人工神经网络的组成

人工神经网络的学习过程

人工神经网络的学习过程主要包括 3 个过程——输入过程、传播过程、输出过程，7 个步骤——数据准备、初始化、前向传播、计算损失、反向传播、更新参数和迭代训练。

（一）人工神经网络的学习步骤

1. 数据准备

（1）收集数据。收集数据指从各种渠道收集与任务相关的数据。比如在图像识别任务中，需要收集大量带有标注的图像，标注信息表明图像所代表的类别或包含的内容等。

（2）数据预处理。数据预处理指对收集到的数据进行清洗、归一化等操作。清洗是为了去除数据中的噪声和错误，归一化则是将数据的特征值缩放到一定的范围内，比如将图像的像素值归一化到 0～1，这样有助于提高模型的训练效率和稳定性。

（3）划分数据集。划分数据集指将预处理后的数据划分为训练集、验证集和测试集。训练集用于模型的训练，让模型学习数据中的规律；验证集用于在训练过程中调整模型的超参数，如学习率、层数等，以防止过拟合；测试集用于评估模型在未见过的数据上的性能，以检验模型的泛化能力。

2. 初始化

（1）确定网络结构。根据任务的特点和需求，选择合适的神经网络结构，如多层感知机、卷积神经网络、循环神经网络等，并确定网络的层数、神经元数量等参数。

（2）初始化参数。对神经网络中的权重和偏置进行随机初始化。这些初始值会影响模型的训练过程和最终性能，通常会使用一些特定的初始化方法，如 Xavier 初始化、He 初始化等，以确保网络能够更快地收敛。

3. 前向传播

（1）输入数据。输入数据指将训练集中的样本数据输入神经网络的输入层。

（2）逐层计算。逐层计算指数据从输入层开始，依次经过隐藏层，在每个神经元中进行加权求和与激活函数运算。加权求和是将输入数据与该神经元的权重进行乘法运算后相加,再加上偏置项;激活函数则用于引入非线性因素,使神经网络能够处理更复杂的问题,如 Sigmoid、ReLU 等函数。数据经过层层计算后,最终到达输出层,得到模型的预测结果。

4. 计算损失

(1)选择损失函数。根据任务类型选择合适的损失函数,如在分类任务中常用交叉熵损失函数,在回归任务中常用均方误差损失函数等。

(2)计算误差。将模型的预测结果与真实标签进行对比,通过损失函数计算出两者之间的差异,这个差异就是损失值,它反映了模型在当前参数下的预测准确性。

5. 反向传播

(1)求梯度。从输出层开始,根据损失函数对每个参数(权重和偏置)求偏导数,得到梯度。梯度表示了损失函数在当前参数下的变化率,它指示了参数更新的方向。

(2)反向传播梯度。将梯度从输出层反向传播到输入层,在传播过程中,每一层都会根据接收到的梯度信息,计算出该层参数的梯度。

6. 更新参数

(1)选择优化算法。使用优化算法根据计算得到的梯度来更新神经网络的参数,常见的优化算法有随机梯度下降(SGD)、Adagrad、Adadelta、Adam 等。

(2)更新权重和偏置。优化算法根据梯度和设定的学习率,对权重和偏置进行更新,使得损失函数的值朝着减小的方向变化。学习率决定了参数更新的步长,过大的学习率可能导致模型不收敛或过拟合,过小的学习率则会使训练速度过慢。

7. 迭代训练

重复上述步骤 3~6,对训练集中的所有样本进行多次迭代训练,随着训练的进行,模型的参数会不断调整,损失值会逐渐减小,模型的预测准确性会不断提高。在训练过程中,可以根据验证集的性能来调整超参数,如在验证集上的损失不再下降或出现过拟合现象时,调整学习率、增加或减少网络层数等,以找到最优的模型参数和超参数组合。

训练完成后,使用测试集对模型进行评估,计算模型在测试集上的准确率、召回率、F1值、均方误差等指标,以衡量模型的性能和泛化能力。根据评估结果,可以进一步分析模型的优缺点,决定是否需要对模型进行改进或重新训练。

(二)人工神经网络学习中的关键要素

1. 损失函数

用于衡量模型预测结果与真实结果之间的差异,如均方误差、交叉熵等。模型的学习目标就是最小化损失函数。

2. 学习率

控制权重更新,学习率过大可能导致模型不收敛,过小则会使学习速度过慢。如梯度下降,指导权重调整方向。

3. 正则化与防止过拟合

为防止过拟合,通过在损失函数中添加正则化项,限制模型的复杂度。

常见的人工神经网络类型

常见的人工神经网络类型的特点和应用场景如表 4-1 所示。

表 4-1 常见的人工神经网络类型的特点和应用场景

类 型	特点和应用场景
前馈神经网络(FNN)	信息从输入层依次向前传递到输出层,各层神经元之间单向连接,没有反馈连接。广泛应用于图像识别、语音识别、数据分类和回归等任务
全连接网络(FCN)或多层感知机	属于前馈神经网络,适合小规模数据分类
卷积网络	包含卷积层、池化层和全连接层等。卷积层通过卷积核在数据上滑动进行卷积操作,自动提取数据的局部特征;池化层用于减少数据维度,保留主要特征。在计算机视觉领域表现出色
循环网络	具有反馈连接,神经元的输出可以在下一个时间步作为输入再次进入网络,能够处理序列数据,对序列中的长期依赖关系有一定的建模能力。如机器翻译、预测股票价格走势
Transformer	基于自注意力机制,主导自然语言处理(如 DeepSeek)
生成对抗网络	生成数据,判断数据是真实的还是生成的。图像生成、编辑和数据增强。如白天的图像转换为夜晚的图像
深度信念网络(DBN)	由多个受限玻尔兹曼机(RBM)堆叠而成,是一种生成式模型,可通过无监督学习来发现数据中的潜在结构和特征表示。在自然语言处理、计算机视觉等领域都有重要应用

任务二 解锁人工神经网络的潜力

人工神经网络的应用领域

人工神经网络具有强大的学习和处理能力,在众多领域都有广泛的应用,以下是一些主要的应用领域。

1. 计算机视觉领域

(1)图像识别与分类。用于识别和分类各种图像,如在安防监控中识别行人、车辆、可疑物品等;在机场的自助通关系统,利用人工神经网络对旅客面部特征进行提取和分析,与数据库中的信息进行比对,实现快速、准确的身份识别,提高通关效率。在农业领域识别农作物病虫害、杂草等。

(2)目标检测与定位。在复杂场景中检测和定位特定目标的位置和范围,如自动驾驶中检测道路上的车辆、行人、交通标志等,帮助车辆做出决策和控制。

(3)路径规划与导航。在机器人的路径规划中,人工神经网络可根据环境信息,如障碍物的位置、地形地貌等,规划出最优的行走路径。例如,澳大利亚昆士兰科技大学团队基于尖峰神经网络开发的导航系统,能让机器人利用视觉输入信息识别位置,完成导航任务。

(4)图像生成与修复。可以根据给定的条件生成新的图像,如根据文字描述生成相应的图片,还能对损坏或缺失的图像进行修复,恢复其原本的内容。

2. 自然语言处理领域

人工神经网络能够将语音信号转化为文字,也可以进行文本分类、机器翻译、情感分析等任务。

(1)机器翻译。将一种语言自动翻译成另一种语言,通过学习大量的双语语料,理解源语言的语义并生成目标语言的表达。像谷歌翻译等翻译工具,基于人工神经网络构建的翻译模型,能够理解源语言的语义和语法结构,并将其准确地翻译成目标语言。如"元"公司研发的 NLLB-200 在线多语言翻译工具,可容纳 200 种语言,能有效翻译"低资源语言"。

(2)文本分类与情感分析。社交媒体平台和电商平台常利用人工神经网络对用户发布的文本内容进行分类和情感分析。比如对商品评论进行分析,判断用户对商品的情感倾向是正面、负面还是中性,帮助商家了解消费者反馈,改进产品和服务。新闻分类系统可以自动将不同的新闻文章分类到不同的主题类别中,方便用户阅读和检索。

(3)语音识别与合成。将语音信号转换为文字(语音识别),以及将文字转换为自然流畅的语音(语音合成),广泛应用于智能语音助手、语音交互系统等。

3. 工业领域

(1)生产过程优化。人工神经网络可用于对生产过程中的各种参数进行监测和控制。比如在化工生产中,对温度、压力、流量等参数进行实时分析和预测,根据预设的目标调整生产参数,确保生产过程的稳定性和产品质量。

(2)故障诊断与预测。对工业设备进行故障诊断和预测性维护,通过分析设备的运行数据、传感器数据等,提前发现设备潜在的故障隐患,减少停机时间和维修成本。

(3)质量检测。对生产线上的产品进行质量检测和分类,检测产品的缺陷和瑕疵,保证产品质量的一致性和稳定性。

4. 金融领域

(1)信用风险评估。银行等金融机构利用人工神经网络对客户的信用数据进行分析,包括收入、支出、信用记录、负债情况等,建立信用风险评估模型,预测客户违约的可能性,为信贷审批提供决策支持。

(2)股票市场预测。通过对历史股票价格、成交量、宏观经济数据等大量信息进行学习和分析,人工神经网络尝试预测股票价格的走势,帮助投资者制定投资策略。

(3)欺诈检测。检测金融交易中的欺诈行为,如信用卡盗刷、保险欺诈等,通过分析交易行为模式和特征,识别异常交易。

5. 医疗领域

(1)疾病诊断。通过分析患者的临床数据、影像数据等,辅助医生进行疾病的诊断和预测,如对心血管疾病、神经系统疾病等进行早期筛查和诊断。

(2)药物研发。帮助预测药物的活性、毒性等性质,加速药物研发的过程,降低研发成本。

(3)医疗影像分析。除了疾病诊断外,还能对医疗影像进行分割、配准等处理,辅助医生更准确地观察和分析影像数据。可用于分析 X 光、CT、MRI 等医学影像。例如,通过对大量标注好的肺部 CT 影像进行训练,神经网络能够识别出肺部结节、肿瘤等异常病变,辅助医生进行诊断,提高诊断的准确性和效率。

6. 生物科学领域

（1）基因序列分析。人工神经网络可用于分析基因序列数据，识别基因中的特定模式和特征，如启动子、外显子、内含子等，帮助生物学家理解基因的结构和功能，以及基因与疾病之间的关系。

（2）蛋白质结构预测。根据蛋白质的氨基酸序列，利用人工神经网络预测蛋白质的三维结构，对于研究蛋白质的功能、药物设计等具有重要意义。

人工神经网络的发展趋势

随着科技的不断进步，人工神经网络的发展趋势也十分令人期待。深度学习作为人工神经网络的一个重要分支，正不断取得新的突破。深度神经网络具有更强大的表达能力和学习能力，可以处理更加复杂的任务。硬件加速也是人工神经网络发展的一个重要方向。

专用芯片和图形处理器的发展，为神经网络的计算提供了更强大的支持，大大提高了计算速度和效率。

跨学科融合也将为人工神经网络的发展带来新的机遇。生物学、物理学等学科的研究成果可以为神经网络的设计和优化提供新的思路和方法。

总之，人工神经网络作为一种强大的技术，正在改变着我们的生活和未来。通过不断地研究和创新，相信它将在更多领域发挥出更大的作用。

项目三　探索基于人工神经网络的深度学习

任务一　深度学习的定义

深度学习（deep learning，DL）是机器学习的一个分支领域，它是一类基于人工神经网络的机器学习技术，通过构建和训练具有多个层次的神经网络模型，让计算机自动从大量数据中学习提取特征，以实现对数据的分类、预测、生成等任务，其架构如图 4-5 所示。

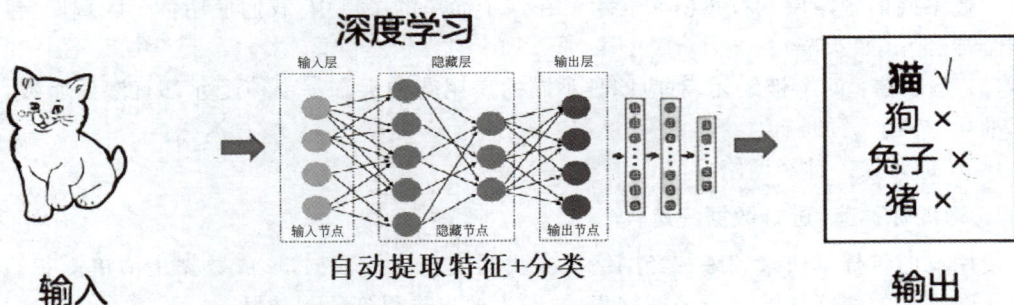

图 4-5　深度学习的架构

任务二　深度学习的基本原理

我们以构建一个鸢尾花种类的图像分类器为例来说明深度学习的基本原理。鸢尾花数据集包含三种不同的鸢尾花，每种花都有四个特征：花萼长、花萼宽、花瓣长、花瓣宽。我们的任务是构建一个神经网络模型,根据这四个特征来预测鸢尾花的种类,图4-6所示为其深度学习原理图。

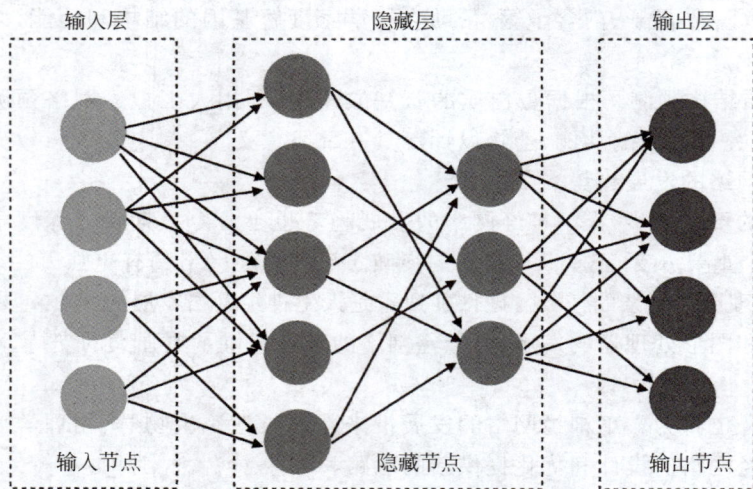

图 4-6 鸢尾花种类的图像分类器的深度学习原理图

（一）创建人工神经网络

经典的人工神经网络包含输入层、隐藏层、输出层三层。每一个圆圈表示一个"神经元"（神经网络的基本构成单元）,圆圈间的连接线表示"神经元"之间的连接,每个连接对应不同权重 W。

（1）输入层:四个神经元,对应鸢尾花的四个特征,传递给第一个隐藏层。

（2）隐藏层:可以根据需要设置多个隐藏层,每个隐藏层包含一定数量的神经元。神经元之间的连接都与权重 W 相关联,权重决定输入值的重要性,初始随机赋值。在做图像分类器时,鸢尾花的四个特征重要性的等级度相同,所以我们使用了一个隐藏层,如果不同,可以通过不同的隐藏层和权重值来表示。在这个简单的案例中,我们使用一个隐藏层,包含若干个神经元（如八个）。

（3）输出层:四个神经元,对应四种不同的鸢尾花种类。每个神经元都有激活函数,用来标准化"神经元"的输出。

（二）训练人工神经网络

1. 形成数据集,进行数据集迭代

使用反向传播算法来训练神经网络。寻找同类花大量数据,形成数据集清单。我们将鸢尾花数据集的特征值输入神经网络中,并通过输出层得到预测结果。

2. 创建代价函数

计算预测结果与实际结果之间的误差,并使用梯度下降法等优化算法来更新神经网络的权重和偏置。重复上述过程反复训练,得到最小损失值的神经网络,如神经网络的性能达到一定的要求（如准确率、损失函数值等）。

（三）应用

训练好的神经网络模型可以用于对新的鸢尾花样本进行分类。将新的样本特征值输入模型中,即可得到预测的鸢尾花种类。

任务三　深度学习的常用技术

基于人工神经网络的深度学习包括多种常用技术,如卷积神经网络、循环神经网络等。这些网络结构各自具有不同的特点和应用场景。

（一）卷积神经网络

卷积神经网络是深度学习中最常用的网络结构之一,特别适用于处理图像数据。它通过卷积层、池化层和全连接层等结构,能够自动提取图像中的特征,并用于图像分类、目标检测等任务,如图 4-7 所示。卷积神经网络是一类具有深度结构的前馈神经网络,是深度学习算法的代表之一。

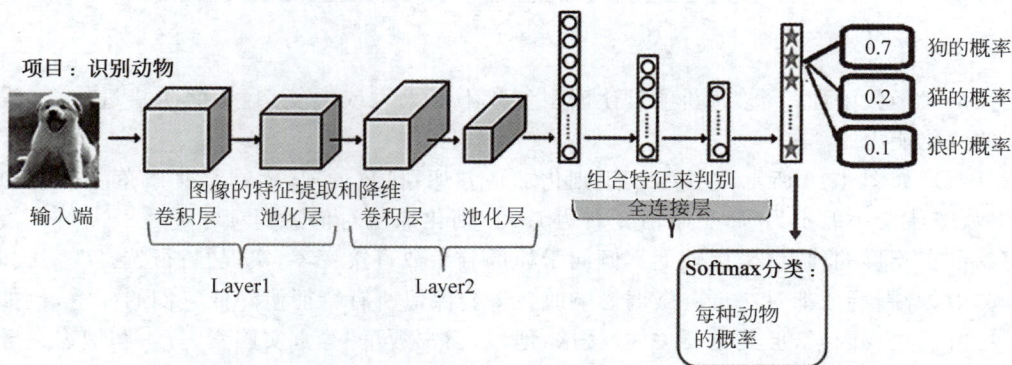

图 4-7　卷积神经网络原理图

（二）循环神经网络

循环神经网络主要用于处理序列数据,如图 4-8 所示,如文本、语音等。它通过循环连接的方式,能够捕捉序列数据中的时间依赖关系,并用于语音识别、文本生成等任务。

（三）长短时记忆网络

长短时记忆网络是循环神经网络的一种改进,引入了记忆单元和门控机制,包括输入门、遗忘门和输出门,能够有效地控制信息的流入、流出和遗忘,更好地处理长序列中的长期依赖关系,在语言模型、机器翻译等任务中应用广泛。

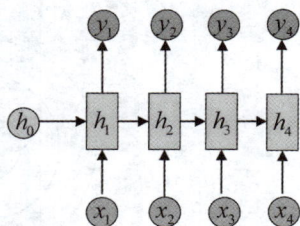

图 4-8　循环神经网络原理图

（四）生成对抗网络

2014 年,伊恩·古德费罗首次提出生成对抗网络的概念。生成对抗网络由生成器和判别器组成,生成器的任务是生成看起来像真实数据的样本,判别器则要判断输入数据是真实数据还是生成器生成的假数据,如图 4-9 所示。二者相互对抗、不断学习,最终达到一种动态平衡。

（五）正则化方法

过拟合的意思可以这样直观理解,即训练时模型很好,数据极佳,实际使用时模型的效果很差。原因是模型过于复杂,记住了训练数据的细节甚至噪声,导致泛化能力差。解决方

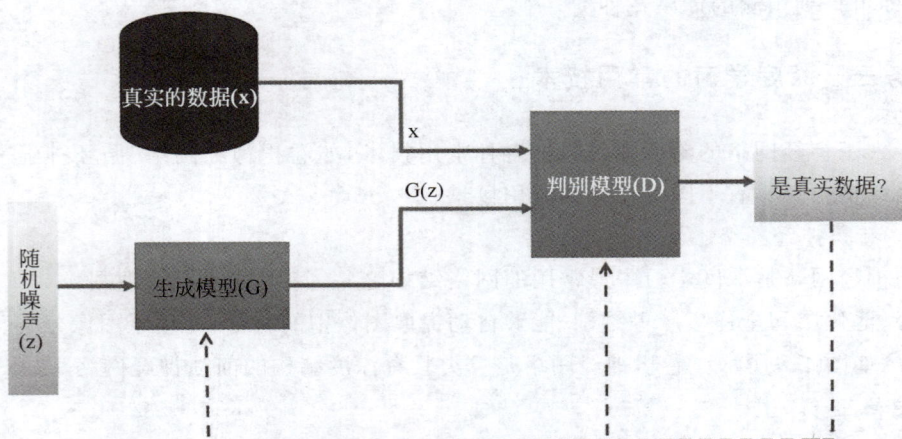

图 4-9　生成对抗网络原理图

法是在损失函数中加一个"惩罚项",让模型参数不要太大或太复杂,从而防止过拟合,提高模型的泛化能力。

其原理如图 4-10 所示,左边 L_1 正则化加平方惩罚项($w_1^2 + w_2^2$),最优解落在圆的边界上,参数整体变小但不为零,更平滑。右边 L_2 正则化加绝对值惩罚项($|w_1| + |w_2|$),最优解容易落在菱形的顶点(坐标轴上),倾向于让部分参数直接变零,实现"特征选择"。比如房价预测中,所有特征都对房价有微弱影响时,L_1 会保留所有特征但降低它们的权重,比如面积是房价的主要因素,但是也要关注"楼层、地段、窗户数量"等真实因素。L_2 会把窗户数量这些无用特征的权重降为零。两种正则化的选择建议:如果所有特征都可能有用,但想防止过拟合,选 L_1;如果需要自动筛选特征(比如数据集有 100 个特征,但只有 10 个有用),选 L_2。

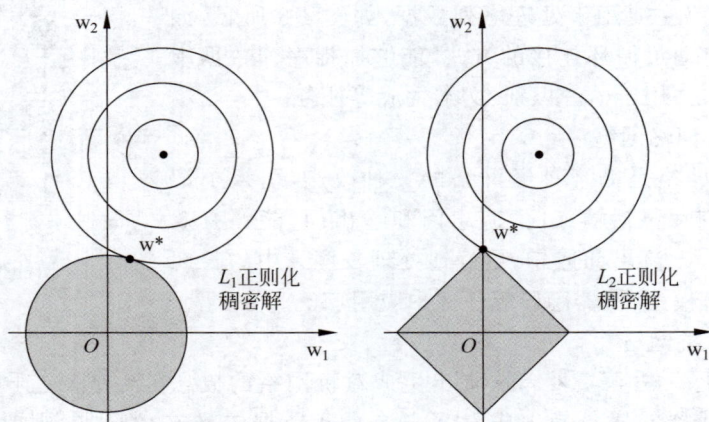

图 4-10　深度学习的正则化

Dropout 在训练过程中,以一定的概率随机将神经网络中的某些神经元及其连接暂时丢弃,使得模型不能依赖于某些特定的神经元组合,从而减少神经元之间的共适应性,达到防止过拟合的目的,如图 4-11 所示。

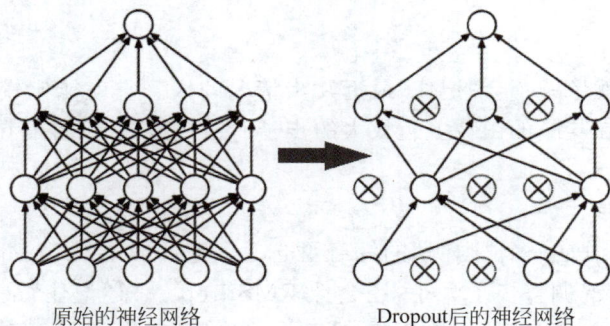

原始的神经网络　　　　　　　　Dropout后的神经网络

图 4-11　Dropout 神经网络正则化

（六）迁移学习技术

迁移学习技术是一种把为任务 A 开发的模型应用在为任务 B 开发模型过程中的机器学习方法。迁移学习通过寻求任务的相似性，从已学习的任务中转移知识，改进学习的新任务，以提高目标任务的学习效率和性能，如图 4-12 所示。

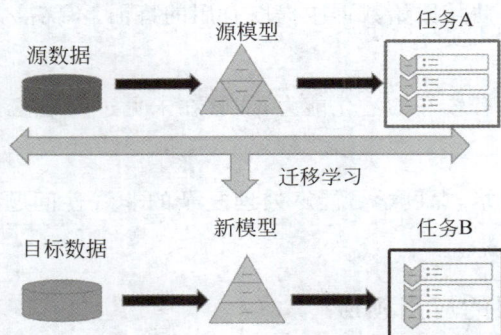

图 4-12　迁移学习的基本框架

任务四　深度学习的优化算法

随机梯度下降

随机选取批量的数据计算梯度来更新模型参数，因为是小批量，计算效率高。可以想象模型是一个在山上找最低点的人，SGD 就是让人每次随机选一小步的方向往下走，根据这一小步的坡度（梯度）来决定下一步往哪走。因为是随机选的，有时候能找到一些不太容易发现的"近路"。不过它也容易走偏，可能会在山谷里来回晃，很难准确找到最低点。

自适应梯度算法

可以把该算法（Adagrad）想象成一个会根据自己走过的路来调整步伐大小的人。路平坦，它就会迈大步；如果路崎岖，它就会迈小步子。在深度学习里，该算法有个问题，就是步子可能会越迈越小，最后走得特别慢，很难走到最低点，降低学习率，收敛速度慢。

自适应学习率调整算法

自适应学习率调整算法（Adadelta）像是 Adagrad 的升级版。它会根据过去一段时间的梯度变化情况，动态地调整步子大小，让自己既能适应不同的路况，这样就有可能更快地找到最低点。

RMSProp 算法

RMSProp 算法就像一个会"记住"最近几步情况的人。它就能比较灵活地根据当前的情况调整步伐,避免在陡峭的山坡上迈太大的步子而错过最低点,也能在平坦的地方加快速度,更快地找到最低点。

Adam 算法

Adam 算法可以说是一个"聪明"的综合型选手。它不仅会像 Adagrad 和 Adadelta 那样根据每个参数的情况调整步子大小,还会像 RMSProp 一样"记住"最近的情况来调整步伐。同时,它还结合了一些其他的技巧,让自己在找最低点的过程中更稳定、更快速,不管是面对复杂的地形还是简单的地形,都能有不错的表现,所以在很多情况下都能很好地帮助模型找到最优解。

任务五　深度学习的特点与优势

1. 自动特征提取

深度学习模型能够自动从原始数据中提取有用的特征,不需要人工设计特征工程。

2. 泛化能力强

深度学习模型通常具有较好的泛化能力,能够在未见过的数据上取得较好的性能。

3. 可处理复杂任务

通过构建深层神经网络,深度学习能够处理复杂的非线性问题,如图像识别、自然语言处理等。

任务六　深度学习的应用领域

深度学习在多个领域都有广泛的应用,主要包括以下几项内容。

1. 图像识别

深度学习在图像分类、目标检测和语义分割等任务中取得了重大突破,被广泛应用于安全监控、自动驾驶以及医疗影像分析等领域。

2. 自然语言处理

语音识别、文本分类、情感分析、机器翻译等,被用于智能客服、虚拟助手以及内容生成等领域。

3. 医疗保健

疾病诊断、医疗影像分析和药物研发等。通过分析医学影像数据,深度学习可以帮助医生更准确地诊断疾病。

4. 电子商务与推荐系统

深度学习通过分析用户的以往购物行为数据,能够为用户推荐更加个性化的商品,提升用户体验并增加企业的销售机会。

5. 自动驾驶

深度学习在自动驾驶技术中扮演着重要角色,通过深度神经网络处理复杂的道路环境信息,实现车辆的自主驾驶。

任务七　深度学习的发展趋势与挑战

深度学习的发展趋势

1. 模型扩展与优化

深度学习模型正在不断扩展和优化,以处理更复杂的问题和更大的数据集。例如,通过增加网络层数、使用更复杂的网络结构等方式来提高模型的性能。

2. 跨领域融合与应用

深度学习将与其他技术如自然语言处理、计算机视觉等深度融合,推动其在更多领域的应用。同时,深度学习也将与其他学科如物理学、生物学等交叉融合,产生新的研究方向和应用领域。

3. 大型基础模型的发展

深度学习模型正在向更大规模、更通用的方向发展,这些大型基础模型(如 GPT 系列、BERT 等)在文本生成、图像识别等领域展现出了强大的能力。

随着模型规模的扩大,其处理复杂任务的能力也在不断提升,未来有望看到更多基于大型基础模型的创新应用。

4. 多模态数据的融合

深度学习正在逐步实现对文本、语音、图像和视频等多种数据类型的全面融合,这种多模态融合技术将使得 AI 能够更准确地理解复杂场景,提升其在现实世界中的应用效果。

深度学习的挑战

1. 数据安全与隐私保护

随着深度学习在敏感领域的应用越来越多,如何保障数据安全和隐私保护将成为重要挑战。需要研究更加安全的数据处理方法和隐私保护技术,以确保深度学习模型的可靠性和安全性。

2. 可解释性与透明度

提高深度学习模型的可解释性和透明度也是未来的重要发展方向。通过引入可解释性算法和可视化技术等方法,使得深度学习模型更容易被人类理解和接受。

3. 数据标注

深度学习模型的训练往往需要大量带有精确标签的数据集。这些标签通由专家手动标注,不仅成本高昂,而且难以覆盖所有可能的场景和变化。对于某些特定领域或任务,如医疗图像分析或自然语言理解,获取高质量标注数据更是难上加难。

4. 对抗性攻击

深度学习模型可能对对抗性攻击敏感,这些攻击通过微小的输入扰动来欺骗模型,使其做出错误的预测。这种脆弱性对于安全性至关重要的应用领域,如自动驾驶和面部识别,构成了严重威胁。

综上所述,深度学习作为机器学习的重要分支,正在不断推动各个领域的创新和发展。随着技术的不断进步和应用领域的不断拓展,我们有理由相信深度学习将在未来发挥更加重要的作用。

项目四 探寻机器学习与深度学习的关系

任务一 人工智能、机器学习、深度学习的关系

人工智能、机器学习、深度学习这三者之间存在着包含与被包含的关系,如图 4-13 所示。机器学习是人工智能的核心技术,深度学习又是机器学习的一个分支领域,以下是对它们关系的详细阐述。

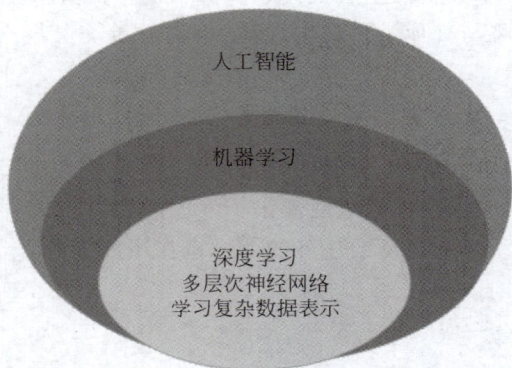

图 4-13 人工智能、机器学习、深度学习关系图

人工智能

人工智能是一个更广泛的概念,旨在让机器模拟人类的智能,使其能够像人类一样进行思考、学习、推理、决策等,实现与人类智能相关的各种功能,如感知、理解、规划、解决问题等。人工智能的研究领域非常广泛,包括但不限于机器学习、自然语言处理、计算机视觉、机器人技术、专家系统等。它是一个综合性的学科,融合了计算机科学、控制论、信息论、神经生理学、心理学、语言学、哲学等多种学科的知识和技术。

机器学习

机器学习是人工智能的一个重要分支和核心技术,专门研究计算机怎样模拟或实现人类的学习行为,以获取新的知识或技能,重新组织已有的知识结构使之不断改善自身的性能。机器学习致力于开发算法和模型,让计算机能够从数据中自动学习规律和模式,并利用这些规律进行预测和决策,而不需要明确的编程指令。通过使用各种学习算法,如监督学习、无监督学习、半监督学习和强化学习等,机器学习模型可以从大量的数据中学习到数据的内在特征和关系,从而对新的数据进行分类、回归、聚类、异常检测等任务。

基于人工神经网络的机器学习

深度学习

深度学习是机器学习的一个分支领域,它基于人工神经网络,通过构建具有多个隐藏层的深度神经网络模型,让计算机自动从大量数据中学习数据的多层次特征表示。深度学习

模型能够自动提取数据中的复杂特征,从原始数据中逐步抽象出从底层到高层的特征,从而更好地理解和处理数据。深度学习在图像识别、语音识别、自然语言处理等领域取得了巨大的成功,其强大的特征学习能力使得它在处理大规模、高维度的数据时表现出明显的优势。

三者的关系可以用一个简单的比喻来理解,如果把人工智能比作一个大的工具箱,那么机器学习就是工具箱里的一套重要工具,而深度学习则是这套工具中的一种功能强大且越来越重要的特定工具。随着技术的发展,深度学习推动了机器学习的进步,也为人工智能的发展提供了强大的动力和支持,三者共同促进着智能技术的不断发展和应用。

任务二　机器学习与深度学习的比较

定义与范畴

机器学习与深度学习的比较

1. 机器学习

机器学习是一门多领域交叉学科,涉及概率论、统计学、逼近论、凸分析、算法复杂度理论等多门学科。它专门研究计算机怎样模拟或实现人类的学习行为,以获取新的知识或技能,重新组织已有的知识结构使之不断改善自身的性能。机器学习包括监督学习、无监督学习、半监督学习和强化学习等多种学习方式。

2. 深度学习

深度学习是机器学习的一个分支领域,它是一种基于对数据进行表征学习的方法。深度学习通过构建具有很多层的神经网络模型,自动从大量数据中学习复杂的模式和特征表示,以实现对数据的分类、预测、生成等任务。

数据依赖

1. 机器学习

对数据量的要求相对灵活,可以处理小到中等规模的数据。在数据量较小的情况下,通过手工特征工程提取有代表性的特征,结合合适的机器学习算法,也能取得不错的效果。

2. 深度学习

通常需要大量的数据来训练模型,以学习到足够复杂的模式和特征。数据量越大,深度学习模型越能发挥其优势,避免过拟合,从而提高模型的泛化能力和性能。

特征工程

1. 机器学习

特征工程至关重要,需要人工根据领域知识和经验来提取、选择和构建特征。这些手工特征的质量直接影响模型的性能,需要专业知识和大量的时间进行特征的设计和调优。

2. 深度学习

能够自动学习数据中的特征表示,通过神经网络的各层对原始数据进行逐步的特征提取和抽象,从简单的底层特征到复杂的高层特征。减少了对人工特征工程的依赖,但在某些情况下,结合一些简单的手工特征可能会进一步提升性能。

模型结构

1. 机器学习

包括决策树、支持向量机、朴素贝叶斯、K 近邻等多种模型,模型结构相对较为简单和明确,其复杂度通常由人为设计和调整,例如决策树的深度、支持向量机的核函数等。

2. 深度学习

以深度神经网络为主要模型结构,包含多个隐藏层,如多层感知机、卷积神经网络、循环神经网络及其变体 LSTM、GRU 等。网络结构复杂且深度可调节,能够学习到非常复杂的函数映射关系。

训练与调优

1. 机器学习

训练过程相对简单,计算资源需求相对较低,许多机器学习算法有较为成熟的优化方法和理论基础。模型的调优主要通过调整算法的超参数,如学习率、正则化参数、决策树的深度等,通常可以较快地得到一个较好的模型。

2. 深度学习

训练过程复杂且耗时,需要大量的计算资源,如 GPU、TPU 等。训练过程中涉及许多超参数的调整,如神经网络的层数、神经元个数、学习率衰减策略、优化器的选择等,调优难度较大,需要更多的经验和技巧,并且可能需要进行大量的实验才能找到合适的超参数组合。

可解释性

1. 机器学习

部分模型具有较好的可解释性,例如决策树可以通过展示树的结构和节点条件来解释决策过程,逻辑回归可以通过系数来解释特征对结果的影响程度,人们能够相对容易地理解模型做出决策的依据和原因。

2. 深度学习

模型通常被视为一个"黑盒"可解释性较差。由于其复杂的网络结构和非线性变换,很难直观地理解模型是如何从输入数据得到输出结果的,以及每个特征对最终结果的贡献程度。

应用场景

1. 机器学习

在数据量较小、问题相对简单、对可解释性要求较高的场景中应用广泛,广泛应用于统计分类、回归分析、聚类等传统数据分析任务。如信用评估、欺诈检测、简单的分类和预测任务等。

2. 深度学习

在图像识别、语音识别、自然语言处理等领域取得了巨大的成功,适用于处理复杂的感知和模式识别任务,能够自动学习到数据中的高度抽象的特征,对大规模数据的处理能力较强。

总的来说,深度学习可以看作是机器学习中的一种更为先进的技术,它通过使用更复杂的模型来捕捉数据的深层特征,处理复杂任务时具有更高的性能。

课后练习

一、选择题

1. 神经网络中,用于计算神经元加权输入总和的函数通常是(　　)。

　　A. 激活函数　　　　B. 损失函数　　　　C. 线性函数　　　　D. 卷积函数

2. 以下哪种神经网络结构最适合处理序列数据,如时间序列或文本数据?(   )

    A. 卷积神经网络   B. 循环神经网络

    C. 全连接神经网络   D. 生成对抗网络

3. 神经网络训练过程中,梯度消失问题通常出现在(   )。

    A. 浅层神经网络   B. 深层神经网络

    C. 宽度很大的神经网络   D. 稀疏连接的神经网络

4. 以下哪种机器学习算法不属于监督学习?(   )

    A. 决策树   B. 支持向量机

    C. K-means 聚类算法   D. 线性回归

5. 在机器学习中,用于评估分类模型预测准确程度的指标是(   )。

    A. 均方误差   B. 准确率   C. 召回率   D. 以上都是

6. 以下哪个不是卷积神经网络的主要组成部分?(   )

    A. 卷积层   B. 池化层   C. 全连接层   D. 生成器

7. 深度学习中,用于加速模型训练的优化算法是(   )。

    A. 梯度下降法   B. 随机梯度下降法

    C. Adam 算法   D. 以上都是

8. 以下哪种任务适合用聚类算法解决?(   )

    A. 预测房价   B. 将用户按购物行为分组

    C. 识别图片中的猫   D. 生成新闻标题

9. 训练神经网络时,学习率过大会导致什么问题?(   )

    A. 模型收敛慢   B. 损失值振荡无法收敛

    C. 过拟合   D. 欠拟合

二、简答题

1. 简述神经网络中激活函数的作用。

2. 说明反向传播算法的基本原理。

3. 解释以下概念的区别。

(1) 监督学习与无监督学习。

(2) 机器学习与深度学习。

三、拓展题

选择一个日常生活中的 AI 应用,完成以下任务。

1. 讨论该应用使用了哪些 AI 学习技术。

2. 讨论其潜在缺陷(如隐私问题、算法偏见)。

模块五

解锁AIGC技术密码

项目一　开启 AIGC 时代：重塑内容与创新的未来图景

在移动互联网、大数据等新技术的驱动下，以大模型为代表的 AIGC，掀起了全球人工智能技术发展的新浪潮。被赋予想象力、创造力的 AIGC 不仅影响着人类的生活和生产方式，也为各行各业的创新发展和转型升级提供了新的工具和视角。

任务一　探索 AIGC 的无限可能

AIGC 的概念

AIGC（Artificial Intelligence Generated Content）是指利用人工智能技术生成的内容，涵盖了文字、图片、音频、视频等多种形式。它是基于深度学习模型，通过训练深度神经网络来学习分析海量数据的内在结构及模式，可以让计算机模拟人类的创造力和想象力，以高效、低成本的方式自动生成符合人类需求的新内容。AIGC 的出现使得内容生成的速度、效率和质量都得到了极大的提升。

AIGC 的发展历程与技术演进

AIGC 技术涉及多个领域，包括自然语言处理、计算机视觉、机器学习等，其中生成对抗网络（GAN）、对比语言和图像预训练（CLIP）、Transformer、Diffusion、预训练模型、多模态技术、生成算法等技术是 AIGC 的重要基础。其发展历程大致可以分为以下四个阶段。

（一）早期萌芽阶段（1950—1995 年）

（1）理论基础奠基：1950 年，艾伦·图灵提出"图灵测试"，为判断机器是否具有"智能"提供了试验方法，也为 AIGC 的发展埋下了种子，某种程度上奠定了人工智能用于内容创造的理论基础。

（2）初期创作尝试：1957 年，第一支由计算机创作的音乐作品——弦乐四重奏《依利亚克组曲》诞生。1966年,世界第一款人机对话的机器人"伊莉莎"出现,能通过关键字扫描和重组完成交互任务。

（3）语音技术起步:20世纪80年代中期,IBM创造了语音控制打字机"坦戈拉",能够处理约20000个单词,声龙发布了第一款消费级语音识别产品。但20世纪80年代末—90年代中,因高昂成本与商业变现问题,AIGC发展停滞。

（二）沉淀积累阶段（1996—2010年）

（1）技术环境改善:2006年深度学习算法取得重大突破,同时GPU、TPU等算力设备性能提升,互联网的发展也使数据规模快速膨胀,为人工智能算法提供了海量训练数据。

（2）内容创作探索:2007年,世界第一部完全由人工智能创作的小说 *1 The Road* 诞生,但存在可读性不强等诸多问题。2012年,微软展示全自动同声传译系统,基于深层神经网络可自动将英文演讲内容通过语音识别、语言翻译、语音合成等技术生成中文语音。

（三）应用拓展阶段（2011—2021年）

（1）图像生成突破:2014年,生成对抗网络被提出。2018年,英伟达发布StyleGAN模型,可自动生成高分辨率图片,人眼难以分辨真假,且已升级到第四代模型StyleGAN-XL。

（2）多模态发展:2019年,DeepMind发布DVD-GAN模型用以生成连续视频。2021年,OpenAI推出DALL·E,一年后推出DALL·E 2,能根据文本描述生成高质量的多种风格绘画作品。

（3）文本生成爆发:2017年,微软"小冰"推出世界首部100%由人工智能创作的诗集。

（四）深度融合阶段（2022年至今）

2022年11月,OpenAI发布ChatGPT。2024年1月发布DeepSeek LLM,2024年5月发布DeepSeek-V2,2024年12月发布DeepSeek-V3,2025年1月,DeepSeek-R1模型升级,2025年2月,DeepSeek-V3项目超越OpenAI,成为全球最活跃AI开源项目之一,AIGC开始融入各行各业。

AIGC对传统创作方式的影响

图5-1是一幅AIGC摄影作品。如果有人在我们不知情的情况下,告诉我们这是一幅用华为手机拍摄的照片,估计很难有人会怀疑。现在AIGC作品已经达到以假乱真的程度。

图 5-1　AIGC 摄影作品

AIGC 的崛起正在深刻改变传统内容创作的方式,从效率提升到创作模式的革新,再到内容生态的重塑,其影响广泛而深远。

以下是 AIGC 对传统内容创作方式的主要影响。

（一）创作效率与成本的显著优化

AIGC 通过自动化技术大幅提升了内容创作的效率,缩短了从创意到成品的周期。传统内容创作通常需要大量的人力、物力和时间成本,而 AIGC 能够在短时间内生成高质量的文字、图像、音频和视频内容,极大地降低了创作门槛和成本。例如,AI 工具可以在几分钟内完成一篇新闻报道或生成一幅艺术作品,这在传统创作模式下可能需要数小时甚至数天。

（二）创作模式的革新

AIGC 不仅改变了创作流程,还推动了创作模式的多样化。

（1）人机协作:AIGC 并非完全取代人类创作者,而是作为辅助工具,帮助创作者快速生成初稿、设计草图或音乐旋律,从而让创作者更专注于创意构思和深度表达。

（2）跨领域创作:AIGC 降低了专业壁垒,使非专业人士也能参与高质量的内容创作。例如,普通人可以通过 AI 工具生成插画、音乐或短视频,这在传统模式下需要专业训练。

（3）个性化与定制化:AIGC 能够根据用户偏好生成个性化内容,满足多样化的市场需求。这种定制化能力在传统创作中难以实现。

（三）内容生态的重塑

AIGC 的普及正在重塑内容生态。

（1）内容生产的去中心化:传统内容生产通常由专业机构主导,而 AIGC 使得普通用户也能成为内容生产者,推动了"人人皆可创作"的趋势。

（2）内容形式的多样化:AIGC 不仅限于文字生成,还涵盖了图像、音频、视频等多模态内容,极大地丰富了内容的表现形式。

（3）内容消费的变革:AIGC 生成的内容更具时效性和互动性,能够快速响应市场需求,改变了用户的消费习惯。

AIGC 的原理

生成式人工智能包含两大核心技术:一是以 ChatGPT 为代表的大语言模型技术,二是扩散模型技术。如当前流行的 AI 绘画工具 Stable Diffusion、DALL·E、Midjourney 等都采用了这些技术。下面针对几个典型模型进行介绍。

（一）语言模型

代表模型 ChatGPT,是由 OpenAI 开发并于 2022 年 11 月 30 日发布的大语言模型,它的核心技术是 GPT（Generative Pre-trained Transformer）模型,这是一种预先训练的自然语言处理模型,通过互联网大规模文本数据集的预训练来学习自然语言的语法、语义及上下文关系。其基本原理如下。

（1）预训练。模型在大量的互联网文本数据上进行预训练。在此过程中,模型学习语言的结构、语法及常见知识。通过预测文本数据中的下一个词,模型逐渐掌握生成流畅、连贯文字的能力。

（2）微调。在预训练之后,模型会在特定任务或数据集上进行微调。这一阶段,模型通过在更有针对性和专业性的数据上进行训练,使其更好地理解和生成与任务相关的内容。这些数据通常与模型的预期用途紧密相关,如对话数据。

（3）生成回复。当用户向 ChatGPT 提出问题或进行对话时，模型会根据输入内容生成回复，具体过程是根据输入内容预测接下来最可能出现的词或句子，从而生成连贯的回答。

（4）上下文理解和记忆机制。ChatGPT 具备一定的上下文理解能力，通过其内部的记忆机制，它能够在对话中"记住"之前的交流内容。这使得模型可以在较长的对话中保持连贯性和一致性。

DeepSeek-R2 已在 2025 年 2 月 2 日完成基础版本发布，该模型在功能上非常强大。简单来说，自然语言处理模型就是通过大量文本数据进行学习和训练，然后根据用户的输入生成合适的回复。这一过程涉及复杂的机器学习技术，其核心思想是通过学习大量的语言数据来理解和生成自然语言。

（二）图像生成模型——扩散和扩散模型

扩散这一概念源于非平衡热力学。例如，将扩散这一概念源于一滴墨水滴入水中，我们可以观察到墨水在水中扩散的现象。墨水刚滴入水中时会形成一个集中的斑点，这便是墨水的初始状态，要精确描述初始状态下的概率分布比较困难，因为这种分布极为繁杂。随着扩散的持续，墨水随时间推移逐渐在水中扩展，水也渐渐被墨水染色。

最后，墨水分子的概率分布会变得更加均一，使得我们能够用数学公式来表示。在这种情况下，非平衡热力学发挥了作用，它能够描述墨水随时间推移扩散的过程中，每一个"时间步"（即将连续的时间过程离散化）的概率分布。如果我们将这个过程逆转，就能从概率分布逐步推导出原来的分布。

扩散模型正是利用了这一原理，基于扩散过程描述数据的生成过程，主要包括前向扩散（正向扩散）和反向扩散（逆向生成）。在前向扩散过程中，从左向右逐步向原始数据中加入噪声以破坏原始信息，直到得到纯噪声的图像，如图 5-2 所示。在反向扩散过程中，从右向左逐步完成一个相对应的逆向过程进行去噪，并生成样本，从而学习原始数据的分布。

图 5-2　前向和反向扩散过程

（三）扩散模型在 AIGC 中的优势展现在多方面

（1）强大的数据分布逼近能力：理论上扩散模型能够逼近任意复杂的数据分布，这使得它在处理多样化和复杂化的数据生成任务时具有显著优势。

（2）高质量的样本生成：扩散模型通过精细的噪声添加与去除过程，能够生成更加真实、细腻的数据样本。

（3）稳定性与可控性：扩散模型的训练过程相对稳定，不易出现模式崩溃等问题。同时，通过调整正向扩散和逆向生成过程中的参数，可以实现对生成内容的精细控制，满足不同应用场景的需求。

（4）广泛应用场景：扩散模型不仅适用于图像处理，还可以扩展到音频、视频、医疗等多个领域。在 AIGC 中，扩散模型可以应用于虚拟人物创建、场景渲染、语音合成等多个方面，为创意产业提供强大的技术支持。

（四）基于扩散模型的 Stable Diffusion 模型

Stable Diffusion 是 Stability AI 公司开源的一款图像生成模型。Stable Diffusion 架构由三部分组成：第一部分是图像数据经编码器压缩为低维表示，或低维表示解码为图像数据的像素空间模块；第二部分是进行扩散过程和去噪过程的隐空间模块；第三部分是对扩散采样过程进行控制的条件模块。扩散过程在低维隐空间中完成，这是 Stable Diffusion 模型比纯粹的扩散模型运行速度更快的原因。图 5-3 展示了 Stable Diffusion 模型的基本架构与扩散过程。

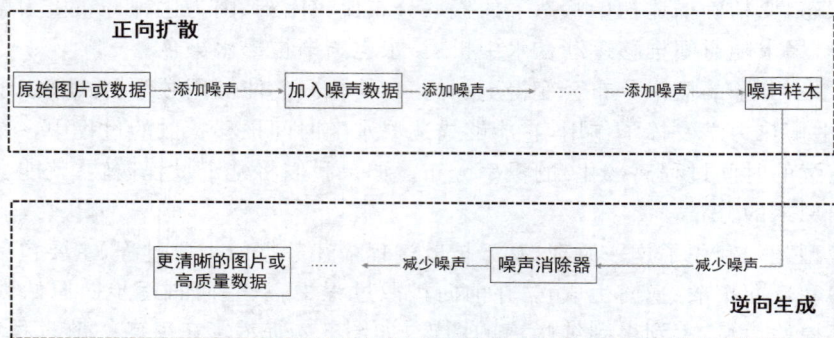

图 5-3　扩散模型过程

AIGC 的技术基础

AIGC 的三大驱动条件主要包括数据、算力（自然语言处理与多模态技术）和生成模型的核心算法。

（一）数据

数据是 AIGC 发展的基础，也是人工智能技术的核心。是实现智能化和自动化的关键。对于 AIGC 而言，数据的重要性主要体现在以下 3 个方面。

（1）提供训练材料：AIGC 技术依赖于大量的数据进行模型训练。要训练出智能、准确的人工智能模型，需要大量的数据资源。因此，数据资源的丰富程度和质量将直接影响人工智能技术的发展水平。

（2）优化模型性能：在模型训练过程中，数据的质量和数量对模型的性能有着至关重要的影响。高质量的数据有助于提升模型的准确性和鲁棒性，而大量的数据则有助于模型学习到更多的特征和模式。

（3）驱动技术创新：随着数据量的不断增加和种类的不断丰富，AIGC 技术也在不断创新和发展。新的数据处理方法和算法不断涌现，为 AIGC 的应用提供了更多的可能性和选择。

（二）算力

算力是 AIGC 技术实现的重要支撑，它决定了模型训练和推理的速度和效率。对于

AIGC 而言,算力的重要性主要体现在以下几个方面。

(1) 加速模型训练:算力越强,模型训练的速度就越快。这有助于缩短研发周期,提高开发效率。

(2) 支持大规模应用:随着 AIGC 技术的不断发展,其应用场景也越来越广泛。强大的算力可以支持大规模的应用部署和实时处理,满足各种复杂场景的需求。

(3) 推动技术创新:算力的提升为 AIGC 技术的创新提供了更多的可能性。例如,通过利用高性能计算资源,可以开发出更加复杂和高效的模型,进一步提升 AIGC 的生成能力和质量。

(三) 算法

算法是 AIGC 技术的核心,它决定了模型如何学习和生成内容。对于 AIGC 而言,算法的重要性主要体现在以下几个方面。

(1) 实现智能化生成:通过先进的算法,AIGC 可以实现智能化和自动化的内容生成。这些算法能够根据输入的数据和指令,自动生成符合要求的文本、图像、音频和视频等内容。

(2) 提升生成质量:算法的优化和改进可以不断提升 AIGC 的生成质量。例如,通过引入注意力机制、自注意力机制等先进的算法思想,可以进一步提高模型的生成能力和准确性。

(3) 拓展应用场景:随着算法的不断创新和发展,AIGC 的应用场景也在不断拓展。新的算法可以支持更加复杂和多样化的内容生成需求,为 AIGC 的应用提供更多的可能性和选择。

综上所述,数据、算力和算法是驱动 AIGC 发展的三大关键条件。它们相互关联、相互促进,共同推动了 AIGC 技术的不断创新和发展。

AIGC 的模型分类

(一) 按模型架构分类

(1) 生成对抗网络:由生成器和判别器组成,生成器负责生成逼真的数据,判别器负责区分真实数据和生成数据,二者通过对抗训练不断提升性能,常用于图像生成、艺术创作等领域。

(2) 变分自编码器(VAE):包含编码器和解码器,编码器将输入数据映射到潜在空间,解码器从潜在空间采样并重构数据,通过优化重构误差和潜在空间分布之间的差异来训练,可应用于图像去噪、风格转换等。

(3) 循环神经网络及长短期记忆网络:能处理序列数据,在内部维持状态以记忆之前的信息,适用于文本生成、语音识别等,LSTM 通过门控机制解决了 RNN 的梯度问题,性能更稳定。

(4) Transformer 模型:基于自注意力机制,可捕捉序列长距离依赖关系,并行计算能力强,在文本生成、机器翻译等任务中表现出色,GPT 和 BERT 等模型都基于此架构。

(5) 扩散模型(Diffusion Models):模拟扩散过程,从随机噪声中生成数据,包括向数据加噪声的正向过程和从噪声恢复数据的逆向过程,在生成高质量图像和音频方面潜力巨大。

(二) 按任务模态分类

(1) 文本到图像模型:如 DALL·E 2、Stable Diffusion 等,能根据文本描述生成原始、逼真的图像或艺术作品。

（2）文本到 3D 模型：像 Dreamfusion、Magic3D 等，可将文本转换为 3D 模型，满足游戏等行业需求。

（3）图像到文本模型：例如 Flamingo、VisualGPT，能够对输入的图像生成相应描述文本，相当于图像生成的逆过程。

（4）文本到视频模型：如 Phenaki，可以根据一连串文字提示合成真实的视频，实现从文本到动态视觉内容的转换。

（5）文本到音频模型：如 AudioLM，可生成高质量音频，能将输入音频映射成离散 token 序列，实现语音、音乐等音频的生成。

（6）文本到文本模型：以 ChatGPT 为代表，以对话方式与用户互动，根据用户输入的问题或提示文本补全后续内容。

（7）图像到图像模型：比如一些图像风格转换模型，可以将输入的图像转换为具有不同风格的图像，如将写实风格图像转换为卡通风格等。

（8）音频到音频模型：可以对音频进行处理和生成，例如将一种风格的音乐转换为另一种风格，或者对音频进行增强、修复等操作。

（9）多模态生成模型：能够处理和生成多种模态数据，如同时结合文本、图像、音频等信息进行生成任务，实现更复杂和丰富的生成功能。

（三）按数据类型分类

（1）离散数据生成模型：主要处理离散型数据，如文本数据。文本生成任务中，模型基于学习到的语言知识和统计规律，从词汇表等离散元素中生成新的文本序列。

（2）连续数据生成模型：用于生成连续型数据，如图像、音频的波形数据等。需学习连续数据的分布特征，生成在数值上连续且符合一定规律的新数据样本。

任务二　基于 AIGC 技术创造力的来源

创造力的来源

关于创造力的来源，它是一个复杂且多维的概念，涉及个体、环境、技术等多个方面。在 AIGC 的背景下，创造力的来源可以进一步拓展为以下几点。

（1）人类的智慧与灵感：人类是创造力的源泉，具有独特的思维方式和无限的，创意潜能。AIGC 技术通过学习和模仿人类的创作过程，能够在一定程度上模拟人类的创造力，但其本质仍然是基于人类智慧和灵感的延伸。

（2）技术的创新与融合：AIGC 技术的发展离不开技术的创新与融合。随着深度学习、大模型等技术的不断进步，AI 的生成能力和效率得到了显著提升。同时，跨领域融合也成为 AIGC 技术创新的重要方向，推动了 AIGC 技术在更多领域的应用。

（3）数据的积累与分析：AIGC 技术依赖于大量的数据进行训练和学习。这些数据不仅为 AI 提供了丰富的素材和灵感来源，还通过数据分析和挖掘，帮助 AI 更好地理解人类的需求和偏好，从而生成更加符合人类期望的内容。

（4）环境的激发与引导：社会环境、工作环境以及文化氛围等都对创造力的发挥产生重要影响。一个开放、包容、鼓励创新的环境能够激发人们的创造力，促进创意的涌现和传播。在 AIGC 领域，这种环境的营造同样至关重要。

AIGC 作为人工智能领域的重要发展方向之一，正在不断推动创造力的边界拓展和应用深化。同时,创造力的来源也是多元化的,需要个体、技术、环境等多个方面的共同努力和协同作用。

AIGC 的创作领域

（一）在文本创作方面

AI 可以学习大量的文本数据,通过深度学习算法理解语言规则和语义关系,进而生成流畅、自然的文本内容。无论是新闻报道、广告文案、小说故事还是科技论文、合同模板,AI 都能以其独特的视角和创意,为读者带来全新的阅读体验,为客户提供 24h 客服支持,实现创作内容自动生成。文本的创作可以按照如图 5-4 所示的步骤进行。

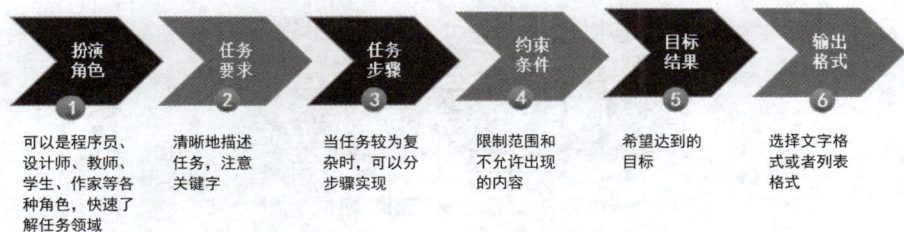

扮演角色 ①	任务要求 ②	任务步骤 ③	约束条件 ④	目标结果 ⑤	输出格式 ⑥
可以是程序员、设计师、教师、学生、作家等各种角色,快速了解任务领域	清晰地描述任务,注意关键字	当任务较为复杂时,可以分步骤实现	限制范围和不允许出现的内容	希望达到的目标	选择文字格式或者列表格式

图 5-4　AIGC 文本创作

例如在文学作品创作方面,通过学习大量文学作品的模式和风格,AIGC 技术能够模拟出与人类创作者相似的写作风格和语言表达能力。这种技术不仅可以辅助作家进行创作,还可以独立生成具有一定文学价值的作品。通过角色对话和情节概要,极大地提高创作效率。AIGC 技术还能在创作过程中提供灵感、补充细节,帮助作家丰富景物描写和角色设定,为网络文学和微短剧的融合发展提供新机遇。图 5-5 所示为生成关于临沂的宣传广告文案。

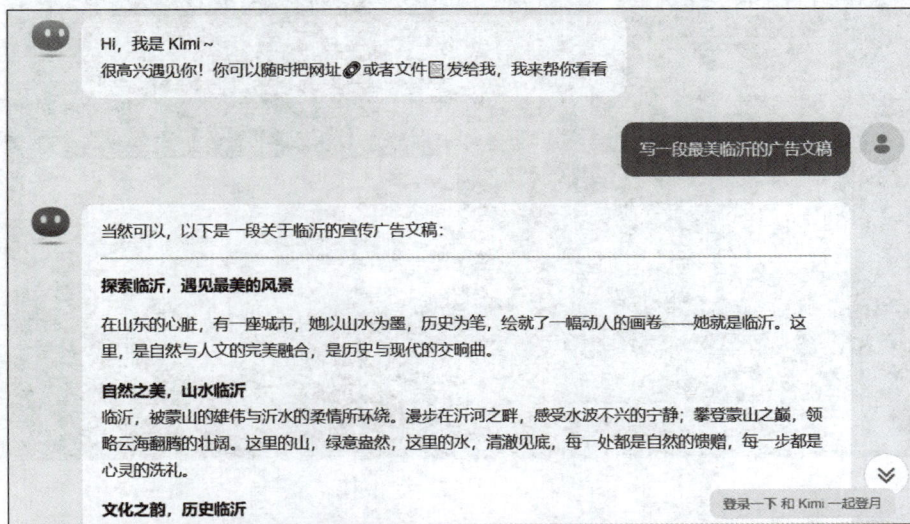

图 5-5　AIGC 广告文案

(二) 在音频创作方面

AI可以通过模拟各种声音,包括人声、乐器声等,生成高质量的音频内容和音乐作品。无论是音乐创作、语音合成还是语音识别,AIGC技术都能以其精准、自然的音频输出,满足用户多样化的需求。例如 AIGC 技术可以创作旋律、和声、节奏甚至完整的音乐作品。AIGC技术还能在伴奏制作过程中生成鼓节奏、贝斯线、和弦,这对于缺少乐器或音乐知识的人们来说非常有价值,创作网站如图5-6图所示。

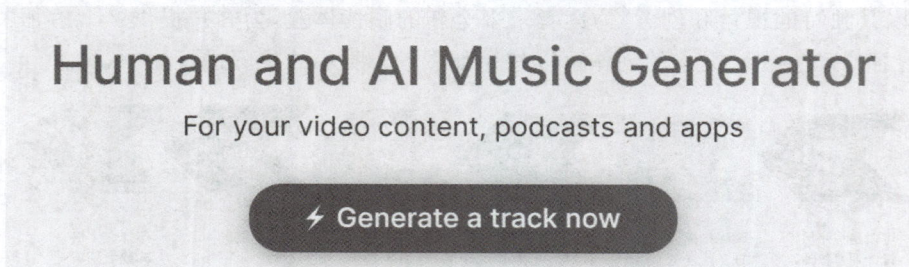

图 5-6　AIGC 音频创作网站

(三) 在视频创作方面

通过输入文字描述,AIGC 系统可以自动生成对应的视频片段。这一技术已经应用于广告、电影制作等多个领域。例如,在微短剧创作中,AIGC 技术可以实现美术、分镜、视频、配音、配乐等全流程的自动化生成。此外,AIGC 技术还能通过数字场景资源赋予短剧更多创意可能,使得故事叙述不再受限于现实条件。在视频剪辑方面,AI 剪辑具备高效识别有价值素材的能力,并能辅助完成视频切割、编辑、抠图、删除等任务,极大地提升了视频制作、剪辑及重制的效率,创作网站界面如图 5-7 所示。

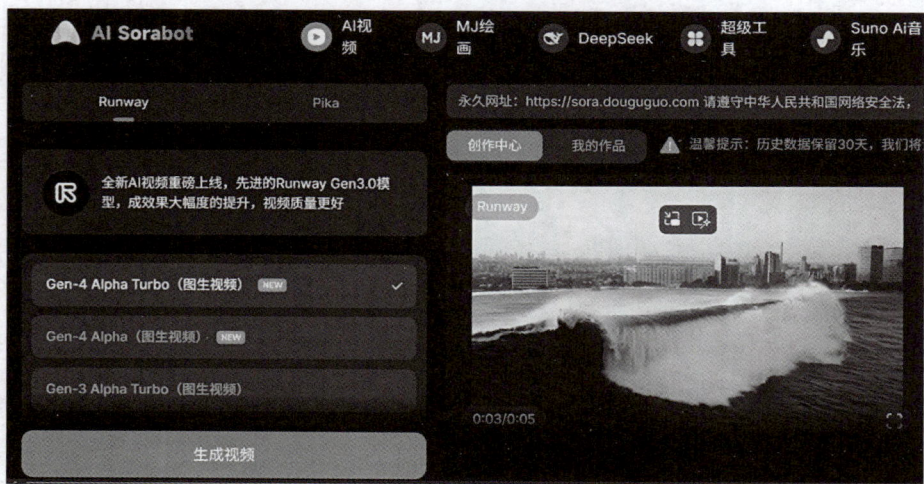

图 5-7　AIGC 视频创作网站

(四) 在图像创作方面

通过输入文字描述或关键词,AIGC 系统可以自动生成对应的图像。这一技术已经应用于广告、设计、游戏等多个领域。例如,在游戏开发领域,AIGC 技术被用于场景搭建、角色设计等方面。此外，AIGC 技术还能通过深度学习和分析历史上的艺术作品捕捉到各种艺术流派和风格的独特元素，并模拟和再创造出类似的图像作品，界面如图 5-8 所示。

图 5-8　AIGC 图像创作网站

（五）在其他领域

以物流行业为例，通过结合物联网技术和 AIGC，企业可以实时监控和分析物流数据，优化运输路线和减少运输成本。这不仅提高了物流效率，还为客户提供了更快速、准确的物流服务体验。同时，AIGC 技术还可以应用于软件开发过程中的自动化测试和代码优化，进一步提高软件开发的效率和质量。

任务三　揭秘 AIGC 的舞台：探索主流应用平台的创新力量

AIGC 应用平台：创意协作

（一）ChatGPT

作为基于 Transformer 神经网络架构的人工智能交互平台，ChatGPT 不仅能生成流畅的对话，还能依据交流提供连贯互动的上下文。它覆盖了从邮件撰写、翻译、视频脚本编写到文章撰写等多种文本创作领域，显示出广泛的应用潜力。图 5-9 所示为用 ChatGPT 进行交互对话。

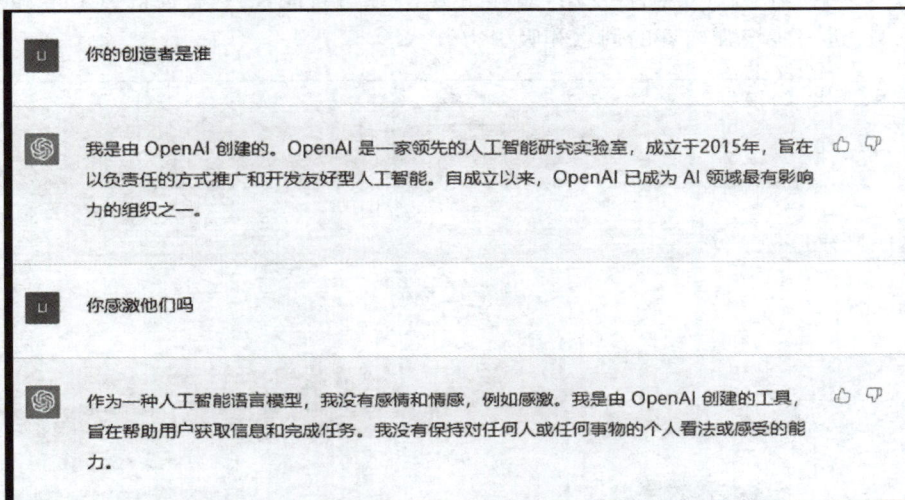

图 5-9　ChatGPT 交互对话

（二）文心一言

文心一言由百度公司 2023 年 8 月 31 日正式公开使用。文心一言不仅能够流畅地与人类对话、解答问题，还具有中英文互译、图像识别等跨模态功能。其界面如图 5-10 所示。

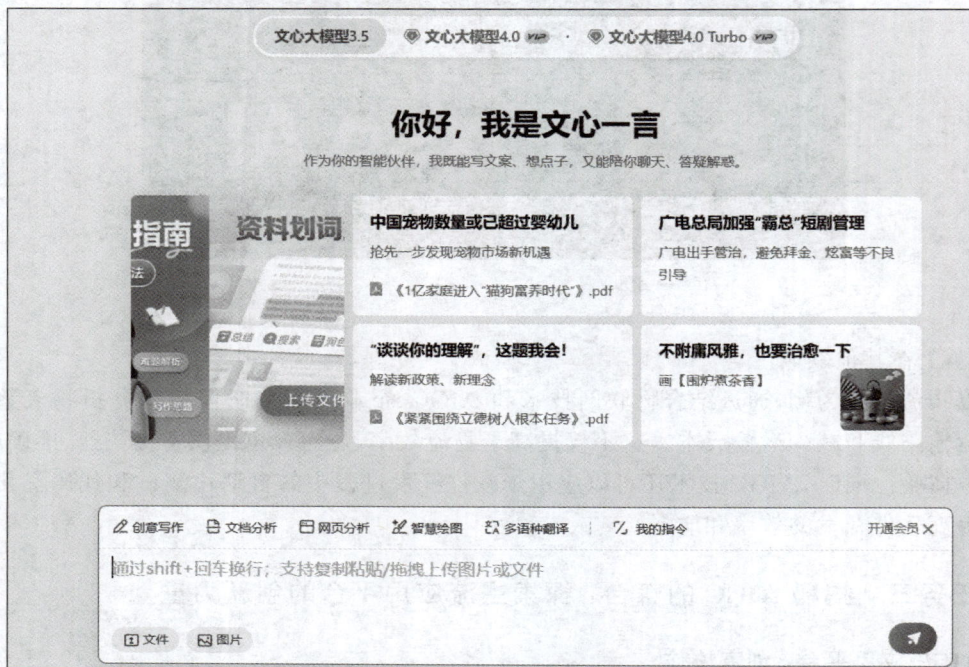

图 5-10　文心一言界面

（三）悉语智能文案

阿里妈妈·创意中心推出的悉语智能文案是一款基于 AI 技术的文案创作工具，如图 5-11 所示，用户仅需导入商品链接即可快速生成多种风格的营销文案，能极大提高写作效率。该工具还可以与其他创意工具配合使用，如智能制图、绘剪智能视频、智能混剪工具、页面制作等编辑工具，进一步增强内容的创意和吸引力。

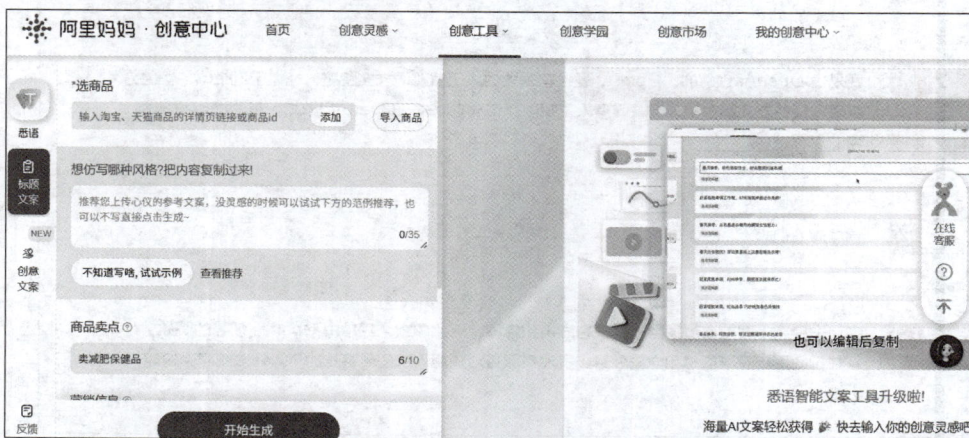

图 5-11　阿里妈妈·创意中心界面

AIGC 应用平台：智"绘"无限

（一）Midjourney

2022 年 3 月，AI 绘画工具 Midjourney 问世，如图 5-12 所示，它是一个基于浏览器的应用程序。Midjourney 能根据用户的输入生成包括油画、素描和水彩在内的多种艺术作品类型，并能模仿达·芬奇、达利和毕加索等众多画家的风格，甚至能识别并应用特定的镜头技术或摄影术语。

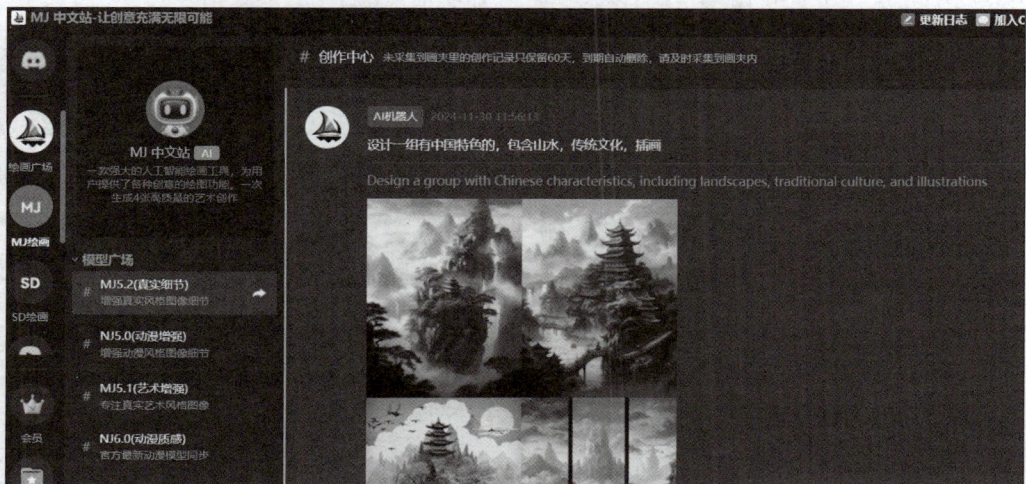

图 5-12　Midjourney

（二）边界 AI

边界 AI 是一个全能型 AI 生成平台，如图 5-13 所示，提供前沿的智能 AI 对话、AI 写作、AI 画图、AI 生成及 AI 改写技术。边界 AI 平台提供了多种绘画功能和工具，包括但不限于 AI 绘画、AI 扩图、AI 智能在线抠图、AI 智能图片增强放大、AI 图片擦除、AI 去字迹等。这些功能覆盖了从基础绘画到高级图像处理的多个方面，满足了不同用户的需求。

图 5-13　边界 AI

（三）文心一格

2022 年 8 月，百度推出文心一格，如图 5-14 所示，文心一格是百度依托飞桨、文心大模型的技术创新，推出的 AI 艺术和创意辅助平台。文心一格定位为面向有设计需求和创意的人群，基于文心大模型智能生成多样化 AI 创意图片，辅助创意设计，打破创意瓶颈。用户只需输入一句话或简单的描述，AI 就能够自动生成创意画作。文心一格不仅支持从视觉、质感、风格、构图等角度智能补充，生成更加精美的图片，还提供了二次编辑功能，如涂抹不满意的部分让模型重新调整生成，以及图片叠加功能，让创作更加灵活多样。

图 5-14　文心一格

项目二　开启 AIGC 的未来：探索技术与创造力的无限边界

任务一　驾驭 AIGC 的力量：实战创作与创新突破

AIGC 在文案制作方面的应用

【任务描述】使用文本生成类 AI 工具，生成爆款旅游宣传文案。

【任务实施】想快速创作高品质的文案，关键词非常重要，提问技巧如图 5-15 所示。

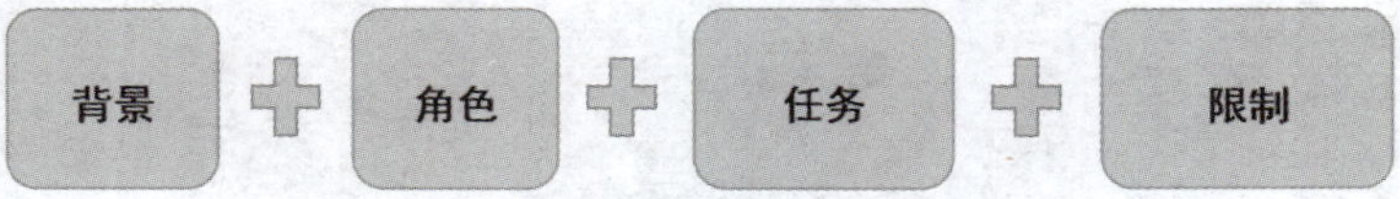

利用 AI
制作文案

图 5-15　提问关键词

（1）生成主题。在百度搜索"文心一言"，进入该工具的页面，文心一言对话框。

为了达成这个任务目标，即使在没有思路的情况下，也可以让 AI 工具协助生成一些可供参考的选题方向。如图 5-16 所示，可以在对话框中描述需求：请你帮我写出 10 个关于临沂美的爆款宣传问题主题。

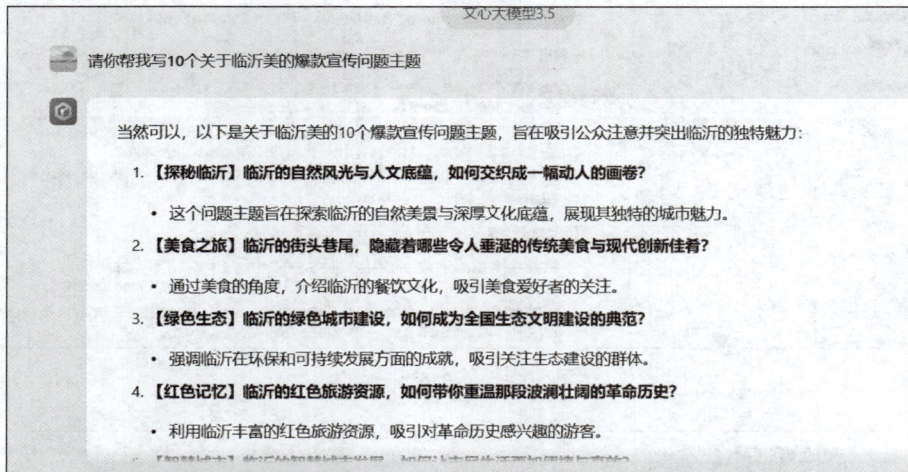

图 5-16　文心一言文案生成

（2）优化和细化问题。如果我们再给它加限制条件，紧紧围绕红色记忆来细化描述，文心一言回答如图 5-17 所示。

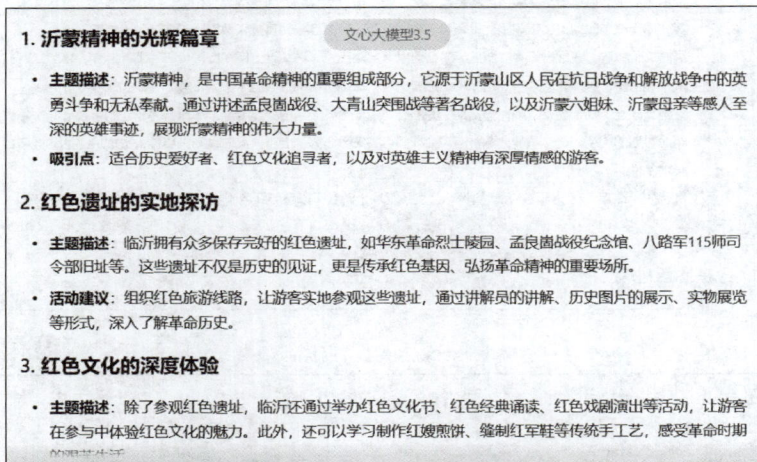

图 5-17　文心一言文案优化

（3）单个模块延伸。围绕红色文化的深度体验，有哪些体验形式和景点，可以容纳多少游客，如图 5-18 所示。

AIGC 在音视频制作方面的应用

【任务描述】基于上面的文案继续生成视频。

【任务实施】

（1）打开"度加"这个视频生成 AI 工具，可以看到它的界面主要有"首页""AI 成片""我的作品"等板块，如图 5-19 所示。

（2）单击"AI 成片"按钮，将上面生成的文案内容粘贴在对话框中。

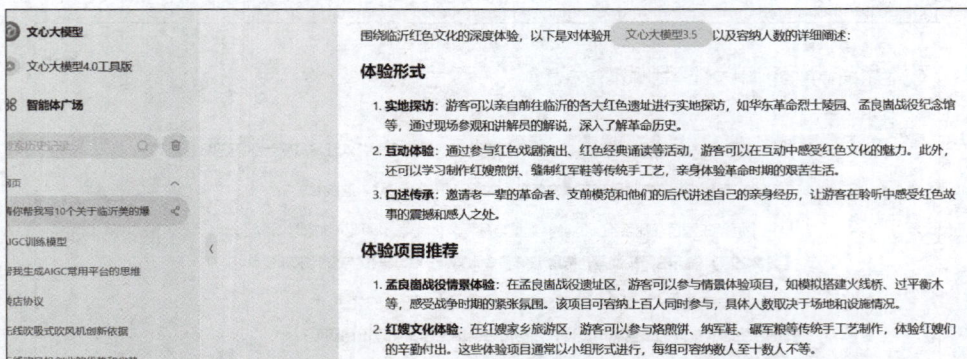

图 5-18　单个模块延伸

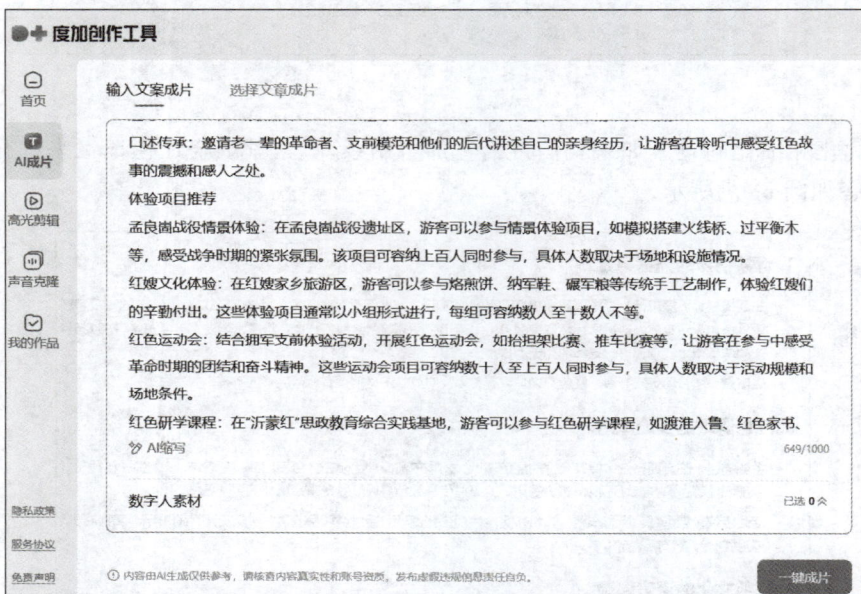

图 5-19　度加创作工具

（3）如果我们想让生成的视频更加紧扣主题，可以选择"AI润色"；如果需要数字人和背景音乐都可以进行选择，如图 5-20 所示。

图 5-20　度加创作工具——数字人

（4）适当调整后，单击图 5-19 中的"一键成片"按钮，可看到度加生成的视频，如图 5-21 所示。

图 5-21　度加视频生成

AIGC 在办公应用、教育培训方面的应用

【任务描述】利用 AI 制作思维导图及 PPT。

【任务实施】

1. 利用 AI 制作思维导图

利用 AI 制作
思维导图

（1）赋予 AI 准确的身份角色，比如"你现在是一名职业学校的 PLC 编程专业教师，请你写一个关于 PLC 编程的教学设计，字数 1000 字左右，需要清晰地罗列具体可执行的步骤"，如图 5-22 所示。

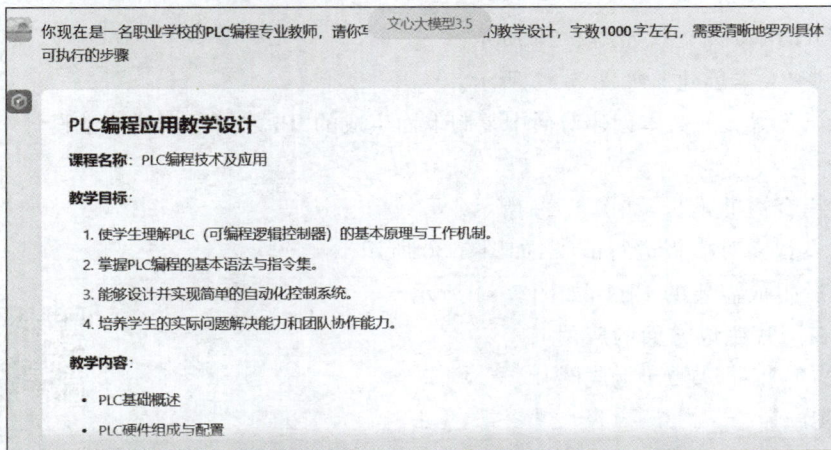

图 5-22　文心一言

（2）请围绕教学设计，生成 * . md 格式的文件，如图 5-23 所示。

（3）打开"https://boardmix.cn/app/home/mindmap"网站，如图 5-24 所示，选择"导入文件转换为思维导图"。

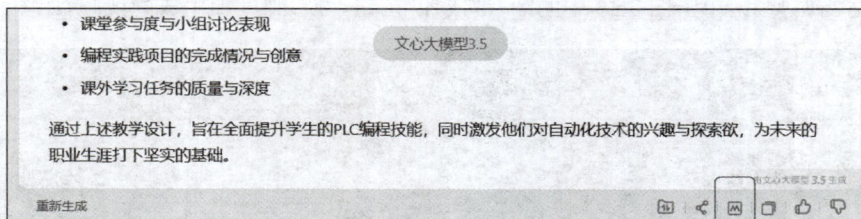

图 5-23　生成 * .md 文件

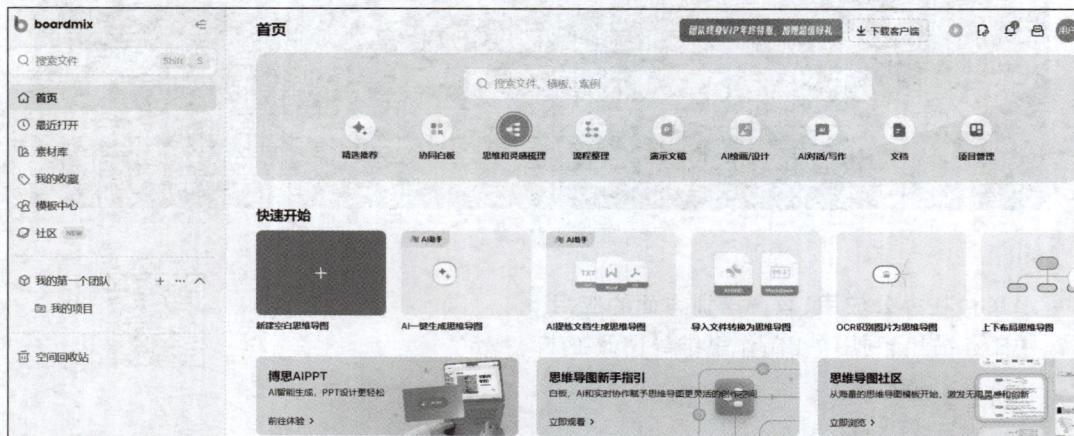

图 5-24　导入文件转换为思维导图

（4）导入上图中的 * .md 文档，生成思维导图如图 5-25 所示。

2. AI 生成 ppt

（1）打开"讯飞智文"，如图 5-26 所示。

（2）选择"文本创建"，如图 5-27 所示。

（3）在讯飞智文的文本创建对话中复制上面生成的"PLC 编程应用教学设计"，如图 5-28 所示。

（4）选择合适的模板，如图 5-29 所示。

（5）讯飞智文对模板进行渲染，如图 5-30 所示。

（6）最后生成需要的 PPT，如图 5-31 所示。

AIGC 在图片生成方面的应用

【任务描述】用即梦 AI 生成图片。

【任务实施】

工具选择：打开即梦计算机端官方网站主页。

利用 AI
制作图片

1. 小试牛刀，简单画面生成

（1）进入创作界面。

进入即梦 AI 界面，如图 5-32 所示。

理解PLC基本原理与工作机制

掌握PLC编程基本语法与指令集

设计并实现自动化控制系统

培养问题解决能力和团队协作能力

教学内容
- PLC基础概述
- PLC硬件组成与配置
- PLC编程语言（梯形图、功能块图、指令表等）
- PLC编程软件使用
- 实际案例分析与实践操作

教学对象 —— 职业学校机电一体化专业学生

教学时长 —— 4课时（每课时45min）

教学目标

教学设计

第一课时：PLC基础与硬件认知
- 导入新课
- PLC基础讲解
- PLC硬件展示与讲解
- 小结与作业

第二课时：PLC编程语言与软件操作
- 复习旧知
- PLC编程语言介绍
- PLC编程课件实操
- 问题与讨论

第三课时：PLC编程实践案例分析
- 案例分析导入
- 控制逻辑设计
- 编程实现
- 模拟调试

第四课时：项目总结与拓展
- 项目展示与评价
- PLC技术前沿探讨
- 课程总结与反馈

教学资源
- PLC编程软件安装包及操作手册
- PLC硬件实物或仿真软件
- 工业自动化案例视频与资料

评估方式
- 课堂参与度与小组讨论表现
- 编程实践项目完成情况与创意
- 课外学习任务质量与深度

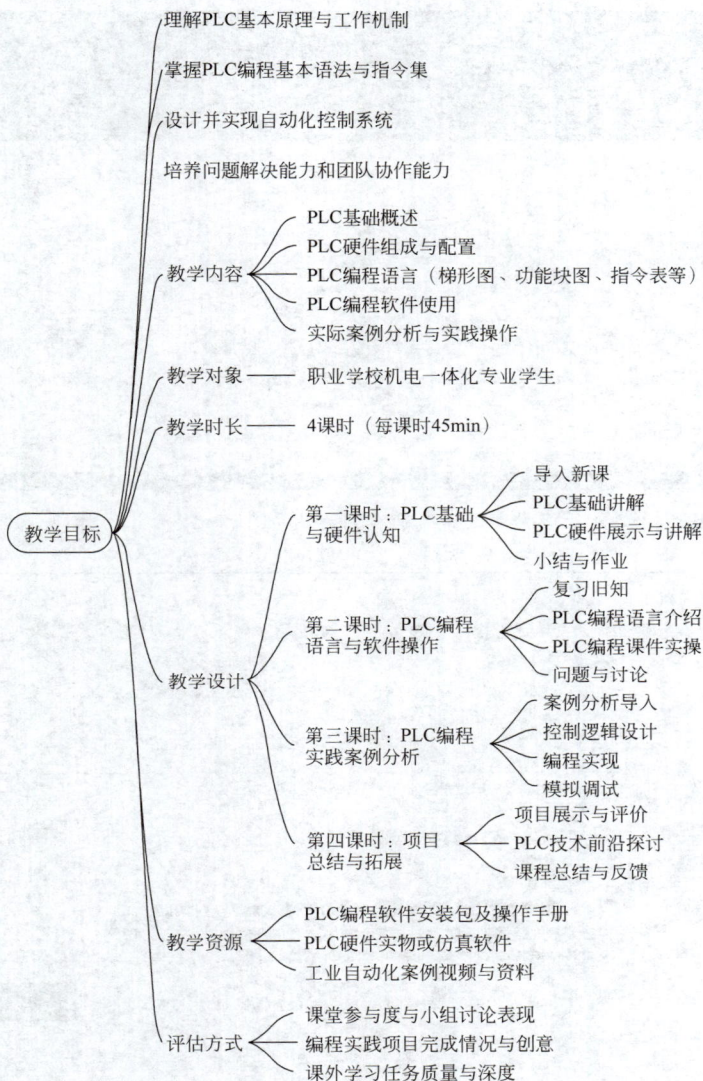

图 5-25　生成思维导图

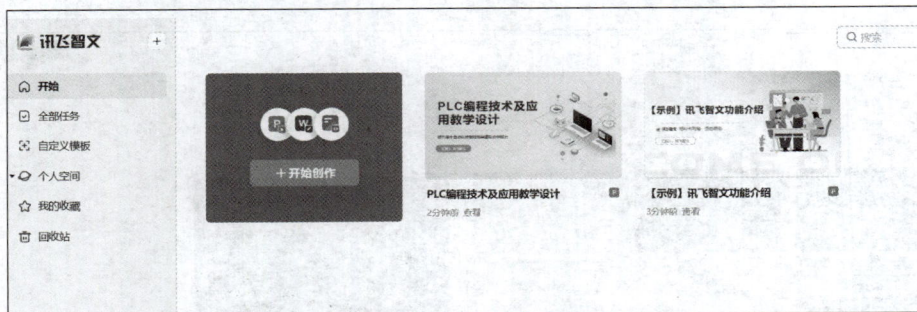

图 5-26　打开讯飞智文

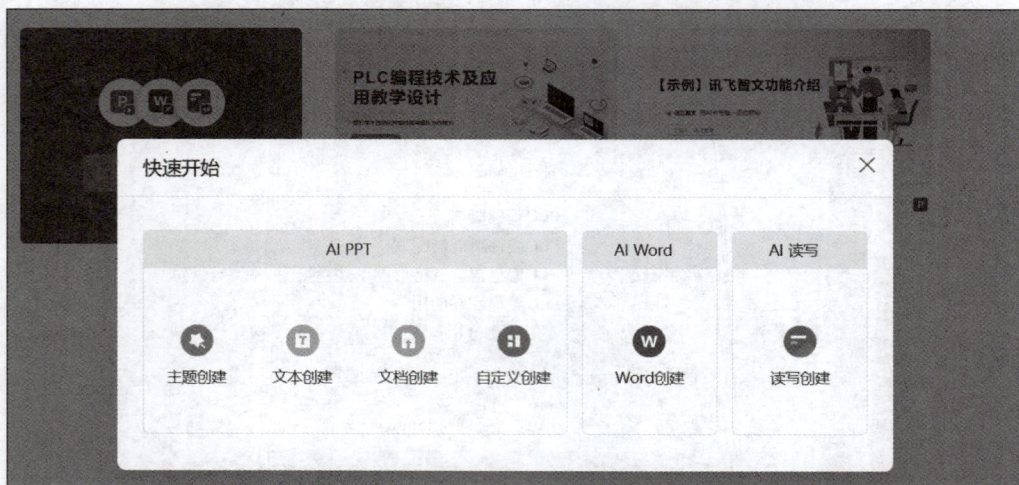

图 5-27　文本创建-添加 ＊.md

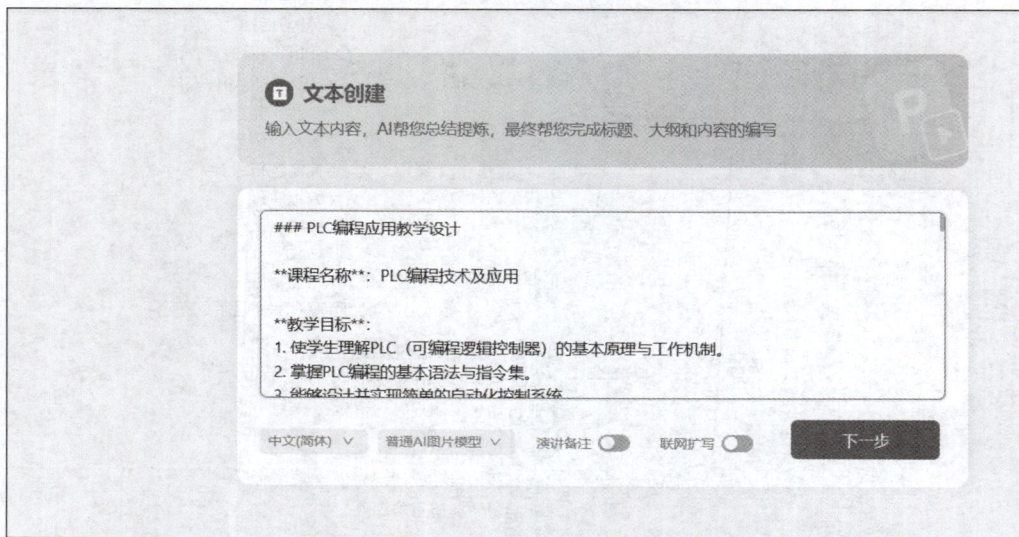

图 5-28　添加文本

图 5-29　选择模板

图 5-30　AI 渲染

图 5-31　生成 PPT

图 5-32　即梦 AI 界面

（2）选择 AI 做图。

进入图片生成界面，输入关键词，设置画面比例，图片尺寸，例如输入"生成一幅海边的风景，天上下着蒙蒙细雨，海上有轮船"，单击"立即生成"，右侧生成图片，如图 5-33 所示。

图 5-33　即梦 AI 图片生成

2. 制作高品质图片

（1）本地部署完全免费 sd-webui-aki 整合包，如图 5-34 所示。

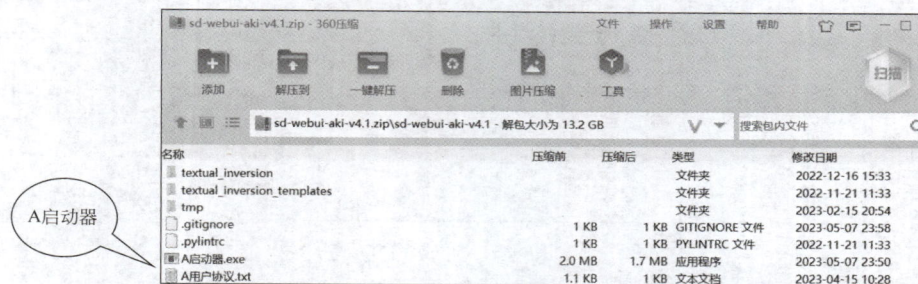

图 5-34　解压 sd-webui-aki 整合包，双击"A 启动器"

（2）安装成功后，进入"绘世"初始界面，如图 5-35 所示。

（3）可以打开右侧的下拉选项，进行显卡设置，如图 5-36 所示。

（4）查看模型管理，如图 5-37 所示。

（5）加载完毕后，进入画面制作界面，选择顶端的 Stable Diffusion 模型，选择合适的绘画风格，如图 5-38 所示。提示词是 AI 生成的依据，比如想生成一座雪山，提示词中就可以输入"雪山"。反向词就是我们不希望 AI 生成的内容，比如"模糊、扭曲"。输入的必须是英文，只需安装翻译插件，就可以在工具栏进行中英文切换，输入中文直接切换成英文，完全不用担心英文基础不好的问题。迭代步数的选择，步数越高，画面的质量越高，细节就越精细，生成的时间就会越长，反之，迭代步数越少，生成的速度越快，但是细节也会比较粗糙。以上参数都在如图 5-39 所示界面中设置完成。

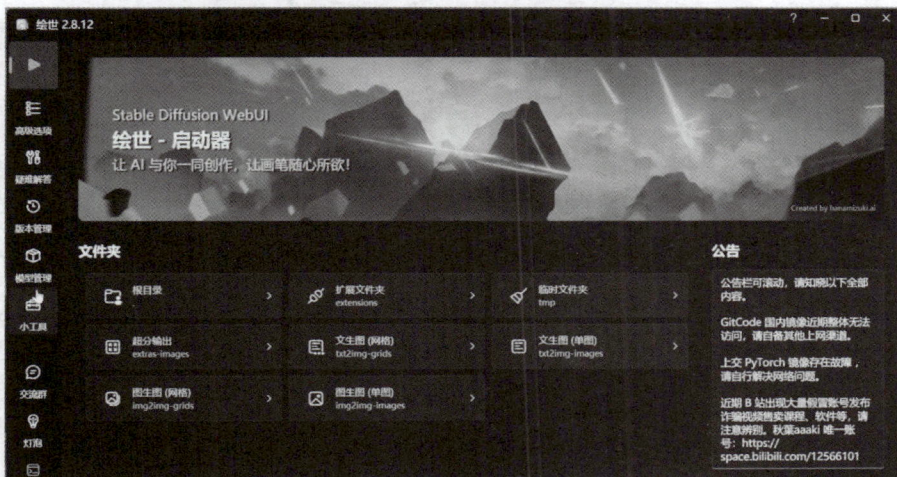

图 5-35　绘世创作界面

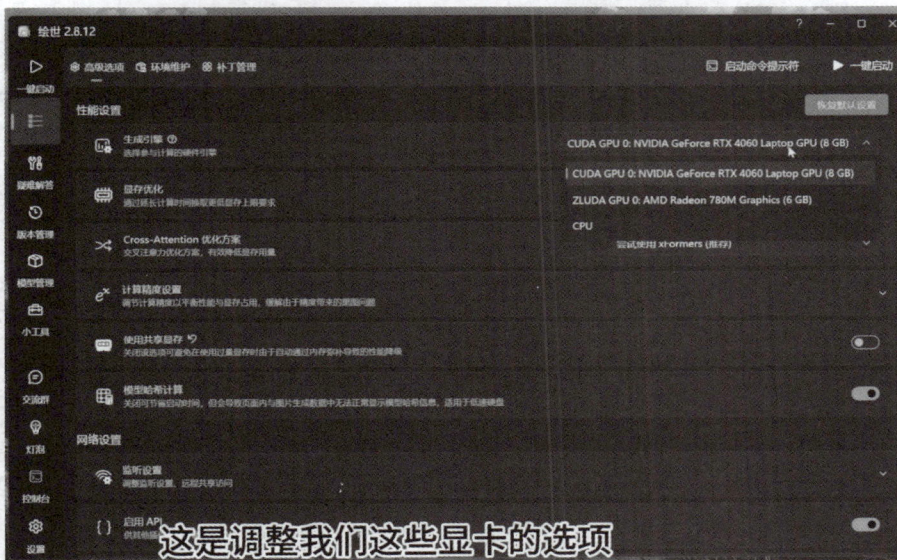

图 5-36　设置显卡

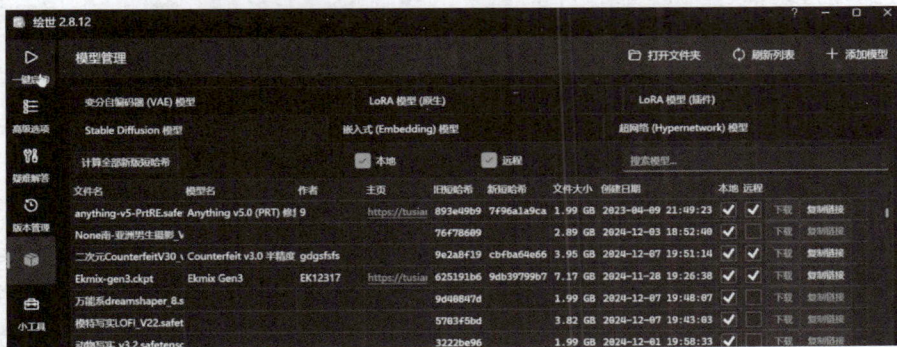

图 5-37　模型管理

图 5-38　选择绘画风格

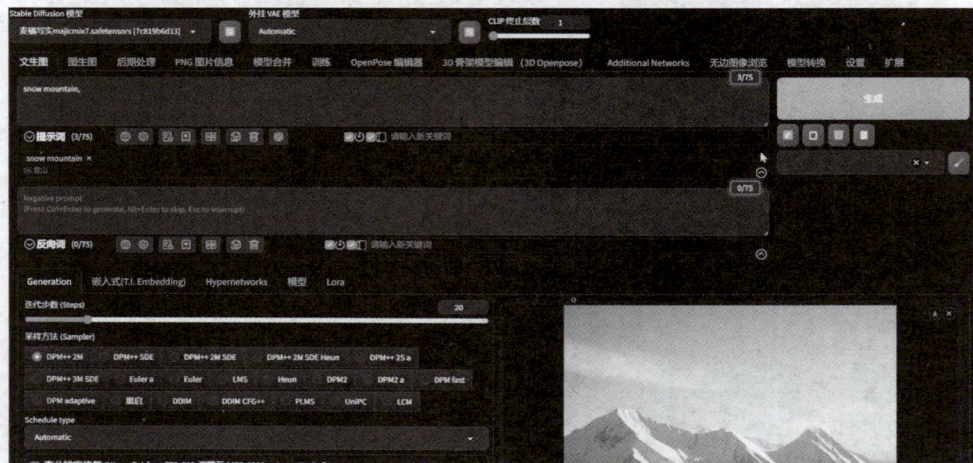

图 5-39　参数界面

可能你会认为提示词和反向词是难点，不知道选择什么类型的词语能更恰当地表达，这时可以寻求 DeepSeek 的帮助，如图 5-40 所示。

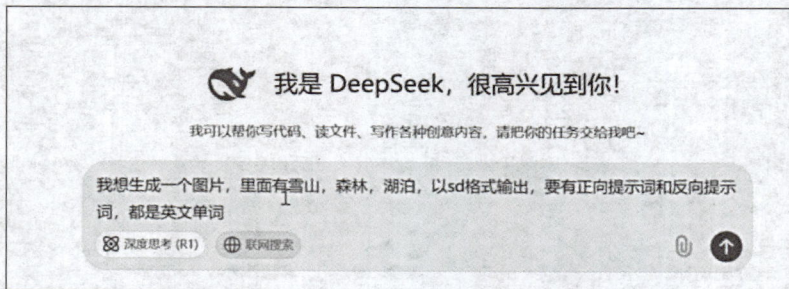

图 5-40　借助 DeepSeek 生成提示词和反问词

这里一定要注意必须是 sd 格式,就是 Stable Diffusion 模型格式,还要注意生成的提示词和反向词必须是英文单词,这样一步到位,无须再用插件翻译,结果如图 5-41 所示。

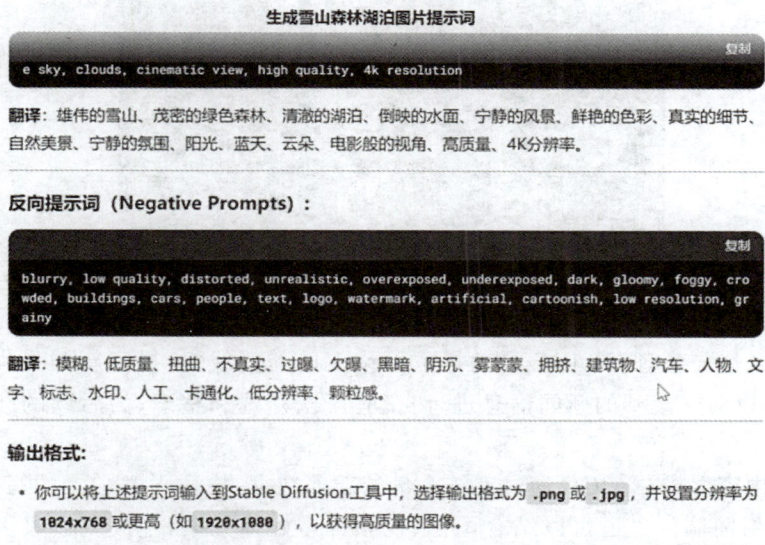

生成雪山森林湖泊图片提示词 复制

`e sky, clouds, cinematic view, high quality, 4k resolution`

翻译: 雄伟的雪山、茂密的绿色森林、清澈的湖泊、倒映的水面、宁静的风景、鲜艳的色彩、真实的细节、自然美景、宁静的氛围、阳光、蓝天、云朵、电影般的视角、高质量、4K分辨率。

反向提示词 (Negative Prompts): 复制

`blurry, low quality, distorted, unrealistic, overexposed, underexposed, dark, gloomy, foggy, crowded, buildings, cars, people, text, logo, watermark, artificial, cartoonish, low resolution, grainy`

翻译: 模糊、低质量、扭曲、不真实、过曝、欠曝、黑暗、阴沉、雾蒙蒙、拥挤、建筑物、汽车、人物、文字、标志、水印、人工、卡通化、低分辨率、颗粒感。

输出格式:
- 你可以将上述提示词输入到Stable Diffusion工具中,选择输出格式为 `.png` 或 `.jpg`,并设置分辨率为 `1024x768` 或更高(如 `1920x1080`),以获得高质量的图像。

图 5-41 提示词和反向词的生成结果

我们把 DeepSeek 生成的提示词和反向词复制粘贴到绘世的图片生成界面,选择合适的迭代步数,然后单击生成,生成的图片如图 5-42 所示。是不是非常惊艳?当然,你还可以增加更多生动的元素,比如"雨天,绿草"。

图 5-42 生成图片

(6)修改其他参数,调节分辨率和迭代步数,生成如图 5-43 的效果。

AIGC 技术的应用场景

1. 新闻传媒、新媒体行业

AIGC 的领域与新闻传媒、新媒体行业的日常工作生成内容有着非常大的兼容度。从内容生产到分发,从用户互动到数据分析,AIGC 都发挥着重要的作用,为新闻传媒行业带来了前所未有的机遇和挑战。AIGC 可以赋能到以下新闻传媒行业的工作流程中。

图 5-43　生成清晰的图片

（1）新闻采集与整理。AIGC 自动抓取网络上的新闻线索，提高新闻采集的效率。同时，AIGC 还可以对采集到的新闻信息进行自动分类、筛选和整理，为后续的新闻编辑和发布提供便利。

（2）新闻内容生成。AIGC 通过训练大量的新闻数据，模仿人类记者的写作风格，自动生成高质量的新闻稿件。还可以结合图像、视频等多媒体元素，生成更具吸引力的新闻内容。这不仅能够降低新闻制作的成本，还能提高新闻内容的丰富度和时效性。

（3）内容的分发。AIGC 工具可以通过分析用户的浏览历史、兴趣爱好等信息，为用户推荐符合其需求的新闻内容。同时，还可以根据用户的反馈和行为数据，不断优化推荐算法，提高推荐的准确性和用户满意度。

（4）数据驱动的决策支持。AIGC 技术还可以帮助企业更好地利用数据资源，提高决策效率和准确性。通过 AIGC 分析工具，新闻传媒企业可以深入了解用户的行为习惯、喜好等信息，为新闻策划、内容生产、市场推广等提供数据支持。这有助于企业更精准地把握市场需求，优化新闻产品的设计和运营策略。

（5）虚拟数字人的应用。AIGC 技术还可以应用于虚拟数字人的创建和管理，如图 5-44 所示。在新闻传媒领域，虚拟数字人可以作为新闻播报员、节目主持人等，为用户提供更加生动、有趣的新闻内容。此外，虚拟数字人还可以用于模拟新闻场景、还原事件经过等，提高新闻报道的可视化和逼真度。

图 5-44　打造数字人

（6）版权保护与内容溯源。AIGC 技术可以通过图像识别、文本分析等技术，对新闻内容进行版权保护和溯源。这有助于维护新闻内容的原创性和知识产权，打击盗版和侵权行为，保障新闻传媒企业的合法权益。

（7）内容审核和假新闻识别。AIGC 技术可以辅助新闻传媒机构进行内容审核，快速识别并过滤不适宜或违反政策的内容。同时，借助自然语言处理和机器学习技术，AI 还能识别假新闻和错误信息，保障新闻内容的真实性和可靠性。

2. 电商行业

在电商行业，AIGC 技术应用在企业的营销推广升级方面发挥着重要作用，AIGC 可以生成文案、图像、视频、虚拟数字人等，这些内容是电商行业的重要工作内容，主要体现在提高生产效率、降低成本、改善用户体验以及优化数据驱动的决策支持等方面。

（1）商品上架与描述。在电商平台的运营过程中，商品上架与描述是至关重要的一环。AIGC 可以自动生成高质量的商品描述文案和图像，同时结合商品图片，为消费者提供更加直观、详细的商品信息。

（2）商品及品牌宣传。AIGC 技术可以自动生成高质量的产品照片和模特照片，通过 AIGC 技术，企业可以更加高效地进行产品展示和宣传，提升产品的吸引力和竞争力。AIGC 技术还可以通过数据分析，将视频素材生成多样化的营销宣传视频，满足企业多样化的营销需求。

（3）虚拟数字人直播。虚拟数字人直播能持续在线、可定制形象、克服语言文化限制、不受人的情绪影响等优势，可以有效提升销售转化率。为企业节省运营成本。

（4）数据驱动运营决策支持。AIGC 智能推广工具，通过分析用户的浏览历史、购买记录、消费偏好等信息，为用户推荐符合其需求的商品，提高用户满意度和购买转化率。为企业商品选品、价格策略、促销活动等提供数据支持。这有助于企业更精准地把握市场需求，优化商品结构和运营策略。

（5）沉浸式购物体验。通过 AIGC 和 AR 技术的结合，消费者可以在线上试穿商品，获得更加真实的购物体验，提高了消费者的购物满意度，还降低了退货率和运营成本。

（6）客户服务与售后支持。AIGC 可以通过虚拟数字人等技术，提供 24h 不间断的客户服务，解答用户的疑问和解决问题。真正实现智能客服的功能，提高客户服务效率和质量。

（7）供应链管理与优化。在电商行业中，AIGC 可以通过分析历史销售数据、库存状况、用户需求等信息，为供应链管理提供智能决策支持。

3. 广告设计行业

AIGC 在广告设计行业中的作用是全方位的，它贯穿整个广告设计流程，从创意构思到最终发布，都起到了至关重要的作用。它不仅提高了生产效率，降低了成本，还大大改善了用户体验，为企业带来了更大的商业价值。随着技术的不断发展和进步，AIGC 在广告设计行业的应用将会越来越广泛，其潜力和价值也将得到更充分的体现。

（1）创意灵感的源泉。AIGC 可以为设计师提供无限的创意灵感。设计师可以输入关键词或描述他们的设计理念，AIGC 工具可以生成多种设计方案供选择。这大大缩短了设计师寻找灵感和试验不同设计的时间。

（2）自动化优化流程。广告设计涉及多个环节，如策划、设计、审稿、修改等。AIGC 可以自动化这些流程，减少人工干预，提高生产效率。例如，AIGC 可以根据用户反馈和数据分析自动优化广告内容，提高广告的点击率和转化率。

（3）个性化定制。传统的广告设计往往难以满足不同用户的个性化需求。AIGC 可以通过学习用户的行为和喜好，为每个用户生成定制化的广告内容，从而提高广告的针对性和效果。

（4）降低成本。AIGC 的引入可以大大减少广告设计的人力成本。设计师不再需要花费大量时间寻找灵感和进行试验，而是可以更加专注于创新和优化。同时，AIGC 还可以降低广告制作的物理成本，如打印、摄影等费用。

（5）数据驱动的决策。AIGC 不仅可以生成广告内容，还可以收集和分析用户数据，为广告主提供数据驱动的决策支持。广告主可以根据这些数据调整广告策略，提高广告效果和 ROI（投资回报率）。

（6）虚拟模特与场景构建。在广告设计中，模特和场景的选择至关重要。AIGC 可以生成虚拟模特和虚拟场景，为设计师提供更多的选择。这些虚拟元素不仅可以根据需求进行定制，还可以降低实际拍摄的成本和时间。

（7）增强现实（augmented reality，AR）与虚拟现实（virtual reality，VR）的集成。AIGC 可以与 AR 和 VR 技术相结合，为广告设计带来全新的体验。设计师可以创建虚拟的广告场景，让用户沉浸其中，增强广告的吸引力和互动性。这种技术特别适用于产品展示和推广。

4. 银行及金融行业

AIGC 通过提供精准数据分析、智能理财建议、自然语言处理、自动报表生成等功能，极大地提高了银行及金融行业的生产效率、降低了成本，并极大地改善了用户体验。

（1）客户分析与风险评估。AIGC 能够通过精准的数据分析技术，对客户的财务状况、信用记录、投资偏好等进行深入分析，从而为客户提供个性化的金融产品和服务建议。对客户进行风险评估，帮助银行制定风险预案。

（2）智能理财建议与资产配置。AIGC 能够根据客户的财务状况和投资目标，提供智能化的理财建议和资产配置方案。能够帮助客户实现资产增值，还能够提高银行的客户满意度和忠诚度。

（3）自动报表生成与数据分析。AIGC 可以自动从系统中提取数据，生成各类报表和分析报告。

（4）智能投顾与智能客户服务。银行及金融行业客户服务是提升客户体验和满意度的关键环节。AIGC 通过自然语言处理技术，能够实现与客户的智能对话，解答客户疑问，提供个性化服务。智能投顾和机器人顾问逐渐成为银行及金融行业的新趋势。AIGC 通过结合大数据、机器学习和自然语言处理等技术，能够为客户提供 24h 不间断的投资咨询和服务。这不仅提高了银行的客户服务能力，还降低了人工成本。

（5）风险管理与合规性检查。银行及金融行业面临着严格的风险管理和合规性要求。AIGC 可以通过智能算法和数据分析技术，对银行的交易行为、客户行为等进行实时监控和风险评估，帮助银行及时发现潜在风险并采取相应的风险控制措施。同时，AI 技术还可以对银行的业务操作进行合规性检查，确保银行业务符合相关法规和监管要求。

5. 教育行业

（1）个性化学习内容的生成。在教育行业，每个学生的学习需求和水平都是不同的。AIGC可以根据学生的学习进度、兴趣爱好和学习目标，生成个性化的学习内容。这包括定制化的教案、练习题、视频课程等，使每个学生都能获得适合自己的学习资源和路径。

（2）智能辅导与答疑。AIGC可以自动回答学生提出的问题，提供及时的辅导和帮助。同时，AIGC还可以分析学生的学习数据和问题，为学生提供精准的学习建议和解决方案。

（3）虚拟数字人与互动教学。AIGC可以生成虚拟数字人，模拟真实的教学场景，为学生提供更加丰富和生动的学习体验。虚拟数字人可以担任教师、辅导员等角色，与学生进行互动教学，激发学生的学习兴趣和积极性。

（4）自动化评估与反馈。AIGC可以根据预设的评估标准，快速准确地给出评分和反馈，减轻教师的工作负担，提高评估效率。AIGC应用可以根据学生的学习数据和评估结果，为学生提供个性化的学习建议和改进方向。

（5）智能推荐与学习路径规划。AIGC可以收集和分析大量的教育数据，为教师和管理者提供数据驱动的决策支持。通过分析学生的学习数据和行为，根据学生的学习进度和目标，规划出最佳的学习路径和方案，帮助学生更加高效地学习。

任务二　探索典型应用案例的无限可能

营销领域

2024年6月，国内首个数字熊猫虚拟主播"贝贝"公开亮相，宣布首档虚实结合中英双播杂志类节目——《熊猫观察》正式上线。

蓝色光标旗下虚拟创意人蓝零壹利用AI技术与营销创作结合，通过机器学习分析消费者行为和市场趋势，自动创作广告内容，并根据不同平台用户特征个性化推送，提升了品牌曝光度和用户参与度，实现了更高的ROI。

艺术领域

浙文互联米塔数字艺术社区与Midjourney合作，利用AIGC技术生成3D模型和纹理，打造虚拟艺术家，为用户提供个性化艺术创作服务。通过社交媒体和在线展览宣传，吸引大量艺术爱好者，提升了平台活跃度和用户黏性。

某艺术家使用Midjourney生成艺术作品参加画展。只需提供创意概念和风格要求，Midjourney就能生成风格多样、富有创意的作品，受到观众好评，拓展了艺术创作的可能性。

媒体领域

湖南广电自主研发的AIGC视频自动拆条技术，日产视频可突破6000条，其5G智慧电台运用AIGC技术5分钟生成一家电台，实现音频内容分发创新，极大提升了内容生产效率和规模。

浙江宁波广电集团的"AIGC融媒创作港"是基于生成式人工智能的高质量视音频内容创作平台，已迭代11个版本，上线超20个应用工具，智能数字人完成拍摄与训练50余人次，百余家县级融媒及各行业机构、1400余名个人用户成功注册。

游戏领域

世纪华通旗下盛趣游戏成立专职TA组，推进AI与美术内容研发整合，旗下多款知名

IP 产品接入 AI 工具，美术批量生产阶段效率提升 60%～80%，还尝试使用 AI 工具高效复刻《黑神话：悟空》场景，降低了成本。

世纪华通旗下盛趣游戏研发的人工智能客服数字人"小趣"，借助大语言模型和 RAG 技术，叠加优质问答题库，结合 3D 数字人技术和自主研发算法，能实现"听""说""想"功能，为用户提供精准答案。

智慧城市领域

新加坡智慧交通系统利用 AIGC 技术实时分析交通流量数据，进行智能信号灯控制，减少交通拥堵，提升道路通行效率。

芬兰赫尔辛基城市空气质量管理利用 AIGC 技术建立智能环境监测系统，通过大数据分析城市空气质量数据和环境传感器信息，实现对空气污染和环境变化的实时监测和预警。

教育培训领域

某在线教育平台使用 ChatGPT 和 DeepSeek 生成课程内容，教育团队提供课程大纲和知识点，平台模型就能生成详细的编程教程、英语学习等课程内容，准确、详细，能满足不同水平学员的学习需求。

某学校使用 Claude 开发互动教学系统，教师提供学生的学情数据和学习目标，Claude 可生成个性化学习建议，提高学生学习积极性，帮助教师更好地了解学生情况。

任务三　预见 AIGC 的未来：解锁技术与创新的无限潜能

麦肯锡在其 2023 年 6 月的报告《生成式人工智能的经济潜力》中分析，AIGC 将对全球经济产生深远影响，潜在增加高达 4.4 万亿美元的年度价值。该报告鼓励商业领袖尽早采用 AIGC，以免错失在日益扩大的性能差距中获得竞争优势的机会。

艾媒咨询监测数据显示，2015—2023 年 2 月全球 AIGC 及相关产业投融资规模约 1938 亿美元，成为资本布局的热门赛道。AIGC 领域未来将保持长期向上发展趋势。然而，人工智能属于典型的长周期、高投入行业，目前 AIGC 在各行业应用落地仍处于早期探索阶段，其发展速度及效果需要理性对待。图 5-45 所示为全球 AIGC 行业发展历程。

随着国家政策的倾斜和 5G 等相关基础技术的发展，中国人工智能产业在各方共同推动下将进入爆发式增长的第二个阶段。大数据显示，预计 2025 年将达到 4000 亿元，未来有望发展为全球最大的人工智能市场。而 AIGC 的存在，将会极大释放人类的想象力。

同时生成式人工智能和大语言模型产品的演化，为元宇宙的内容生产提供了创新思路，有助于填补元宇宙发展的空白。

AIGC 技术的发展趋势

人工智能涉及从机器学习（ML）和深度学习到自然语言处理和计算机视觉等众多领域。AI 技术正逐步渗透到人们生活的每一个角落，从智能助手到自动驾驶汽车，从高度个性化的医疗诊断到自动化的供应链管理。AI 技术的主要发展趋势如下。

1. 自动化需求驱动智能的增强

自动化需求一直是 AI 技术发展的重要驱动力。自动化不仅包括重复性的物理任务，还扩展到决策制订过程。数据是 AI 系统的"燃料"。AI 系统现在能够分析大量数据，识别

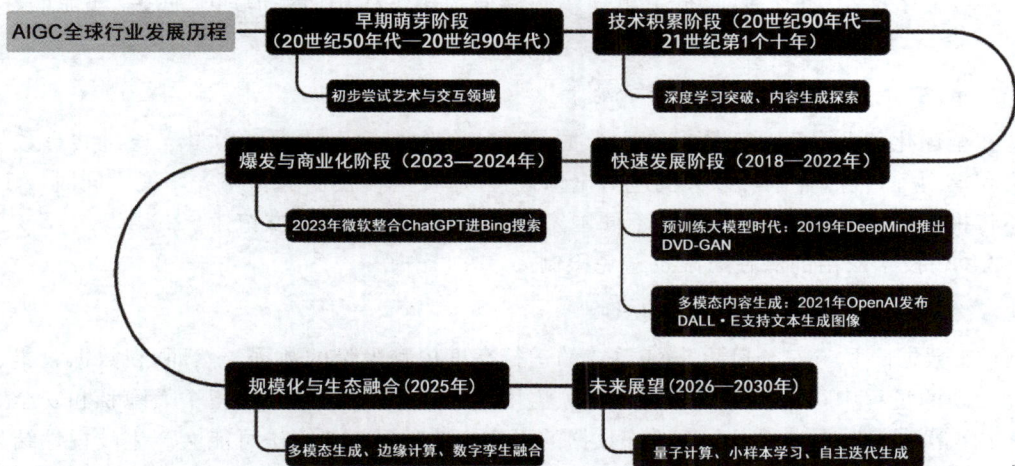

图 5-45　AIGC 行业发展历程

模式,并提供决策支持,甚至是应用在复杂的商业和科学问题上。随着计算能力的不断提升,更复杂的模型和结构也将得以实现,AI 在未来可能会承担更多的分析和决策任务,从而提高效率和准确性。

2. 深度学习推进算法和模型的持续创新

深度学习是推动 AI 发展的关键技术之一。通过模仿人脑的工作方式,深度学习、神经网络等算法将不断优化,以提高 AI 系统的学习、推理和决策能力。未来的发展方向可能包括更高效的算法、对更复杂数据类型的处理能力,以及深度学习模型的能源效率改进。

3. AI 技术将与各行业深度融合

在制造业中,AI 将助力实现智能化生产,提高生产效率和产品质量;在医疗领域,AI 将辅助医生进行疾病诊断和治疗方案的制订,提升医疗服务水平;在教育领域,AI 将个性化地推荐学习资源,帮助学生和教师提升教学效果。这种深度融合将使 AI 技术更加贴近人们的实际需求,为人们的生活带来更多便利。

4. 边缘计算将推动 AI 技术的普及

随着物联网设备的普及,越来越多的计算任务将在设备边缘完成。这将减少数据传输的延迟,提高处理效率,并增强数据的安全性。边缘计算将与 AI 技术紧密结合,使智能设备能够实时响应和处理各种任务,为人们的生活带来更多便利。

5. AI 教育将普及化

为了满足 AI 人才需求,AI 教育将逐渐普及化。各个教育阶段都将引入 AI 相关课程,培养人们的 AI 素养和技能。同时,各种在线课程和培训项目也将为更多人提供学习 AI 技术的机会。

6. AI 技术将推动可持续发展

面对全球性的挑战,如气候变化、资源短缺等,AI 技术将发挥重要作用。通过优化能源利用、提高生产效率、减少废弃物排放等方式,AI 技术将有助于实现可持续发展目标。同时，AI 技术还将在环保、农业、城市规划等领域发挥积极作用，推动绿色、低碳、智能的社会发展。

7. AI 技术将助力全球合作与发展

在全球化的背景下，AI 技术将成为推动全球合作与发展的重要力量。通过共享数据、算法和模型等资源，各国可以共同应对全球性挑战，促进科技创新和经济发展。同时，AI 技术还将推动文化交流与融合，增进不同国家和民族之间的理解与友谊。

AIGC 技术应用的潜在风险及避免限制

1. AIGC 技术应用可能存在的风险

（1）数据隐私与安全风险：AI 系统的运行高度依赖大量的数据。然而，在数据收集、存储和处理的过程中，很可能出现数据泄露、滥用或误用的情况，从而侵犯个人隐私和安全。

（2）算法偏见与歧视：由于训练数据的不均衡或偏见，AI 算法可能会产生歧视性结果，对某些群体作出不公平的判断或决策，进而加剧社会不平等。

（3）自动化与就业风险：随着 AI 技术的普及，许多传统的工作岗位可能会被自动化替代，导致人类大量失业。这种变革可能给社会带来不稳定因素。

（4）不可预测性与失控风险：AI 系统的决策和行为往往基于复杂的算法和模型，有时会产生不可预测的结果。在某些情况下，这种不可预测性可能导致系统失控，对社会造成危害。

（5）AI 武器化与伦理冲突：AI 技术在军事和武器制造领域的应用，可能引发严重的伦理冲突和道德困境，如自动武器系统的道德责任归属问题。

2. 如何避免与限制这些风险

（1）强化数据保护法规：制定严格的数据保护法规，确保个人数据的收集、存储和使用符合法律要求，防止数据滥用和泄露。

（2）算法公正与透明度：推动算法公正和透明度的原则，要求 AI 系统在设计时考虑其对社会各群体的影响，避免产生歧视性结果。同时，提高 AI 系统的透明度，使其决策和行为可解释、可审计。

（3）提升 AI 系统的安全性：通过技术手段强化 AI 系统的安全防护，包括但不限速于加密、访问控制、入侵检测等，同时培训相关人员识别和防范潜在威胁。

（4）促进就业转型与培训：针对 AI 技术带来的就业风险，政府和企业应加大对劳动力市场的投入，提供培训和转岗机会，帮助人们适应新的就业环境。

（5）建立监管机制与评估体系：建立对 AI 技术的监管机制和评估体系，确保其在安全、可控的范围内发展。同时，对 AI 系统的性能、安全性和伦理风险进行定期评估，确保其符合社会期望和法规要求。

（6）国际合作与伦理准则：加强国际的合作与交流，共同制定 AI 技术的伦理准则和标准。通过全球性的努力，共同应对 AI 技术带来的伦理和法规挑战。

如何应对 AIGC 技术变革带来的工作方式的变化

在当前的科技浪潮中，AI 技术正快速渗透到制造业、医疗卫生、教育、金融服务、交通物流等各个领域，重塑行业格局，创造新的工作岗位，同时也带来了前所未有的挑战。为及时适应这一变革，需深入解 AI 技术，提升 AI 素养和能力，可以更好地与 AI 协同工作，把握其中的机遇，应对挑战。

1. 提升 AI 素养和技能

（1）理解 AI 基础：掌握 AI 的基本概念、原理和应用场景。了解机器学习、深度学习、自然语言处理等核心技术。

（2）技能培训：学习 AI 应用于工作流程、学习编程语言、数据分析等技能。

（3）实践项目：通过参与实际 AI 项目，比如开源项目或个人项目，将理论知识应用于实践中，积累经验。

2. 理解 AI 对行业的影响

（1）行业研究：研究 AI 技术如何影响你所在或感兴趣的行业，包括业务流程、工作方式和就业趋势的变化。

（2）市场需求：关注由 AI 技术驱动的新兴职业和技能需求，如数据科学家、AI 算法工程师、AI 伦理专家等。

3. 培养适应性和终身学习的态度

（1）适应性强化：培养适应新的 AI 技术、AIGC 工具和 AI 工作模式的能力。

（2）终身学习：树立终身学习的意识，持续更新知识和技能，以适应技术发展的快速变化。

4. 探索 AI 伦理和社会影响

（1）科技伦理意识：理解 AI 技术的伦理问题，包括数据隐私、算法偏见和自动化带来的就业挑战。

（2）社会参与：参与讨论和活动，关注 AI 技术的社会影响，促进公平、包容和可持续的技术发展。

5. 发展软技能

（1）团队协作：在 AI 项目中，跨学科团队合作日益重要。提升沟通、协作和解决问题的能力。

（2）培养创新思维和批判性思考：在 AI 技术的辅助下，提出创新的解决方案和产品。

AIGC 技术的发展展望

1. 多模态深度融合

实现文本—图像—视频—3D 无缝转换，例如通过文字描述直接生成 3D 模型或交互式虚拟场景。

2. 实时交互与个性化定制

用户可通过自然语言实时调整生成内容，例如"让视频中的主角动作更流畅"或"调整文章风格为学术化"。

3. 垂直领域专业化

针对法律、医疗、金融等专业领域开发高可靠性模型，生成合规合同、诊断建议或投资分析报告。

4. 伦理与版权解决方案

引入区块链技术追踪内容版权，开发 AI 内容检测工具（如 AI 水印），解决虚假信息与版权争议。

5. 低成本普及化

轻量化模型与边缘计算结合,让中小企业和个人用户低成本使用 AIGC 工具。

AIGC 正在从工具进化为"生产力伙伴",其发展需平衡技术创新与社会责任。未来,随着多模态技术突破与伦理框架完善,AIGC 或将成为推动人类文明进步的下一代通用技术基座。

课后练习

一、选择题

1. AIGC 的英文全称是(   )。

    A. Artificial Intelligence Generated Content

    B. Automatic Intelligence Generated Creativity

    C. Artificial Information Generated Content

    D. Automatic Information Generated Creativity

2. 以下哪项技术不是 AIGC 常用的基础技术?(   )

    A. 强化学习   B. 自然语言处理   C. 计算机视觉   D. 遗传算法

3. 以下哪种 AIGC 应用主要基于生成对抗网络?(   )

    A. 文本生成   B. 图像生成   C. 语音识别   D. 知识图谱构建

4. AIGC 在以下哪个领域的应用可以帮助快速生成大量创意文案?(   )

    A. 医疗诊断   B. 金融风险预测   C. 内容创作   D. 工业制造

5. 以下哪项不是 AIGC 在绘画领域的常见应用?(   )

    A. 生成艺术画作   B. 照片修复

    C. 设计产品外观   D. 制作 3D 动画模型

二、简答题

1. 简述 AIGC 技术的主要应用领域。

2. 说明 AIGC 技术面临的主要挑战。

三、拓展题

1. 社交媒体内容创作

* 任务背景:你是一家新兴美妆品牌的社交媒体运营专员,需要利用 AIGC 平台为品牌官方微博和小红书账号创作吸引人的内容,以提高品牌知名度和产品销量。

* 具体任务:

(1) 使用 AIGC 文本生成工具,根据品牌当季主打产品(如一款保湿面霜),创作 5 条不同风格的微博文案,包括产品介绍、使用体验分享、限时促销活动通知等,每条文案不超过 140 字,并合理运用热门话题标签。

(2) 在小红书上,借助 AIGC 生成 3 张产品宣传图片,要求图片风格时尚、清新,突出产品特点,同时搭配 AIGC 生成的图片描述文案,文案要包含产品功效、成分、适用肤质等信息,且不超过 200 字。

(3) 利用 AIGC 平台的数据分析功能,分析美妆领域近期热门话题和用户偏好,为后续一周的社交媒体内容策划提供思路,撰写一篇简短的分析报告(300～500字)。

2. 儿童教育绘本制作

- 任务背景:你是一位儿童教育创业者,计划利用 AIGC 技术开发一套全新的儿童教育绘本,以培养孩子的环保意识。
- 具体任务:

(1) 使用 AIGC 故事生成器,构思一个围绕环保主题、适合 4～6 岁儿童阅读的绘本故事,故事包含明确的主角、有趣的情节、简单的冲突和圆满的结局,字数控制在 1000 字左右。

(2) 利用 AIGC 绘画工具,根据故事内容绘制绘本所需的 10 幅插图,插图风格要色彩鲜艳、形象可爱,能吸引儿童注意力。确保每幅插图与故事中的关键情节紧密配合,例如主角种树的场景、小动物们一起清理河流的画面等。

(3) 将故事文本和插图进行排版整合,制作成一本初步的电子绘本,可使用 AIGC 平台提供的排版模板或自行设计简单排版,要求页面布局合理、文字与图片搭配协调。

3. 请选择所学的一门课程,用所学的智能平台模型生成整本教材的思维导图。

模块六

探索语音识别

项目一 让机器"听"懂我们的语言

在日常生活中有没有发现这样的场景，当你坐在沙发上说一声"打开电视机"，不需要遥控器，你就可以尽情观赏电视节目；跟朋友聊天，无须手动敲字，语音输入后便可实时转化成文字，发送给对方，既省时又省事。甚至是家里的灯具，我们也可以用语音控制打开和关闭。

这是怎么回事呢？这些设备是如何听懂我们的语言的呢？语音识别技术，简单来说，就是让机器通过"听"的方式来理解人类的语言。你只需对着手机说出"打开手电筒"，手机便能理解你的指令并执行。这种技术使得与机器的交流变得像与"人"交谈一样自然和便捷，极大地简化了人机互动。语音识别的意义不仅仅在于它提供了一种无须手动输入的交互方式，更在于它为那些因身体条件限制不能使用传统输入设备的人们打开了新的可能性。比如，行动不便的人士可以通过语音控制家中的智能设备，享受科技带来的便利。此外，语音识别还广泛应用于车载系统、智能家居、客户服务等多个领域，它不仅可以提高效率，减少操作的复杂性，还能提供更加个性化的服务。

任务一 定义语音识别

语音识别，或称为自动语音识别（automatic speech recognition，ASR），是一种使计算机能够接收、解释和理解人类语音的技术，并能将其转换成可读的文本或执行命令。语音识别的基本目标是将用户的语音输入转换为机器也能理解和执行的文本指令。这项技术涵盖了从声音信号的捕捉、声音特征的提取到最终语言的理解和执行。这个过程从声音的捕捉开始，通常通过麦克风完成，如图 6-1 所示。当声波被麦克风捕捉后，它们被转换为数字信号，再被进一步处理以解析出有用的信息。

图 6-1 语音识别

探秘语音识别

任务二 探究语音识别的关键技术与方法

语音识别的关键技术与方法中包括特征提取、声学模型、语言模型、解码和输出以及端到端系统,如图 6-2 所示。

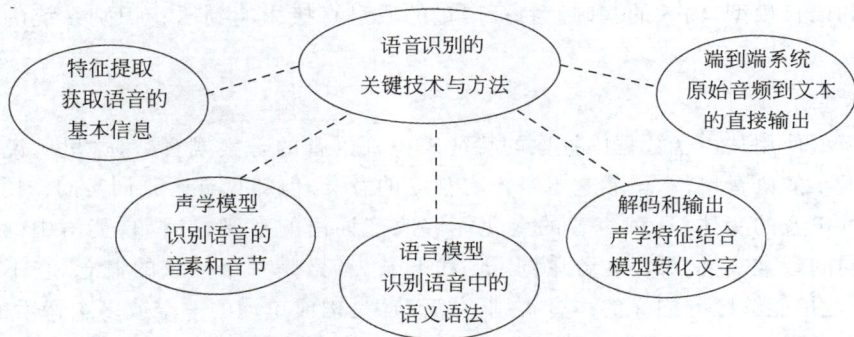

图 6-2 语音识别的关键技术与方法

特征提取

特征提取是语音识别中的第一步,它涉及从原始的声音波形中提取有用的信息,这些信息反映了声音的基本属性,如频率、节奏和音量。在此阶段,声音信号通常被转换为一系列数值特征,称为声学特征。这些特征有助于模型区分不同的声音和语音模式。特征提取的基本步骤如图 6-3,具体介绍如下。

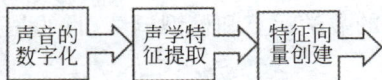

图 6-3 特征提取的基本步骤

(1) 声音的数字化:模数转换。

语音识别的第一步是声音的数字化。通过麦克风等输入设备,声音波形被捕捉并转换成数字信号。这一过程中,原始的模拟声音信号通过模拟-数字转换器(analog-to-digital converter,ADC)转换为数字数据,这些数据反映了声音的振幅随时间发生的变化。

(2) 声学特征的提取。

一旦声音被数字化,接下来就是从这些数字信号中提取声学特征。常见的声学特征包括频率(音高)、能量(音量)和时域特性(声音的时间结构)。特征提取的目的是尽可能减少数据量,同时保留对于识别语音内容最重要的信息。

为了有效提取声学特征,语音识别系统可以利用各种信号处理技术。

傅里叶变换(Fourier transform)是一种广泛使用的技术。它是一种强大的数学工具,用于将声音信号从时间域(即我们通常看到的波形图,显示声音如何随时间变化)转换到频率域。而频率域的表示形式则揭示了声音中不同频率的成分,就像是将一首歌曲分解成不同乐器的声音。这一转换使我们能够清晰地识别出哪些频率是声音中的主要成分,帮助系统更精确地理解声音的结构。

梅尔频率倒谱系数(Mel-Frequency Cepstral Coefficients,MFCC)是另一种重要的特征提取技术,它基于人类耳朵对不同频率的响应而设计,非常适合语音信号。它是根据人类耳朵对不同频率声音的感知能力设计的。人类耳朵对某些频率的变化非常敏感,而对其他频率则相对迟钝。MFCC通过模拟这种听觉特性,专门挑选出对语音识别最有用的频率特征。这种技术能够有效地从声音信号中提取出那些对于理解和识别语音内容至关重要的信息。

(3)特征向量的创建。

从声音信号中提取的特征被组织成特征向量。这些向量就是后续机器学习模型(例如声学模型和语言模型)输入的基础。特征向量的质量直接影响到语音识别系统的准确性和效率。

声学模型

声学模型使用从声音数据中提取的特征来识别语音的音素或音节,这里所说的"音素"是语言中最小的语音单位,虽然它本身没有独立的意义,但却具有区分词义的作用。每个音素代表一种声音的变体,这种声音的变化能够改变词语的意义。例如,英语中的/p/和/b/是两个不同的音素,它们可以区分单词 pat 和 bat。音素是一个抽象的概念,它不指代具体的发音,而是指能够区分词义的声音类别。"音节"是构成单词的一个或多个音素的组合,是语言中介于音素和词汇之间的单位。每个音节至少包含一个元音(或者在某些语言中的其他声音作为音节核心),或者还包括前面或后面的辅音。音节是语音节奏的基本单位,对于词汇的发音和流畅度非常重要。例如,单词 computer 分为三个音节:com-pu-ter。

(1)声学模型的工作从接收特征提取步骤得到的声学特征向量开始。

(2)声学模型分析向量后,将尝试把它们映射到相应的语音单元上。这一过程涉及大量的数学运算和模型调整,目的是使模型能够准确地预测每一段声音数据可能对应的语音单元。

深度学习:该技术的运用极大地提升了计算机处理和理解人类语音的能力。

卷积神经网络:能有效识别声音中的局部特征,如特定音节或音素。这种能力使得卷积神经网络特别适用于需要精细解析音频数据的场景,有助于识别系统精确捕捉到说话内容的每一个细微之处。

循环神经网络:擅长处理时间序列数据(如语音信号)。循环神经网络能够记住先前的输入,这些历史信息会影响当前的输出决策。例如,在处理长对话时,循环神经网络能够利用之前句子的语境来更好地理解和预测接下来的语音模式。

通过深度学习与神经网络的结合使用,语音识别系统不仅能够"听见"声音,更能够"理解"语音内容的含义,从而准确地将语音转换为文字。这些技术的不断发展预示着语音识别将在未来展现出更广泛和深入的应用潜力。

简而言之,声学模型是一种复杂的计算模型,用于解析和识别语音中的基本声音单元。这些模型通常建立在先进的深度学习技术之上,能够处理丰富的声音信息,并从中学习如何区分不同的语音模式。

语言模型

语言模型在语音识别系统中扮演着至关重要的角色,它负责根据语言的统计特性预测单词序列的可能性。通过分析大量的文本数据,语言模型学习了单词的常见组合和语法规则,使得语音识别系统不仅能识别单个单词,还能生成语法正确、语义连贯的句子。这对于提高识别系统的理解能力和用户交互的自然性非常关键。

解码和输出

解码和输出是语音识别技术中至关重要的一步。在这个阶段,系统需要将之前提取的声学特征和语言模型的结果结合起来,将机器"听到"的声音转换为准确的文字。

(1)声学模型会分析声音信号,并预测每段声音可能对应的音素或音节。这些音素或音节是构成语言的基本声音单位,例如汉语的声母和韵母,或英语中的辅音和元音。声学模型提供了对可能的音素序列的粗略预测。

(2)语言模型发挥作用。语言模型基于大量文本数据训练,能够理解和预测词汇和词组的组合方式,即常说的"语法规则"。在语音识别中,语言模型帮助系统判断哪些音素序列在语言中是有意义的,哪些序列能够组成实际存在的单词或短语。

(3)解码和输出阶段。在该阶段就是将机器对声音的"理解"转换为我们可以阅读和理解的文字。解码器是连接声学模型和语言模型的桥梁。它的任务是从所有可能的音素序列中找到最有可能构成用户所说话语的那一种。这个过程涉及复杂的算法,需要高效、准确地识别声音信息,还需要确保转换后的文本的准确性和流畅自然。因此解码器会考虑多种可能的词序组合,通过算法优化选择出最终的文本输出。这一过程是语音识别技术中极为复杂且关键的部分,直接关系到语音识别系统的使用效果和用户体验。

简化的语音识别技术:端到端系统

随着深度学习技术的突破和发展,语音识别领域出现了一种简化的方法——端到端系统。这种系统的核心思想是:减少复杂的预处理和分阶段处理流程,直接从原始音频信号到文本输出,简化整个语音识别的流程。

在我们之前讲解的传统的语音识别系统中,声音信号需要经过多个阶段的处理:首先是声音的数字化;其次是从这些数字信号中提取声学特征;再次是使用声学模型将特征转换为语音单元;最后通过语言模型和解码器生成文本,如图6-4所示。这一系列步骤不仅复杂,而且每一步都可能引入错误,影响最终的识别准确性。

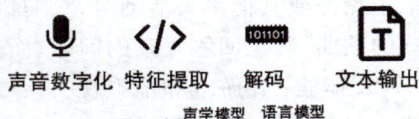

声音数字化　特征提取　解码　文本输出

声学模型　语言模型

图 6-4　传统语音识别技术的四个阶段

端到端系统的出现,打破了这种多步骤处理的传统。它通过一个单一的深度神经网络模型来处理从原始音频到文本的转换。这意味着,音频文件直接输入模型中,模型输出识别的文本,中间不需要人为干预进行特征提取或单独的声学分析。这种方法简化了流程,降低了出错的可能性,提高了处理速度。

端到端系统通常基于强大的卷积神经网络或循环神经网络,特别是长短期记忆网络,该网络是一种特殊类型的循环神经网络(后者能够自动学习音频数据中的复杂模式,并直接映射到对应的文本,无须人为设定声音特征的提取规则)。

端到端的语音识别系统不仅使得模型的训练和部署变得更加简单,还在很多实际应用中展示了优于传统方法的性能,尤其是在处理非常自然的、流式的语音数据时。因此,这种技术已成为现代语音识别技术发展的一个重要方向,预示着未来在这一领域可能会有更多的创新和突破。

课后练习

语音识别技术是如何改变我们与智能设备的交互方式的?

项目二　探索语音识别的应用领域及畅想未来

在我们的日常生活中,语音识别技术正悄悄改变着我们与世界的互动方式。想象一下,只需说出口令,你的智能手机、计算机或家里的智能音箱就会响应你的需求,从播放音乐、设置闹钟到搜索信息等,所有操作无须触碰,只需轻声细语。这一切的背后是语音识别技术的魔力——一种使计算机和其他设备能够理解和处理人类语言的高科技。语音识别技术不仅使设备更加人性化,还极大地方便了我们的生活,使得交互更加自然和直观。随着科技的不断进步,语音识别正在开启各种令人兴奋的可能性,从智能家居到自动驾驶车辆,它正逐步成为现代科技不可或缺的一部分。接下来,让我们一起深入探索这门使机器具备"听力"的神奇技术及其激动人心的应用领域。

任务一　探索语音识别的应用领域

语音识别的应用实例包括娱乐和社交、教育工具、健康与健身和青少年创意与自我表达。

语音识别技术的实际应用

娱乐和社交

在数字娱乐的世界中,语音识别技术正开辟着全新的互动体验。

智能助手:智能助手如 Siri 和 Google Assistant,利用语音识别不仅简化了我们的日常任务,如播放音乐、安排日程或发送消息等,还增添了一种未来感的交互方式。想象一下,当你忙于烹饪或其他手头活动时,只需口头下达指令,智能助手就能为你设定计时器、播放你喜欢的歌曲,甚至回答复杂的问题,而这一切你都无须停下手中的工作。

VR 体验:在游戏和虚拟现实领域,语音识别的应用更是增添了沉浸式的体验。在视频游戏中,玩家可以直接通过语音命令来交互游戏角色或控制游戏进程,从而使游戏体验更加直接和自然。例如,在某些策略游戏中,玩家可以用口令调整战术布局;在 VR 体验中,语音指令允许玩家在虚拟世界中自如地导航或与虚拟环境中的对象互动,而无须使用传统的控制器。这种技术不仅提升了游戏的可玩性,也为游戏设计师提供了新的创意空间,使他们能创造出前所未有的互动场景。

语音识别技术正在改变我们享受娱乐和进行社交的方式,使得交互更加无缝和富有魔力。随着技术的不断进步,未来的娱乐和社交场景将更加智能化和个性化,为用户带来更多定制的体验和乐趣。

教育工具

在教育领域,语音识别技术的影响力日益增强,特别是在学习辅导和特殊教育方面表现得尤为显著。该技术不仅丰富了学习体验,增加了互动性,而且对于满足学生个性化学习需求提供了极大的支持。

个性学习:语音识别为学生的语言学习提供了极大的便利。学生可以通过语音输入来练习语言发音和口语表达,系统即时的反馈可以帮助他们改正发音错误,加深学习印象。此外,对于写作练习,学生可以直接通过语音输入文字,这不仅加快了写作速度,还能帮助学生集中思考内容而非键盘输入的技巧,尤其是对于学习障碍的学生来说,这一点尤其重要。语音识别还可以帮助教师制作个性化的教学内容,适应不同学生的学习节奏和风格。

特殊教育:对于失明失聪等特殊人群来说,语音识别技术的应用同样具有划时代的意义。视力障碍的学生进行阅读时,语音识别技术能将文本转换为语音尤为重要。这些学生可以通过听的方式接触和学习课本知识和文学作品,极大地提高了他们的学习效率和学习动力。对于听力障碍的学生,语音到文本的转换功能使他们实时看到课堂上的讲话内容,从而不错过任何重要信息。此外,这项技术还能帮助有语言障碍的学生通过改进后的语音合成系统来表达自己,使他们能够更加自信地参与到课堂讨论和社交活动中。

健康与健身

在健康与健身领域,语音识别技术正在以其便捷性和实用性改变着我们监测健康和管理健康的常用方式。尤其是在智能手表和健康跟踪设备的使用中,语音识别技术的应用使得这些设备更加人性化,更能贴近用户的日常生活。

健康数据收集及反馈:智能手表和健康跟踪设备通过集成的语音识别功能,允许用户通过简单的语音命令记录健康数据,如心率、步数或卡路里消耗等。这种交互方式不仅提高了数据记录的效率,还增强了用户的使用便利性。例如,当用户在进行健身活动,如跑步或骑行时,他们可以直接通过语音更新自己的健康状态,无须停下手中的活动去操作设备。此外,这些设备还能通过语音指导提供即时的运动反馈和健康建议,帮助用户优化训练效果和健康管理。

心理感受记录及支持:在心理健康领域,语音识别技术同样展现出巨大的潜力。通过语音日记应用,用户可以通过语音记录自己的日常心情和感受,这不仅有助于保持心理健康的日常记录,还帮助用户在表达感受时更加地自然和放松。此外,一些应用通过分析用户的语音模式和语调来识别其情绪状态从而提供个性化的心理健康支持。例如,如果系统检测到用户的语音中透露出压力或焦虑的迹象,它就可以主动提供放松技巧或推荐联系专业的心理健康顾问。

青少年创意与自我表达

在当今数字化时代,青少年正通过各种创新工具探索自我表达的新途径。语音识别技术作为其中的一种强大工具,极大地丰富了青少年在内容创作和艺术设计领域的参与度和创造性。

内容创作:对于热衷于视频制作和播客的青少年来说,语音识别技术提供了一种高效的方式来生成字幕和编辑多媒体内容。通过语音识别,他们可以直接将口述内容转换为文字,快速创建视频字幕或文本描述,这不仅提高了内容制作的效率,还使得视频内容更加易于理解和分享。此外,这一技术也支持实时语音命令,使青少年在编辑视频或调整自己播客内容时,能更加专注于创意表达,而不是被烦琐的技术操作所困扰。

艺术与设计:在数字艺术和设计领域,语音识别同样发挥着重要作用。青少年可以利用语音指令快速调用设计软件中的工具,调整颜色、形状和布局,从而使创作过程更为流畅和直观。例如,在进行数字绘画或图形设计时,通过简单的语音命令"更改颜色为蓝色"或"调整透明度",就可以马上看到相应的效果,这样的交互方式不仅加快了创作步骤,还激发了青少年探索更多创意的热情。

这些应用使得语音识别不仅是一项技术工具,更是青少年创意和自我表达的助力器。通过减少技术操作的复杂性,语音识别技术让青少年能够更自由地探索和表达自己的创意思维,无论是在视觉艺术、数字媒体还是内容创作中,都能够更加自如地将想象转换为现实。这种技术的普及和应用,预示着未来创意表达的无限可能,为青少年的艺术和设计之路开辟了新的视野。

语音识别的具体应用总结如图 6-5 所示。

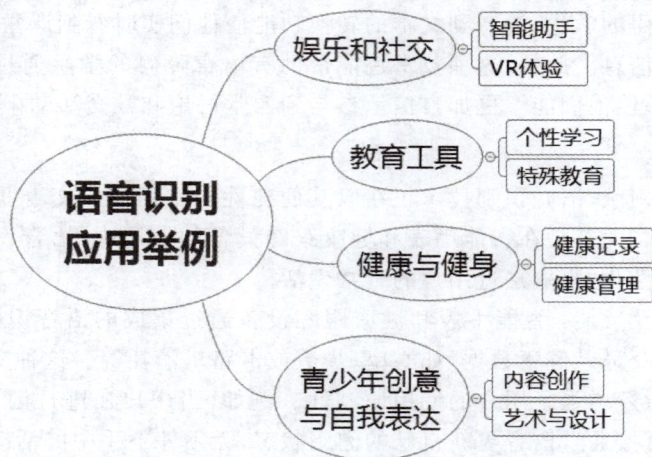

图 6-5　语音识别的具体应用

任务二　畅想语音识别的广阔前景

随着人工智能技术的飞速发展,语音识别正迎来其黄金时代,成为现代人机交互中不可或缺的一部分。未来的语音识别技术将更加智能和精准,不仅能理解简单的命令,还能捕捉到语调、情感甚至言外之意,使交流更加自然和人性化。

语音识别技术的未来发展

未来,语音识别的精度和适应性将会得到显著提升,使得机器能够更加精准地理解和响应人类的语音指令。预计未来几年内,语音识别技术将在以下几个方面展现出显著的进步和变革。

情感识别能力:未来的语音识别系统将不仅能理解语言的字面意义,还能捕捉到说话人的情绪和语气,使得交互更加自然和人性化。这项技术在客户服务、心理健康等领域的应用将极大地提升用户体验和服务质量。

多语种和方言理解:随着全球化的深入发展,未来的语音识别系统将更好地支持多种语言和方言,能够无缝交流,消除语言障碍。这将大大促进国际交流与合作,使语音识别技术在全球范围内的应用更加广泛。

实时语音翻译:随着机器学习模型的进步,语音识别技术在实时语音翻译方面将实现重大突破,让不同语言的人能够即时通信无障碍。这不仅能推动国际贸易和文化交流,还能在紧急救援等场景下发挥关键作用。

探索语音识别:为青少年开启科技创新之门

在科技快速发展的今天,掌握和探索语音识别技术对青少年来说具有特别的意义。这不仅是因为语音识别技术本身的魅力和应用广泛,更是因为它能激发青少年对科技的热情,并培养他们的创新思维和技术实践能力。通过深入学习语音识别,青少年可以更好地理解人工智能如何处理和响应人类语言的复杂性,这对于培养他们的逻辑思维和解决问题的能力至关重要。

此外,参与到语音识别相关的项目开发中,青少年能亲手实践如何将理论应用到实际操作中,比如开发一个语音控制的智能家居系统或是设计一个语音交互的游戏。这类实践活动不仅增强了青少年对科技的兴趣,还能够显著提升他们的工程技能和创新能力。

未来,随着语音识别技术的不断完善和发展,它将在更多的领域中发挥着关键作用,为我们的日常生活带来更多便利。青少年今天对这项技术的学习和探索,将为他们未来在科技领域的发展奠定坚实的基础。期待每一位青少年都能在这一领域中找到自己的兴趣所在,并为未来的科技创新贡献自己的力量。

讨论题:你是怎样认识语音识别技术在教育领域的潜力及其挑战的?

课后练习

1. 什么是语音识别技术?请简述其基本工作原理。
2. 解释声学模型在语音识别中的作用是什么。
3. 举例说明语音识别技术在健康与健身领域中的一个具体应用。

模块七

认识计算机视觉

计算机视觉是一门研究如何对数字图像或视频进行高层理解的交叉学科。从人工智能的角度，计算机视觉要赋予计算机"看"的智能，属于智能感知的范畴。从工程角度，计算机视觉是用计算机实现人类视觉系统的功能。本章简述计算机视觉的概念，介绍计算机视觉中涉及的几种数字图像，简要介绍基于深度学习的计算机视觉方法，最后介绍计算机视觉在人脸识别、虹膜识别等生物特征识别中的应用。

项目一 初识计算机视觉

你知道自己是如何从一幅图像中识别出一辆车的吗？因为人是拥有视觉的生物，所以人们很容易误认为"计算机视觉也是一项很简单的任务"。人类的大脑将视觉信号划分为许多通道，以便让不同的信息流输入大脑。大脑已经被证明有一套注意力系统，在基于任务的方式上，通过图像的重要部分检验其他区域的估计。在视觉信息流中存在巨量的信息反馈，并且到现在人们对此过程也知之甚少。肌肉控制的感知器和其他所有感官都存在着广泛的相互联系，这让大脑能够利用人在世界上多年生活经验所产生的交叉联想，大脑中的反馈循环将反馈传递到每一个感官处理，包括人体的感知器官（眼睛），通过虹膜从物理上控制光线的量来调节视网膜对物体表面的感知。

计算机视觉究竟有多困难呢？本章先管窥一下。

计算机视觉是一类类似于人眼的新型检测方法，对采集的图片或视频进行处理以获得相应场景的三维信息，具有非常广阔的应用。越来越多的计算机视觉系统开始走入人们的日常生活中，例如车牌识别、指纹识别、人脸识别、视频监控、自动驾驶、人体动作的视觉识别系统、工业视觉检测识别系统、智能移动机器人、增强现实系统、生物医学影像检测和识别系统等。

计算机视觉
定义和任务

任务一　计算机视觉的定义

什么是计算机视觉？这里给出几个比较严谨的定义。

（1）对图像中的客观对象构建明确而有意义的描述（Ballard & Brown，1982）。

（2）从一个或多个数字图像中计算三维世界的特性（Trucco & Verri，1998）。

（3）基于感知图像作出对客观对象和场景有用的决策（Sockman & Shapiro，2001）。

目前，计算机视觉是深度学习领域最热门的研究领域之一。计算机视觉与很多学科都有密切关系，是一个跨领域的交叉学科，包括计算机科学（图形、算法、理论、系统、体系结构）、数学（信息检索、机器学习），工程学（机器人、语音处理、自然语言处理、图像处理），物理学（光学），生物学（神经科学）和心理学（认知科学）等。许多科学家认为，计算机视觉为人工智能的发展开拓了道路。

数字图像处理是计算机视觉的基础。模式识别中以图像为输入的任务多数也可以看作计算机视觉的研究范畴。机器学习则为计算机视觉提供了分析、识别和理解的方法和工具。特别是 2012 年以来，深度学习促使计算机视觉得到了跨越式的发展。

与计算机视觉关系密切的另一类学科来自脑科学领域，如认知科学、神经科学、心理学等。一方面，这些学科极大地受益于数字图像处理、计算摄影学、计算机视觉等学科带来的图像处理和分析工具；另一方面，它们所揭示的视觉认知规律、视皮层神经机制等对于计算机视觉领域的发展也起到了积极的推动作用。例如，深度学习就是受到了认知神经科学的启发而发展起来的。因此，计算机科学与脑科学进行交叉研究，是非常有前途的研究方向。

任务二　计算机视觉的任务

计算机视觉的内涵非常丰富，需要完成的任务众多。主要有以下几方面。

（1）目标检测、跟踪和定位。在图像视频中发现和跟踪某一个或多个特定的目标，并给出其位置和区域。目标跟踪的任务就是在给定某视频序列初始帧的目标大小与位置的情况下，预测后续帧中该目标的大小与位置。例如，要用算法判断图像中是不是一辆汽车，首先要在图像中标记出它的位置，然后用边框或红色方框把汽车框起来，这就是目标检测问题。其中"定位"的意思是判断汽车在图像中的具体位置。"跟踪"的意思是判汽车下一时刻的位置。现在，目标跟踪在无人驾驶领域具有重要作用，例如优步（Uber）和特斯拉等公司的无人驾驶。

（2）前景/背景分割和物体分割。将图像视频中前景物体所占据的区域或轮廓勾勒出来。如果有一张没有游客的房间或者没有车辆的道路背景图，那么很简单，只要将新图和背景图做减法，就能得到前景图了；但多数情况是没有这样的背景图的，所以需要在任何情况下都可以提取背景图。

（3）目标分类和识别。指图像视频中出现的一个特殊目标（或某种类型的目标）从其他目标（或其他类型的目标）中被区分出来的过程，包括两个非常相似的目标的识别和一种类型的目标同其他类型的目标的识别。这里类别的内涵是非常丰富的，例如画面中人的男女、老少、种族，视野内车辆的款式乃至型号，甚至是对面走来的人是谁（或自己认识与否），等等。

（4）场景分类与识别。场景分类是从多幅图像中区分出具有相似场景特征的图像，并正确地对这些图像进行分类。场景识别是从给定的图像中识别出预先定义的场景。识别的结果既可以是具体的地理位置,也可以是该场景的名称,还可以是数据库中的某个同样的场景。

（5）场景文字检测与识别。检测、识别图像和视频中的文字在场景识别、信息检索以及商业等领域具有很重要的作用。在互联网中,图像是传递信息的重要媒介,特别是电子商务、社交、搜索等领域,每天都有数以亿兆的图像在传播。自然场景中的文字面临背景复杂、光照条件和视角变化、模糊等多种因素的影响,因此,场景文字检测与识别一直是研究热点。

（6）事件检测与识别。对视频中的人、物和场景等进行分析,识别人的行为或正在发生的事件(特别是异常事件),例如,公共安全监控系统中出现的拥堵、踩踏、打架斗殴等突发事件,道路监控系统中出现的闯红灯、逆行等违章事件。

（7）距离估计。指计算输入图像中的每个点与摄像机的物理距离。例如,在自动导盲系统中需要知道人与障碍物的距离。

（8）图像自动生成标题。其目标是生成输入图像的文字描述,即人们常说的“看图说话”,这也是一个因为深度学习才取得了重要进展的研究方向。深度学习方法应用于该问题的代表性思路是使用卷积神经网络学习图像表示,然后采用循环神经网络或长短期记忆神经网络学习语言模型,并以卷积神经网络特征输入初始化神经网络的隐层节点,组成混合网络,进行端到端的训练。采用这样的方法,有些系统在 MSCOCO 数据集上得到的部分结果甚至已经优于人类给出的语言描述。

项目二　了解计算机视觉中的数字图像

计算机视觉系统目前还处于一个非常“朴素、原始”的阶段,不存在一个预先建立的模式识别机制,没有自动控制焦距和光圈,也不能将多年的经验联系在一起。计算机会从相机或者硬盘接收栅格状排列的数字。在栅格中给出的数字含有大量的噪声,所以这个数字只能给人们提供少量的信息,然而这个数字栅格就是计算机所能够“看见”的全部了。现在的任务变成将这个带有噪声的数字栅格转换为感知结果。

计算机接收到的数字图像是由称为像素(Pixel)的点组成的。每个像素的亮度、颜色或距离等属性在计算机内表示为一个或多个数字。主要有下列几种数字图像。

（1）灰度图像。每个像素由一个亮度值表示,通常用一字节表示,所以最小值为0(最低亮度,黑色),最大值为 255(最高亮度,白色),其余数值则表示中间的亮度。

（2）彩色图像。可以采用 RGB 色彩模式表示。RGB 色彩模式是工业界的一种颜色标准,是通过对红(R)、绿(G)、蓝(B)3 个颜色通道的变化以及它们相互之间的叠加来得到各式各样的颜色的。每个像素的颜色通常用分别代表红、绿、蓝的 3 个字节表示。例如,蓝色分量如果是 0,则表示该像素点吸收了全部蓝色光;如果是 255,则该像素点反射了全部蓝色光。RGB 标准几乎包括了人类视力所能感知的所有颜色,是目前运用最广的颜色系统之一。

（3）RGBD 图像。3D 深度摄像头可以采集到环境的深度信息,成为所谓 RGBD(RGB+Depth)图像。3D 深度摄像头作为一种新型立体视觉传感器和三维深度感知模组,可实时获取高分辨率、高精度、低时延的深度和 RGB 视频流,实时生成 3D 图像,并且用于三维图像的实时目标识别、动作捕捉或场景感知。通过 3D 深度摄像头获取的深度信息稳定可靠,且不受环境光影响。此时,对每个像素,除了 RGB 彩色信息之外,还会有一个值表达深度,即该像素与摄像头的距离。其单位取决于摄像头的测量精度,一般为毫米,至少用两字节表示。深度信息本质上反映了物体的 3D 形状信息。这类摄像头在体感游戏、自动驾驶、机器人导航等领域有潜在的广泛应用价值。

（4）红外、紫外、X 光等图像。计算机视觉处理的图像或视频还可能来自超越人眼可视域的成像设备，它们所采集的电磁波段信号超出了人眼能够感知的可见光电磁波段范围，例如红外、紫外、X 光等。这些成像设备及其后续的视觉处理算法在医疗、军事、工业等领域有非常广泛的应用，可用于缺陷检测、目标检测、机器人导航等。例如，在医疗领域通过计算机断层 X 光扫描（CT），可以获得人体器官内部组织的结构。在扫描的 CT 3D 图中，每个灰度值反映的是人体内的某个位置，即所谓体素（Voxel）；对 X 射线的吸收情况体现的是内部组织的致密程度。通过 CT 图像处理和分析，可实现对病灶的自动检测和识别。

项目三　探究深度学习的计算机视觉

计算机视觉应用

计算机视觉一直是人工智能研究的重点，以前的研究者提出了许多方法，包括神经网络方法，但这些方法主要是浅层学习，表达能力有限，特别是需要人工设计与提取特征，具有很大的局限性。直到 2012 年，深度学习掀起了计算机视觉领域的应用热潮，目标检测正确率大大提升。

目标检测是计算机视觉中的一个基础问题，它将某些感兴趣的特定类别定义为前景，将其他类别定义为背景。需要设计一个目标检测器，它可以在输入图像中找到所有前景物体的位置以及它们所属的具体类别。物体的位置用长方形物体边框描述。实际上，目标检测问题可以简化为图像区域的分类问题。如果在一张图像中提取了足够多的物体候选位置（候选框），那么只需要对所有候选位置进行分类，即可找到含有物体的位置。在实际操作中，常常再引入一个边框回归器，用来修正候选框的位置，并在检测器后接入一个后处理操作，去除属于同一物体的重复检测框。

区域卷积神经网络（Region-CNN，R-CNN）是第一个成功将深度学习应用到目标检测上的算法。R-CNN 基于卷积神经网络、线性回归和支持向量机等算法，可以实现目标检测技术。R-CNN 遵循传统目标检测的思路，同样采用提取框，对每个框采用提取特征、图像分类、非极大值抑制 3 个步骤进行目标检测，只是在提取特征这一步将传统的特征（如 SIFT、HOG 等）换成了深度卷积网络提取的特征。

对于像素级的分类和回归任务，例如图像分割或边缘检测，有代表性的深度网络模型是全卷积网络（Fully Convolutional Network，FCN）。经典的深度卷积神经网络（Deep CNN，DCNN）在卷积层之后使用了全连接层，而全连接层中单个神经元的感受野（又称受纳野）是整张输入图像，破坏了神经元之间的空间关系，因此不适用于像素级的视觉处理任务。为此，FCN 去掉了全连接层，代之以 1×1 的卷积核和反卷积层，从而能够在保持神经元空间关系的前提下，通过反卷积操作获得与输入图像大小相同的输出。进一步，FCN 通过不同层、多尺度的卷积特征图的融合为像素级分类和回归任务提供了一个高效的框架。

鉴于卷积神经网络在图像分类和目标检测方面的优势，它已成为计算机视觉和视觉跟踪的主流深度模型。一般来说，大规模的卷积神经网络可以作为分类器和跟踪器来训练。有代表性的基于卷积神经网络的跟踪算法有全卷积网络跟踪器（FCN Tracker，FCNT）和多域卷积神经网络(Multi-Domain Network,MD Net)。

项目四　剖析计算机视觉的生物特征识别

生物特征识别一直是人们研究与应用的重要内容。早在1885年,法国巴黎的侦探阿方斯·贝蒂隆(Alphonse Bertillon)就将生物特征识别个体的思路应用在巴黎的刑事罪犯监狱中,当时所用的生物特征包括耳朵的大小、脚的长度、虹膜等。阿方斯还是罪犯指纹鉴定之父。阿方斯成为改变世界的侦探,就连小说《福尔摩斯探案集》中也提到过他的名字。

目前,基于计算机视觉的生物特征识别技术已成为人工智能最重要的研究与应用领域,如人脸识别、指纹识别、虹膜识别、掌纹识别、指静脉识别等。其中,指纹识别是大家最熟悉,也是最成熟的。下面简要介绍人脸识别和虹膜识别。

任务一　了解人脸识别

人脸识别作为一种生物特征识别技术已经得到了广泛的应用。人脸识别是计算机视觉领域的典型研究课题,不仅可以作为计算机视觉、模式识别、机器学习等学科领域理论和方法的验证案例,还在金融、交通、公共安全等行业有非常广泛的应用。特别是近年来,人脸识别技术逐渐成熟,基于人脸识别的身份认证、门禁、考勤等系统开始大量部署得到了广泛的关注。本节介绍人脸识别系统的基本组成,以期读者能对计算机视觉系统有更清晰的认识。

人脸识别的本质是对两张照片中人脸相似度的计算。为了计算该相似度,人脸识别系统主要包括以下六部分。

(1)人脸检测。从输入图像中判断是否有人脸,如果有,给出人脸的位置和大小。

(2)特征点定位。在人脸检测给出的矩形框内进一步找到眼睛中心、鼻尖和嘴角等关键的特征点,以便进行后续的预处理操作。理论上,也可以采用通用的目标检测技术实现对眼睛、鼻子和嘴巴等目标的检测。此外,也可以采用回归的方法,直接用深度学习方法实现从检测到的人脸子图到这些关键特征点坐标位置的回归。

(3)预处理。完成人脸子图的归一化,主要包括两部分:一是把关键点对齐,即把所有人脸的关键点放到差不多相同的位置,以消除人脸大小、旋转等的影响;二是对人脸核心区域子图进行光亮度方面的处理,以便消除光强弱、偏光等的影响。该步骤的处理结果是一个标准大小(如100像素×100像素)的人脸核心区子图像。

(4)特征提取。从人脸子图中提取出可以区分不同人脸的特征,这是人脸识别的核心。当前,主要采用深度学习方法自动提取特征。

(5)特征比对。对从两幅图像中提取的特征进行距离或相似度的计算。

(6)判断。对前述相似度或距离进行阈值化。最简单的做法是采用阈值法,若相似程度超过设定阈值,则判断为同一人,否则为不同的人。

任务二　了解虹膜识别

人眼的外观图由巩膜、虹膜、瞳孔三部分构成。巩膜即眼球外围的白色部分,约占总面积的30%。眼睛中心为瞳孔部分,约占总面积的5%。瞳孔犹如相机当中可调整大小的光圈。虹膜位于巩膜和瞳孔之间,是人眼的瞳孔和巩膜之间的环状区域,占总面积的 65%。人体基因表达决定了虹膜的形态、颜色和总的外观。人发育到 8 个月左右,虹膜就基本上发育到了足够尺寸,进入了相对稳定的时期。除了极少见的反常状况、身体或精神上大的创伤才可能造成虹膜外观上的改变外,虹膜形貌可以保持数十年没有多少变化。每一只眼球的虹膜都包含一个独一无二的基于像冠、水晶体、细丝、斑点、结构、凹点、射线、皱纹和条纹等特征的结构。据称没有任何两个虹膜是一样的。虹膜的高度独特性、稳定性及不可更改的特点是其用于身份鉴别的物质基础。

1987 年,眼科专家阿兰·萨菲尔和伦纳德·弗洛姆首次提出利用虹膜图像进行自动虹膜识别的概念。1991 年,美国洛斯阿拉莫斯国家实验室的约翰逊实现了一个自动虹膜识别系统。1993 年,约翰·戴夫曼实现了一个高性能的自动虹膜识别原型系统。

虹膜识别技术也是人体生物识别技术的一种。在包括指纹在内的所有生物识别技术中,虹膜识别是当前应用最为方便和精确的一种。虹膜识别的准确性是各种生物识别中最高的,因此,虹膜识别技术被广泛认为是 21 世纪最具有发展前景的生物认证技术,在未来的安防、国防、电子商务等多个领域会有广泛的应用。

虹膜识别是利用眼睛虹膜区域的随机纹理特性区分不同人的技术。

在较高分辨率、用户高度配合等良好采集条件下,可以采集到纹理丰富细腻的辐射状虹膜细节。虹膜采集设备往往采用主动近红外采集方法。虹膜识别的典型过程与人脸识别类似,需要首先检测并分割出环状虹膜区域,并进行必要的预处理(例如去除睫毛的影响),然后进行特征提取和比对等步骤。其具体步骤如下:

(1)虹膜图像获取。使用特定的摄像器材对人的整个眼部进行拍摄,并将拍摄到的图像传输给虹膜识别系统的图像预处理软件。

(2)虹膜定位。确定内圆、外圆和二次曲线在图像中的位置。其中,内圆为虹膜与瞳孔的边界,外圆为虹膜与巩膜的边界,二次曲线为虹膜与上下眼皮的边界。

(3)虹膜图像归一化。将图像中的虹膜大小调整到虹膜识别系统设置的固定尺寸。

(4)图像增强。对归一化后的图像进行亮度、对比度和平滑度等处理,以提高图像中虹膜信息的识别率。

(5)特征提取。采用特定的算法从虹膜图像中提取出虹膜识别所需的特征点,并对其进行编码。

(6)特征匹配。将从虹膜图像中提取的特征编码与数据库中的虹膜图像特征编码逐一匹配,判断两者是否为相同虹膜,从而达到识别身份的目的。

项目五 应用案例

任务一 探究人脸检测的智能门禁系统

核心功能

智能门禁系统的摄像头可以实时检测人脸,与预存人脸库比对,匹配成功则触发门锁开启。

技术流程

人脸检测：使用 OpenCV 的 Haar 级联分类器（haarcascade_frontalface_default.xml），通过滑动窗口检测图像中的人脸区域。

人脸对齐：裁剪人脸区域并调整大小为统一尺寸（如 128 像素×128 像素）。

特征提取：采用预训练的浅层 CNN（如 MobileNet）提取 128 维特征向量。

比对验证：计算当前人脸特征与数据库中的特征向量欧氏距离，若距离小于阈值（如 0.6）则判定为同一人。

关键代码

关键代码如图 7-1 所示。

```python
import cv2
face_cascade = cv2.CascadeClassifier('haarcascade_frontalface_default.xml')
# 摄像头捕获
cap = cv2.VideoCapture(0)
while True:
    ret, frame = cap.read()
    gray = cv2.cvtColor(frame, cv2.COLOR_BGR2GRAY)
    faces = face_cascade.detectMultiScale(gray, 1.3, 5)
    for (x,y,w,h) in faces:
        cv2.rectangle(frame, (x,y), (x+w,y+h), (255,0,0), 2)
    cv2.imshow('Face Detection', frame)
    if cv2.waitKey(1) & 0xFF == ord('q'):
        break
cap.release()
```

图 7-1　人脸检测的智能门禁系统关键代码

应用场景

（1）家庭/办公室门禁：替代传统钥匙或密码，实现无接触开门。

（2）课堂签到：学生刷脸完成考勤记录。

任务二　探究颜色识别的物体分拣机器人

核心功能

物体分拣机器人通过摄像头识别传送带上物体的颜色，控制机械臂将不同颜色物体分拣至对应区域。

技术流程

颜色空间转换：将图像从 RGB 转换到 HSV 色彩空间（更易分离颜色）。

阈值分割：设定颜色阈值范围（如红色：$H \in [0,10] \cup [160,180]$，$S>50$，$V>50$）。

轮廓检测：用 OpenCV 的 findContours 定位目标物体中心坐标。

坐标映射：将图像坐标转换为机械臂的物理坐标，驱动舵机抓取。

关键代码

关键代码如图 7-2 所示。

应用场景

（1）工业生产线：分拣不同颜色的塑料件、糖果或药品胶囊。

（2）教育实验：中小学机器人课程中的颜色分类实践项目。

```python
import cv2
import numpy as np
# 定义红色阈值范围
lower_red = np.array([0, 50, 50])
upper_red = np.array([10, 255, 255])
lower_red2 = np.array([160, 50, 50])
upper_red2 = np.array([180, 255, 255])

frame = cv2.imread('object.jpg')
hsv = cv2.cvtColor(frame, cv2.COLOR_BGR2HSV)
mask1 = cv2.inRange(hsv, lower_red, upper_red)
mask2 = cv2.inRange(hsv, lower_red2, upper_red2)
mask = mask1 + mask2
contours, _ = cv2.findContours(mask, cv2.RETR_EXTERNAL, cv2.CHAIN_APPROX_SIMPLE)
for cnt in contours:
    x, y, w, h = cv2.boundingRect(cnt)
    cv2.rectangle(frame, (x,y), (x+w,y+h), (0,0,255), 2)
```

图 7-2   颜色识别的物体分拣机器人关键代码

课后练习

一、辩论题

计算机视觉中 AI 换脸的利与弊。

二、讨论题

1. 计算机视觉在哪些方面获得了应用?

2. 计算机视觉与人的视觉有哪些异同?

3. 深度神经网络解决计算机视觉问题的基本原理是什么?

模块八

探究AI的实际应用

项目一　体验个性化的智慧旅游

在旅行的世界中,每一次出行都是一次新的发现。随着人工智能技术的发展,智慧旅游已经成为可能,如图 8-1 所示,无论是景点、交通、文化和餐饮住宿都将为我们带来前所未有的个性化旅行体验。通过 AI,我们可以得到完全为个人订制的旅行计划,从选择最佳目的地到规划每一步行程,都能考虑到个人的喜好和需求。想象一下,一个智能系统能在你喜欢的时间推荐避开人群的隐藏景点,又或者在你感兴趣的历史文化中寻找最具代表性的文化体验。智慧旅游不仅仅是关于地点和活动的智能推荐,它更是一种全新的旅行方式,让旅行者的每次旅行都能成为一次与众不同的探索之旅。

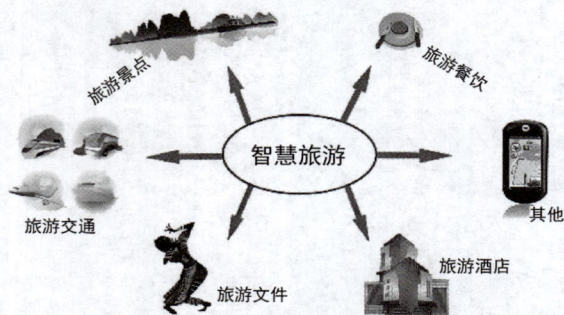

图 8-1　智慧旅游

任务一　探究智慧旅游

智慧旅游是指利用现代科技手段,如人工智能、大数据、物联网等,为游客提供更加便捷、智能和个性化的旅行服务。随着技术的发展,智慧旅游正逐渐改变我们的旅行方式。当你计划一场旅行时,不再需要费心查找各种信息,而是由智能系统为你量身定制一份完美的行程。通过分析你的兴趣爱好、旅行偏好和历史数据,AI可以推荐最适合你的旅游景点、酒店和活动,智能化实时调整行程,确保你拥有最佳的旅行体验。

个性化旅行体验的重要性在于,它不仅能提升游客的满意度,还能节省游客的时间和精力让旅行变得更加轻松愉快。例如,喜欢美食的游客可以通过智慧旅游平台找到最地道的餐厅;热爱历史的游客则能得到详细的文化景点推荐。智慧旅游不仅带来了便利,更让每一次旅行都变得独特难忘。随着科技的不断进步,智慧旅游将成为未来旅游业的主流趋势,带给我们无限可能性的惊喜。智慧旅游的应用场景如图8-2所示。

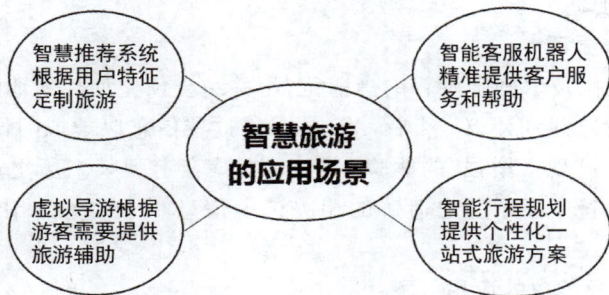

图 8-2 智慧旅游的应用场景

任务二　认识智慧推荐系统

什么是智慧推荐系统

智能推荐系统是一种利用人工智能技术,根据用户的兴趣和历史数据,为用户推荐旅行目的地、酒店和活动的系统。它的核心是数据分析和机器学习,通过收集和分析用户在网上的搜索记录、浏览历史、预订信息等数据,智能推荐系统能够了解用户的偏好。

智慧推荐系统如何运行

智能推荐系统首先会对用户的数据进行整理和分析,找到其中的规律。然后,系统会将这些数据与大量的旅游信息进行匹配,筛选出最符合用户需求的选项。这一过程涉及复杂的算法和模型,但对于用户来说,结果是直观的、简单的,只需打开旅游应用或网站,就能看到专为你定制的旅行推荐。

实例:家庭出游的景点推荐过程

假设你是一位家长,计划带着全家一起度假。你既希望找到适合孩子们玩的景点,同时也希望有能让成人放松和享受的地方。首先,你需要在旅游网站上输入了一些包括家庭成员的年龄、兴趣爱好等的基本信息,智能推荐系统就会分析这些信息,并结合你过去的旅游记录,推荐一系列适合家庭出游的景点。

例如,如果系统发现你和家人喜欢自然景观,它可能会推荐一个有丰富动、植物资源的国家森林公园,同时提供附近适合家庭住宿的度假村。如果分析你们喜欢文化活动,系统可能会推荐一个有趣的博物馆和历史景点的城市,并且建议一些对于家庭友好的餐馆和活动。这些推荐不仅仅是基于单一的因素,而是综合考虑了多方面的信息,确保每个家庭成员都能找到感兴趣的活动,让整个旅行过程更加愉快和难忘。通过智能推荐系统,家庭出游的计划变得更加简单、高效,同时也更能满足每个家庭成员的需求和喜好。

任务三　认识虚拟导游

虚拟导游的作用与技术

虚拟导游是利用人工智能和增强现实技术,为游客提供实时讲解和导航服务的智能助手。虚拟导游通过手机应用或专用设备,将游客所需的旅游信息、历史背景、文化故事等以互动的方式呈现出来。这种技术不仅能为游客提供丰富的旅游体验,还能帮助他们更好地了解和欣赏旅游目的地。

虚拟导游的工作原理

首先,AI通过定位技术确定游客的当前位置,并结合预先加载的地图和景点信息,为游客提供个性化的旅游路线和建议;然后,AR技术将这些信息以虚拟图像的形式叠加在游客的视野中,创造出一种"现实增强"的体验。例如,当游客走到某个历史遗址时,虚拟导游会在手机屏幕或AR眼镜上显示历史遗迹的相关讲解信息和3D模型,让游客身临其境地感受历史的魅力。

AR技术在虚拟导游中的应用

1. 位置识别与历史讲解

通过AR技术,应用能够识别用户所在的具体位置,并根据位置信息提供相应的历史讲解。这种技术通常依赖于GPS定位和图像识别技术,能够精确地识别用户所对准的建筑或地标。

2. 虚拟重建与时空穿越

用户能够看到城堡的虚拟重建图像,这种技术通常结合了3D建模和渲染技术,将历史图像或模型叠加到现实场景中,使用户仿佛置身于历史时期。

3. 展品详细介绍与互动

在博物馆中,AR技术可以识别展品,并提供详细的背景信息、制作工艺和文化意义。这种技术不仅提供了信息,还通过互动功能增加了用户的参与度,比如通过动画展示展品的制作过程。

4. 户外导航与推荐

AR技术在户外旅游中充当导航助手,通过在屏幕上标出用户当前位置,并提供最佳的行走路线。这种导航功能通常结合了地图服务和AR技术,为用户提供直观的路线指引。

5. 建筑标记与信息提供

用户对某个建筑感兴趣时,可以通过单击屏幕上的标记来获取详细信息。这种功能使得用户能够轻松获取关于建筑的历史、建筑风格和文化背景等信息。

6. 增强现实互动体验

AR技术提供的互动功能,如观看视频或动画,展示展品的制作过程或历史使用情景,使得用户能够更深入地了解展品,增加了教育性和娱乐性。

7. 个性化推荐

虚拟导游可以根据用户的行为和偏好,推荐沿途的景点、餐馆和购物中心,提供个性化的旅游体验。

8. 信息的即时性与便捷性

用户无须提前做大量的研究或携带厚重的旅游指南,AR技术使得信息的获取变得即时和便捷。

这种技术的应用不仅提升了旅游的趣味性和教育性,还极大地方便了游客的旅行体验,使得旅游变得更加智能化和个性化。

任务四　认识智能行程规划

智能行程规划的功能与技术

智能行程规划是指利用人工智能技术,根据用户的兴趣爱好和特殊需求,设计个性化的旅行行程。这类系统通过分析用户的偏好、历史数据以及实时信息,为用户提供一站式的旅行方案,包括交通、住宿和景点安排。智能行程规划不仅节省了用户的时间和精力,还能提升旅行体验的质量。

智能行程规划的核心在于数据的整合和智能分析。系统首先会收集用户的基本信息,如旅行目的地、出行时间、预算以及兴趣爱好。然后,系统利用大数据和机器学习算法,分析海量的旅游信息和用户数据,生成符合用户需求的旅行计划。这包括推荐最合适的交通工具、选择最优质的酒店,以及安排最具吸引力的景点和活动。

智能行程规划的优势

智能行程规划确实带来了许多便利和优势,它不仅提高了效率,还增强了旅行体验。以下是一些智能行程规划系统的关键优势。

(1)个性化推荐:系统可以根据用户的喜好、历史行为和旅行习惯提供个性化的行程建议。

(2)节省时间:用户无须花费大量时间手动搜索和比较不同的选项,系统可以快速提供最佳选择。

(3)成本效益:智能系统可以帮助用户找到性价比最高的交通和住宿选项,节省旅行成本。

(4)实时更新:系统能够根据最新的交通状况、天气变化和突发事件进行实时调整,确保行程的可行性。

(5)多语言支持:对于国际旅行者来说,多语言支持使得行程规划更加方便,无论用户使用哪种语言。

(6)一键预订:许多智能行程规划系统都提供一键预订功能,用户可以直接通过系统预订机票、酒店和活动。

(7)社交分享:用户可以轻松地与朋友和家人分享他们的行程计划,甚至邀请他们加入。

(8)可持续旅行:一些智能行程规划系统还考虑了环境影响,提供低碳旅行选项,支持可持续旅游。

随着技术的进步,智能行程规划系统将继续发展,提供更加智能和个性化的服务,让旅行变得更加便捷和愉快。

智能行程规划的应用实例

携程旅行是中国最著名的旅行平台之一,可以为用户提供全面的智能行程规划服务。用户只需要输入目的地和旅行日期,携程旅行就会根据用户的历史搜索记录和预订信息,生成详细的行程计划。系统还会推荐航班、酒店、餐厅和景点,甚至提供每日的行程安排,让用户轻松享受旅行。

例如,你计划去北京旅行,打开携程旅行网站后,它会自动导入你在平台上预订的机票和酒店信息,并推荐一份详尽的行程计划。系统会建议你参观一些著名景点,例如天安门广场、故宫博物院、圆明园等,并会根据你的兴趣推荐一些虽然小众但又值得一看的地方,如798艺术区等。每天的行程安排还会考虑到最佳的交通路线和时间管理,确保你能高效地游览各个景点。

任务五　认识智能客服机器人

客服机器人的应用与技术

在旅游领域,人工智能正逐步改变传统的客户服务模式,其中客服机器人就是一项重要的应用。这类机器人一般配备了语音识别、自然语言处理以及机器学习等技术,能够为游客提供全天候24h不间断服务,有效解决他们在旅行过程中遭遇的各类问题。从酒店的入住指引到景点的导航服务,智能客服机器人可以为游客带来高效、便捷的服务体验。

酒店智能客服机器人的功能

在酒店里,智能客服机器人已然成为一种流行风尚。这些机器人能够在前台迎接宾客,协助他们办理入住手续,同时还可以提供各类信息咨询服务。比如,倘若你在深夜抵达酒店,而此时前台没有工作人员,智能客服机器人便会友好地迎接你,助力你快速完成入住流程,并引导你前往房间。智能客服机器人不但可以处理简单的任务,还能够回答游客的各种问题。不管是推荐附近的餐厅,还是提供交通信息,客服机器人都能够准确地给予帮助。例如,你可以向机器人询问"请推荐一家附近的中餐馆",它会迅速进行搜索并提供几家评分较高的中餐馆,甚至还能够为你预订座位。

智能客服机器人的优势

智能客服机器人的最大优势在于其高效性与全天候服务功能。首先,与人工客服相比,客服机器人能够处理大量的咨询和服务请求,从而减少游客的等待时间。其次,智能客服机器人能够学习并适应用户的需求,进而提供更加个性化的服务体验。通过分析用户的反馈和行为数据,机器人能够优化自身服务质量,提升用户满意度。

此外,智能客服机器人还能在高峰期有效分担人力压力,确保每位游客都能及时得到帮助。例如,在大型活动或节假日期间,机器人可以迅速响应游客的需求,提供各种服务,避免了排队等候的烦恼。它可以在短时间内处理多个请求,为游客提供即时的信息和解决方案,无论是查询景点开放时间、预订门票还是寻求紧急援助,智能客服机器人都能快速响应,提高旅游服务的效率和质量。

未来,智慧旅游必将朝着更加智能化和人性化的方向迈进。AI技术的持续进步将促使旅行服务变得更为贴心、全面。例如,会出现更智能的语音助手,能够准确理解游客的指令并迅速作出回应;实时翻译服务将打破语言障碍,让游客在异国他乡也能畅行无阻;更加个性化的推荐系统会根据游客的喜好、历史行程等因素,为其量身定制旅行方案。

我们相信随着技术的不断革新,智慧旅游将不仅仅是科技的简单应用,更是对旅行方式的深刻变革。它将为游客带来全新的、无缝衔接的旅行体验。从行程规划到目的地游览,再到返程后的回忆分享,智慧旅游系统都将全程陪伴。让每一次旅程都成为难忘的美好记忆,游客可以尽情享受旅行的乐趣,无须为烦琐的事务烦恼。无论是探索未知的远方,还是重温熟悉的风景,智慧旅游都将以其智能化和人性化的服务,为游客创造出独一无二的旅行体验。

课后练习

你认为智慧旅游中的 AI 技术会如何改变我们的旅行方式?

项目二　探索现代智慧医疗

在现代医疗领域,AI 正迅速成为一种强大的工具,改变着我们对疾病的诊断治疗方式。AI 通过处理海量数据和复杂的算法分析,不仅提高了医疗诊断的准确性和效率,还在治疗方案的制订中发挥了重要作用。随着技术的不断进步,AI 在医疗中的应用前景广阔,必将进一步推动医疗质量的提升和医疗服务的普及。

任务一　认识 AI 在医疗诊断中的应用及实例

人工智能在智慧
医疗中的应用

医学影像分析

医学影像分析在 AI 医疗诊断应用中占据着至关重要的地位。AI 借助深度学习和图像识别技术,能够对各种医学影像进行快速且准确的分析。其中包括 X 光片、CT 扫描以及 MRI 图像等。AI 系统具有强大的优势,它能够检测出医生可能忽略的细微病变。这是因为 AI 系统可以在短时间内处理大量的图像数据,并通过对海量影像的学习,识别出一些人眼难以察觉的异常特征。例如,在肺部 X 光片中,AI 系统可以检测出微小的结节,这些结节可能在早期阶段很难被医生发现,但却可能是肺癌等重大疾病的潜在信号。

通过提高对细微病变的发现能力,AI 系统极大地提高了诊断的准确性。准确的诊断是有效治疗的前提,能够为患者争取宝贵的治疗时间,制订更精准的治疗方案,从而提高治疗效果和患者的生存率。同时,AI 系统的高效分析也可以减轻医生的工作负担,让医生有更多的时间和精力去关注患者的整体情况和制定个性化的治疗策略。

疾病预测

AI 不但能够在现有的影像数据里找出异常情况,还可以凭借大数据分析以及机器学习技术,对某些疾病的发生风险予以预测。这种预测能力能够辅助医生在疾病早期实施有效干预,从而防止疾病发生或者降低其严重程度。

AI 系统进行疾病预测的工作流程如图 8-3 所示。具体预测分析过程如下。

(1)数据收集:AI 系统需要汇集大量的患者数据,涵盖病历、基因信息、生活习惯以及环境因素等。

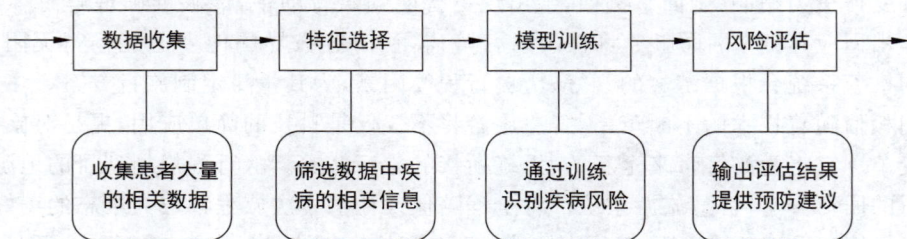

图 8-3　AI 进行疾病预测的工作流程

（2）特征选择：AI 系统从收集到的数据当中挑选出与疾病相关的关键特征，例如高血压、高胆固醇家族病史等。

（3）模型训练：AI 系统利用这些特征对机器学习模型进行训练，使其能够辨别出潜在的疾病风险。

（4）风险评估：AI 系统针对每个患者展开风险评估，预测其患上某种疾病的概率，并给出个性化的预防建议。

实例：AI 预测心脏病发作的风险

AI 系统能够通过分析大量患者的病历数据、基因信息以及生活习惯等，对心脏病的发作风险进行预测。将这些数据输入 AI 模型中，AI 系统可以识别出潜在的风险因素，诸如高血压、高胆固醇家族病史等。随后，AI 系统会综合考量这些因素，为每个患者给出心脏病发作风险评估。医生可以依据这个评估结果，制订个性化的预防和治疗方案，例如建议患者改变生活方式、进行药物治疗或者接受检查等，以此降低心脏病发作的风险。

通过医学影像分析以及疾病预测，AI 在医疗诊断中发挥着日益重要的作用。AI 系统不但提高了诊断的准确性和效率，还助力医生预测和预防疾病，改善患者的整体健康状况。

任务二　认识 AI 在个性化治疗中的应用及实例

个性化治疗是 AI 在医疗领域中最具潜力的应用之一。凭借对患者基因数据、病史以及生活习惯的分析，AI 能够制定出最为适合每个患者的治疗方案，进而提高治疗效果并减少副作用。

个性化治疗的工作流程

AI 进行个性化治疗的工作流程如图 8-4 所示，具体分析如下。

（1）数据收集：AI 系统需要收集患者的各类数据，涵盖基因信息、病史、生活习惯、过敏史以及药物反应等。

（2）数据分析：AI 系统借助机器学习和大数据分析技术，对收集到的数据进行处理，识别出与疾病相关的关键因素。

（3）模型训练：AI 系统利用这些关键因素对模型进行训练。通过训练，模型可以识别疾病存在的风险，并预测不同治疗方案对患者可能产生的效果。

（4）制订治疗方案：AI 系统依据模型预测的结果，制订个性化的治疗方案，包括药物选择、剂量调整以及治疗周期等。

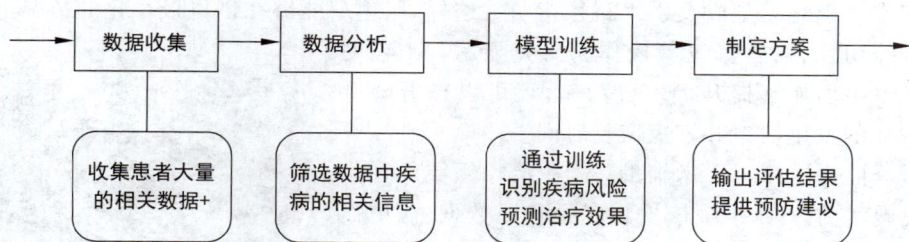

图 8-4　AI 进行个性化治疗的工作流程

实例：AI 辅助制订癌症治疗计划

在癌症治疗领域，AI 能够依据患者的基因突变情况、肿瘤类型以及身体健康状况，推荐最为有效的治疗方案。例如，在针对某种类型的肺癌进行治疗时，AI 系统可以对患者的基因数据进行分析，确定特定的基因突变，进而推荐最为适合的靶向药物和化疗方案。此外，AI 还能够预测出不同治疗方案的副作用和效果，辅助医生和患者在治疗前做出更加正确的选择。通过这种个性化治疗方式，患者不仅可以获得更高效的治疗，还能够减少不必要的副作用。

AI 手术辅助

AI 技术在手术中的应用极为广泛，尤其在微创手术领域。AI 系统能够为医生提供实时的手术指导，提高手术的准确性和安全性。AI 系统在手术辅助方面的应用如图 8-5 所示。

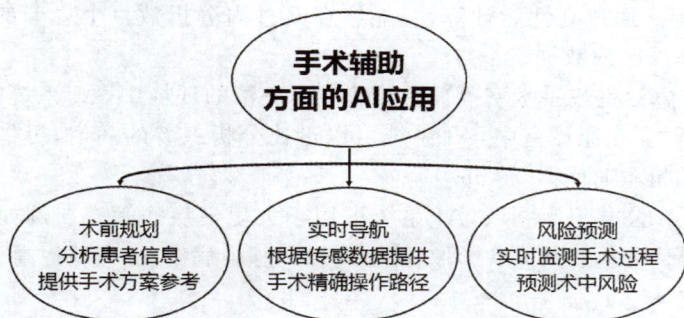

图 8-5　AI 系统在手术辅助方面的应用

AI 系统应用于手术辅助的具体流程如下。

（1）术前规划：在手术前，AI 系统对患者的医学影像数据（如 CT、MRI 等）进行分析，为医生提供详细的手术规划方案，涵盖切口位置、手术路径以及关键步骤等。

（2）实时导航：在手术进行过程中，AI 系统借助实时影像以及传感器数据，为医生提供精准的导航服务，确保手术器械依照规划路径实施操作。例如，AI 能够在屏幕上展示手术器械的当前位置与目标位置，辅助医生进行精确操作。

（3）风险预测：AI 系统还能够对患者的生命体征以及手术进展进行实时监测，预测手术中可能出现的风险情况，并提醒医生采取相应的预防措施。

实例：AI 在微创手术中的应用

在微创手术领域，AI 系统借助实时影像导航以及精确控制功能，协助医生进行高难度的手术操作。例如，在腹腔镜手术中，AI 系统能够对内窥镜传回的影像进行实时分析，为医生提供三维可视化模型以及手术路径指引。这样,医生就能够在创口最小化的情况下,精准地实施肿瘤切除、器官修复等操作。研究显示,AI 辅助的微创手术不但能够提升手术成功率,还可以显著降低术后并发症的发生概率并缩短恢复时间。

通过个性化治疗与手术辅助,AI 在治疗领域展现出巨大的发展潜力。AI 系统依据患者的基因数据、病史以及生活习惯,制订个性化的治疗方案,从而提高治疗效果并减少副作用。在手术过程中,AI 提供实时的手术指导和风险预测,进一步提高手术的准确性和安全性,如图 8-6 所示。

图 8-6   AI 辅助手术

任务三   认识 AI 在医疗诊断和治疗中的优势

快速高效

AI 在医疗领域的一个显著优势在于其快速高效的处理能力。传统的医疗诊断和治疗需要医生耗费大量精力去分析众多的病历、影像以及实验室数据,这一过程不仅耗时较长,而且容易因工作量巨大而出现疏漏。而 AI 系统能够在短时间内处理海量数据,并迅速得出诊断结果。

数据处理:AI 系统具备处理多种数据来源的能力,其中包括医学影像、基因数据、电子健康档案(EHR)等。通过高性能计算,它能够在几秒内分析数百个患者的 CT 扫描图像,或者处理大量的基因序列数据。

实时反馈:在急诊室或手术室等需要迅速做出决策的环境中,AI 系统的快速反应能力显得尤为重要。例如,在急诊室中,AI 系统可以迅速分析患者的病情,提供初步诊断建议,为医生争取宝贵的抢救时间。

大规模筛查:在公共卫生领域,AI 系统可用于大规模疾病筛查。例如,在流感多发季节,AI 系统可以快速分析肺部 CT 影像,筛查出肺部感染病例,极大地提高了筛查效率。

准确性高

AI 的另一个关键优势在于其极高的准确性。AI 系统经由不断地学习与优化,能够达成甚至超越人类专家的诊断准确性水平。这主要得益于 AI 强大的数据处理能力与模式识别本领。

(1)深度学习:AI 凭借深度学习模型,能够从海量的医学数据当中学习复杂的模式与特征。以影像诊断为例,AI 系统可以学会识别各种病变的特征,诸如肿瘤的形状、边界以及密度等,进而做出准确的诊断。

(2)减少人为错误:由于疲劳、经验欠缺或者人为的疏忽大意,医生在诊断过程中有可能出现错误。而 AI 系统能够持续高效地工作,不会受到情绪和体力的影响,从而降低了误诊和漏诊的可能性。

(3)持续优化:AI 系统可以通过持续不断地更新和训练来持续优化其诊断和治疗模型。例如,随着更多患者数据的积累,AI 系统能够不断学习新的医学知识和诊断标准,以此提升诊断的准确性。

减轻医生负担

AI 在医疗中的应用还能够显著减轻医生的工作负担,让医生有更多时间去关注复杂病例以及患者护理。

（1）自动化流程：AI系统可以自动完成许多重复性和烦琐的任务，例如病历记录、影像分析以及数据输入等。这不但提高了工作效率，还降低了医生的工作压力。

（2）辅助决策：AI系统为医生提供辅助决策支持，通过分析患者的全面数据，给出诊断建议和治疗方案。这有助于医生更快地做出准确的医疗决策，提升整体医疗质量。

（3）患者管理：AI系统可以帮助医生管理患者的随访和护理计划，跟踪治疗进展和效果。例如，AI可以提醒医生安排定期检查，监控慢性病患者的健康状况，提供个性化的护理建议。

AI在医疗诊断和治疗中的优势显而易见。通过快速高效的数据处理，AI能够迅速得出诊断结果，提高医疗效率；通过深度学习和持续优化，AI达到了高准确性，减少了误诊和漏诊的情况；通过自动化流程和辅助决策，AI减轻了医生的工作负担，使他们能够更加专注于复杂病例和患者护理。

任务四　认识 AI 在远程医疗中的应用及实例

远程医疗是借助信息和通信技术来提供医疗服务以及进行信息交流的一种方式，它突破了时间与空间的限制，让患者能够在家庭中或者其他任何地点获取医疗服务。AI在远程医疗中发挥着关键作用，凭借智能诊断、实时监控以及个性化治疗等功能，极大地提升了远程医疗的效率和质量，为人们提供了更加广泛且便捷的医疗服务。

AI在远程医疗中的应用场景主要包括在线问诊以及健康监测，如图8-7所示。

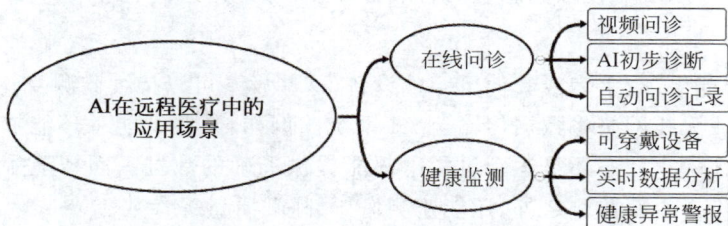

图 8-7　AI在远程医疗中的应用场景

在线问诊

在线问诊是远程医疗中最为常见的应用之一。患者能够借助智能手机或计算机与医生进行视频问诊，无须前往医院或者诊所。AI在这一过程中发挥着重要作用，协助医生进行初步诊断并记录问诊内容，从而提高了医疗服务的效率和准确性。

（1）视频问诊：患者通过在线平台与医生进行视频通话，详细描述自己的症状和病情。医生则可以通过视频观察患者的状态，进行初步评估。

（2）AI初步诊断：在视频问诊的过程中，AI系统能够依据患者描述的症状，提供初步诊断建议。例如，AI可以分析患者的语音和文本输入，识别出可能的疾病，并向医生提供参考。

（3）自动问诊记录：AI系统能够自动记录问诊过程中的关键信息，诸如症状描述、医生的建议以及诊断结果等。这不但减少了医生的工作量，还确保了病历记录的准确性和完整性。

AI在在线问诊中的应用具有诸多优势。首先，它提高了问诊的效率。患者无须前往医院排队等待，节省了时间和精力。医生也可以在更短的时间内处理更多的问诊请求，提高了医疗服务的可及性。其次，AI的初步诊断建议可以为医生提供参考，帮助医生更快地做出准确的诊断。此外，自动问诊记录确保了病历记录的准确性和完整性，方便医生后续查阅和分析患者的病情。总之，AI 在在线问诊中的应用为远程医疗提供了有力的支持，但仍需要与医生的专业判断相结合，以确保诊断的准确性和治疗的有效性。

实例：AI 系统在在线问诊平台上的应用

目前，部分在线医疗平台已经引入了 AI 助手。在患者开启视频问诊之前，AI 助手会率先询问患者的基本信息和症状表现，并依据患者的回答生成初步诊断建议。随后，医生在进行视频问诊时可以参考这些建议，展开进一步的诊断并制订治疗方案。

这种方式具有多方面的优势。首先，显著提高了问诊的效率。患者无须长时间等待医生逐一询问基本情况，AI 助手能够快速收集信息并给出初步建议，节省了问诊的时间成本。其次，有助于医生更好地了解患者的情况。医生在与患者视频问诊前，就可以通过 AI 助手生成的初步诊断建议，对患者的病情有一个初步的认识，从而在问诊过程中更有针对性地提问和检查，提高诊断的准确性。此外，这种方式还可以提高医疗资源的利用效率。在医疗资源有限的情况下，通过 AI 助手的辅助，可以让医生在相同的时间内处理更多的患者问诊，为更多的患者提供医疗服务。同时，对于一些常见病症的初步诊断，AI 助手还可以承担一部分工作，让医生有更多的时间和精力专注于复杂病症的诊断和治疗。

健康监测

健康监测是远程医疗的另一关键应用领域。借助可穿戴设备，AI 能够对患者的健康数据进行实时监测，涵盖心率、血压、血糖等指标，并且在数据出现异常情况时会发出警报。这种实时监测和预警系统在慢性病患者的管理方面显得尤为重要。

1. 可穿戴设备

患者佩戴智能手环、手表或其他可穿戴设备，这些设备可以持续监测身体的各类生理参数，并通过蓝牙或无线网络将数据传输至 AI 系统。例如，某些智能手环能够精确地监测心率变化，无论是在静止状态还是运动过程中都能提供准确的数据。而智能手表可能具备更为全面的功能，除了心率监测之外，还能监测血压、睡眠质量等参数。

2. 实时数据分析

AI 系统在接收到可穿戴设备传输的数据后，会进行实时分析。例如，AI 可以分析心率波动情况，检测出心律失常问题。如果发现心率突然加快或减慢，并且持续一段时间，AI 系统会判断可能存在心律失常的风险，并及时发出警报。此外，AI 还可以监测血糖水平的变化，判断是否出现低血糖或高血糖的危险。通过对大量历史数据的学习，AI 能够识别不同患者的血糖变化模式，从而更加准确地判断异常情况。

3. 健康异常警报

当 AI 系统检测到健康数据异常时，会立即发出警报通知患者，并建议采取相应的措施。例如，AI 可以通过手机应用发送警报，提醒患者服药、休息或立即联系医生。如果患者的血糖过高，AI 可能会提醒患者注意饮食控制，避免食用高糖食物；如果心率异常，AI 可能会建议患者休息片刻，若情况持续不改善则应尽快就医。

实例：AI 健康监测系统在糖尿病管理中的应用

在糖尿病的管理过程中，AI 健康监测系统起着至关重要的作用。糖尿病患者能够佩戴血糖监测设备，此类设备可对血糖水平进行持续监测，并将数据实时传送至 AI 系统。AI 系统通过对这些数据的分析,能够识别出血糖水平的异常变动,当血糖过高或过低时,会及时发出警报,提醒患者采取必要的干预措施。此外,AI还能够依据患者的血糖数据,给出个性化的饮食和运动建议,助力患者更有效地管理病情。

任务五 认识 AI 在远程医疗中应用的优势

AI 在远程医疗中的优势包括医疗的方便快捷性、及时响应以及降低医疗成本等方面,如图 8-8 所示。

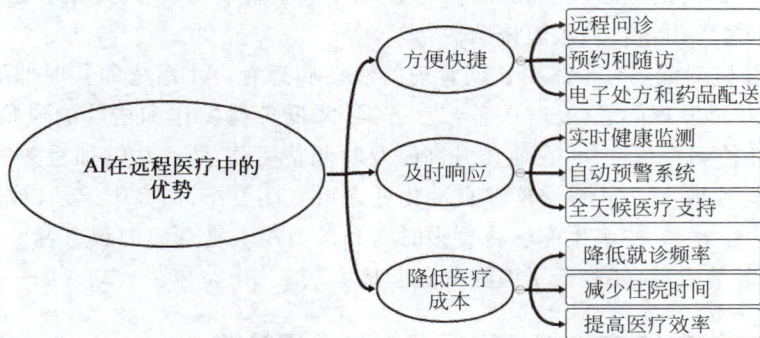

图 8-8 AI 在远程医疗中的优势

方便快捷

AI 在远程医疗中的应用为患者带来了极大的便利,显著提高了医疗服务的便捷性与及时性。

(1)远程问诊：患者无须再耗费大量时间和精力前往医院排队等候。借助智能手机、计算机或平板电脑设备,患者能够随时随地与医生进行视频问诊。这种便捷性对于行动不便的老年人、慢性病患者以及居住在偏远地区的人群尤为适用。

(2)预约和随访：AI 系统能够协助患者在线预约医生,并自动安排随访时间。高效的预约管理不仅减少了患者的等待时间,还提升了医疗资源的利用率。例如,患者可以通过手机应用轻松预约医生,并在预约时间进行视频问诊,无须长时间等待。

(3)电子处方和药品配送：远程问诊结束后,医生可通过 AI 系统开具电子处方,患者能够在线下单,由药房直接将药品配送到家。这不仅省去了患者前往药房取药的麻烦,还确保了患者能及时用药。

及时响应

AI 系统具有 24h 监测和响应的能力,能够及时发现并处理健康问题,为患者提供持续的健康保障。

(1)实时健康监测：AI 借助可穿戴设备,如智能手表或健康监测手环,对患者的健康数据进行实时监测,包括心率、血压、血糖等。AI 系统通过分析这些数据,能够及时发现异常情况。例如,如果 AI 检测到患者的心率异常升高,可能预示着心脏有问题,系统会立即发出警报。

(2)自动预警系统：当 AI 系统检测到健康数据异常时,会自动发送预警通知患者,并建议采取相应的措施。例如,糖尿病患者的血糖水平出现异常波动时,AI 系统会及时提醒患者服药、调整饮食或联系医生,以防止病情恶化。

（3）全天候医疗支持：AI系统能够提供24h的医疗支持，不受时间限制。患者在任何时候出现健康问题，都可以通过AI系统获得及时的帮助和指导。这种全天候的医疗支持极大地提高了患者的安全感和生活质量。

降低医疗成本

AI在远程医疗中的应用有助于降低整体医疗成本，通过减少不必要的医院就诊和住院，提高医疗资源的利用效率。

（1）降低就诊频率：通过在线问诊和健康监测，许多轻微的健康问题可以在家中解决，减少了患者前往医院的次数。例如，患有感冒或轻微感染的患者可以通过远程医疗获得医生的建议和处方，无须亲自去医院排队。

（2）减少住院时间：对于需要长期管理的慢性病患者，AI系统的实时监测和预警功能可以帮助医生及早发现问题，及时调整治疗方案，降低急性发作和住院的风险。例如，高血压患者通过AI监测血压变化，在血压升高时及时调整用药，防止病情加重。

（3）提高医疗效率：AI系统能够自动化处理重复性工作，如病历记录、数据分析和问诊记录，提高了医疗效率，使医生能够将更多时间和精力投入复杂病例和患者护理中。这不仅提高了医疗服务的质量，还降低了医疗的运营成本。

任务六　预测 AI 在未来远程医疗中的发展趋势

随着5G技术的不断发展，远程医疗的应用场景必将更加广泛，从而进一步提升医疗服务的效率与质量。与此同时，远程医疗还将打破地理限制，为全球提供医疗服务，尤其对偏远和资源匮乏地区有着重大帮助。AI在未来远程医疗中的愿景如图8-9所示。

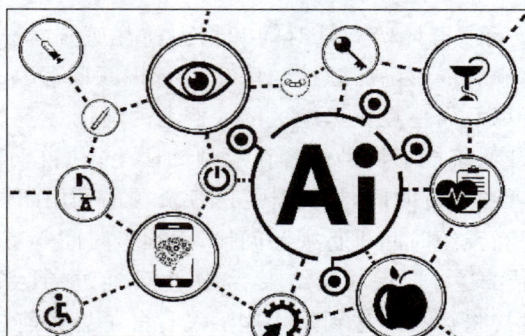

图 8-9　AI 在未来远程医疗中的愿景

全面整合

远程医疗与智能医疗设备、电子健康档案和AI诊断系统的全面整合将为医疗服务带来重大变革。

1. 与智能医疗设备的整合

可穿戴健康监测器、智能手环和远程监控设备等智能医疗设备能够实时测量和记录心率、血压、血糖等关键健康指标。这些设备与远程医疗系统无缝连接，将数据传输至云端，为医生和AI系统提供了及时、准确的患者健康信息。

例如，患有慢性心脏病的患者可以佩戴可穿戴心脏监测设备，该设备持续监测心脏活动,并将数据实时传输给远程医疗平台。医生可以通过平台随时查看患者的心脏状况,及时发现异常并调整治疗方案。

2. 与电子健康档案的整合

电子健康档案(electronic health records,EHR)指将患者的所有医疗记录电子化,包括病史、检查结果、药物处方等。与远程医疗系统整合后,医生能够全面了解患者的健康状况,做出更准确的诊断和治疗决策。

在视频问诊时,医生可以即时查看患者的电子健康档案,快速了解患者的病史和过往治疗情况。例如,一位患者因咳嗽就诊,医生通过查看其电子健康档案,发现患者有过敏史和以往的肺部疾病记录,这有助于医生更有针对性地进行诊断和治疗。

3. 与AI诊断系统的整合

AI诊断系统通过分析大量医疗数据,提供初步诊断建议和治疗方案。与远程医疗平台全面整合后,AI可以协助医生进行更精准的诊断和治疗。

AI还可以在后台处理和分析实时监测数据,及时发现健康问题,并向医生和患者发出预警。例如,AI系统在分析患者的健康监测数据时,发现患者的血糖水平持续升高,可能存在糖尿病风险,便会及时向医生和患者发出预警,促使患者尽快就医并调整生活方式。

技术创新

1. 高速率和低延迟

5G技术具备高速率和低延迟的显著特点,这使得远程医疗中的视频问诊和数据传输变得更加流畅。医生与患者之间的通信将更加清晰且及时,极大地提高了问诊的效率和效果。在高速率的数据传输支持下,大量的医疗信息可以在瞬间完成交互,医生能够更快速地了解患者的病情,患者也能更及时地获得医生的诊断和建议。低延迟则保证了通信的实时性,避免了因延迟导致的信息不准确或沟通不畅的问题。

2. 实时高清影像传输

5G网络能够有力地支持实时传输高清医疗影像,使得远程诊断和手术指导成为现实。医生可以在异地实时查看高清晰度的CT、MRI等影像,进行详细的分析和诊断。这种高清影像传输能够提供更准确的病情信息,帮助医生做出更精准的诊断。例如,对于一些复杂的病症,医生可以通过高清影像仔细观察病变部位的细节,从而制订更合适的治疗方案。

远程手术指导也可以利用5G技术,实现低延迟的高清手术视频传输,帮助外地医生进行复杂的手术。在远程手术指导中,高清视频传输能够让指导医生清晰地看到手术现场的情况,及时给予指导和建议。低延迟则确保了指导的实时性,避免了因延迟而可能导致的手术风险。

3. 增强现实和虚拟现实

5G技术的发展将大力推动增强现实和虚拟现实在远程医疗中的应用。例如,医生可以通过AR设备实时查看患者的3D身体结构,进行精确的诊断和治疗规划。AR技术可以将患者的身体结构以三维的形式呈现给医生,使医生能够更直观地了解病情,制订更精准的治疗方案。

患者可以通过VR体验虚拟的康复训练,提高治疗效果。VR技术可以为患者提供沉浸式的康复训练环境,增加康复训练的趣味性和有效性。例如,对于一些需要进行物理康复训练的患者,VR技术可以模拟各种场景,让患者在虚拟环境中进行康复训练,提高患者的积极性和参与度。

全球医疗服务

远程医疗能够使医疗资源跨越地理限制,提供全球范围的医疗服务,特别是对偏远地区和资源匮乏地区有着巨大的帮助。

1. 跨地域医疗服务

远程医疗可以将优质医疗资源带到医疗条件较差的偏远地区和发展中国家。患者无须长途跋涉,就能获得一流的医疗服务。例如,偏远地区的患者可以通过远程医疗平台,与大城市的专家进行视频问诊,获得专业的诊断和治疗建议。这种跨地域的医疗服务能够有效解决偏远地区医疗资源不足的问题,提高当地居民的医疗水平。

2. 国际医疗合作

远程医疗促进了国际的医疗合作和资源共享。全球顶尖的医疗机构和专家可以通过远程医疗平台,共同参与复杂病例的诊断和治疗,分享最新的医疗技术和研究成果。这种合作不仅提高了医疗水平,还促进了全球医学的发展。例如,对于一些罕见病或疑难病症,国际的医疗合作可以集合各国专家的智慧,共同攻克难题。

远程医疗的未来发展将通过全面整合智能医疗设备、电子健康档案和 AI 诊断系统,实现无缝连接,提供更加高效和精准的医疗服务。通过这些技术创新和全球医疗服务的推进,远程医疗将为更多患者带来便捷和优质的医疗服务,推动全球医疗健康的进步。

项目三　探索自动驾驶技术

你有没有想象过这样一个场景,每天都有一辆能够听懂你命令的汽车朋友,带着你自由穿梭在工作单位和家庭之间,不需要你驾驶,让你省却劳顿之苦。这可不是什么天方夜谭,是现实生活中自动驾驶的真实案例。在本项目中,我们将深入探讨自动驾驶技术,了解它是如何运作的,以及它为什么如此重要。自动驾驶技术的核心在于让汽车能够自主感知周围环境、做出决策并执行驾驶操作,如图 8-10 所示。它的出现不仅可以提高驾驶的安全性,还能解放我们的双手使我们在路上更加轻松、愉快。

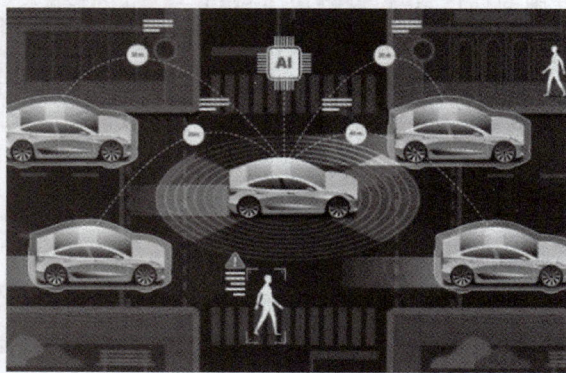

图 8-10　自动驾驶

任务一 分析自动驾驶技术

自动驾驶分级及原理

自动驾驶的核心技术

自动驾驶的核心技术构成如图 8-11 所示。

传感器

传感器相当于是自动驾驶汽车的"眼睛和耳朵",可以帮助汽车"看到"和"听到"周围的环境。传感器会因类型不同而有不同的功能和优势,它们共同协作就可以确保车辆在各种路况和环境下安全驾驶。

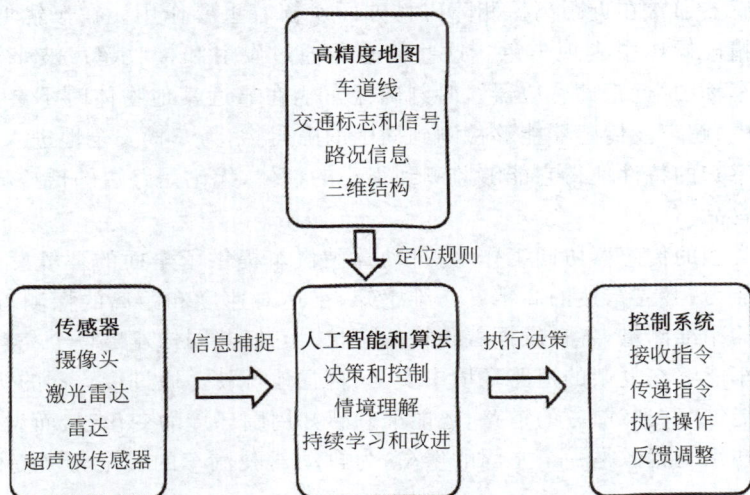

图 8-11 自动驾驶的核心技术构成

1. 摄像头:自动驾驶汽车的敏锐之"目"

摄像头作为自动驾驶汽车最基础的传感器之一,犹如人类的眼睛一般,能够精准捕捉车辆周围的图像。它可以识别交通信号灯的指示、行人的动态、车辆的行驶状态、车道线的走向以及其他重要的路面标识。摄像头的作用绝非仅仅局限于"看到"前方的道路。当红灯亮起的瞬间,它可以快速识别,并及时通知车辆停止前行。其具有的高分辨率的特性让它具有捕捉细微细节的能力,确保车辆可以准确地识别各种目标,并迅速地做出反应。就如同一位高度灵敏的观察者,时刻为车辆提供着清晰的周边视野,让车辆在行驶过程中能够对周围的交通状况了如指掌。

2. 激光雷达:自动驾驶汽车的"超强视界"

激光雷达通过发射激光脉冲,并测量激光返回所需的时间来确定物体的距离。它就像是为车辆绘制了一幅高精度的三维地图,让车辆能够清晰地"看到"周围环境的详细结构。在黑暗中或是复杂的环境里,激光雷达如同车辆的"超强视力",能够准确锁定物体的位置和形状。与摄像头相比,激光雷达不受光线条件的限制,无论是在漆黑的夜晚,还是在暴雨、大雾或暴雪等恶劣的天气条件下,它都能保持高效的工作状态。它为自动驾驶汽车提供了一种可靠的环境感知方式,确保车辆在各种情况下都能安全行驶。

3. 雷达：自动驾驶汽车的"超感之耳"

雷达利用无线电波来探测物体的距离和速度。当遇到大雨倾盆、大雾弥漫或者暴雪纷飞等恶劣天气之时，雷达便展现出了强大的适应能力。它能够穿透这些环境障碍，始终保持对周围环境的准确感知。雷达就如同车辆的"超能力耳朵"，可以感知快速移动的车辆，并精确计算出它们的速度和行驶方向。这对于高速公路上行驶的汽车尤其重要。当遇到危险状况时，它能够提前预警潜在的危险，为车辆提供足够的时间做出反应，从而避免碰撞，保障行车安全。

4. 超声波传感器：自动驾驶汽车的"近身卫士"

超声波传感器通常在近距离探测障碍物方面发挥着重要作用。在车辆低速行驶时，尤其在像泊车等精确操作中表现出色。这些传感器通过发射和接收超声波来测量物体的距离。它就像是车辆的"近距离感应器"，时刻确保车辆在靠近其他物体时不会发生碰撞。例如在停车过程中，超声波传感器能够检测到周围的障碍物，为车辆安全地进入车位提供有力保障。其高度感知的特性使得它能够监测到很小的物体，无论是路边的低矮障碍物，还是儿童玩具等微小物品。

这些不同类型的传感器协同工作，为自动驾驶汽车提供了全面的环境感知能力。摄像头的图像识别能力，激光雷达的高精度三维感知，雷达对速度和距离的探测，还有超声波传感器在近距离的精准测量，各自发挥着独特的特长。它们共同构建出一个完整的感知系统，让自动驾驶汽车能够在复杂的道路环境中安全、自主地行驶。通过传感器的协同合作，自动驾驶汽车不仅能够"看到"前方的道路，还能准确感知周围环境的变化，从而做出正确的驾驶决策。这个感知系统就像是一个坚固的堡垒，为自动驾驶汽车的安全行驶提供了全方位的保障。

用于自动驾驶的 AI 与算法

AI 与算法在自动驾驶领域中扮演着如同"大脑"一般的关键角色，它们肩负着处理传感器收集而来的海量数据，并迅速做出驾驶决策的重任。

这些精妙的算法犹如智者一般，助力车辆理解并分析周围的复杂环境，进而决定如何以最安全、最有效的方式行驶。当传感器源源不断地将车辆周围的各种信息传递过来时，算法便开始高速运转，对这些数据进行筛选、整合、分析，从中提取出关键的环境特征和潜在的风险因素。例如，根据激光雷达传回的三维地图数据、摄像头捕捉的图像信息、雷达探测到的物体距离和速度等，算法能够快速判断出车辆当前所处的位置、周围是否有障碍物以及障碍物的具体情况等。

机器学习和深度学习作为自动驾驶技术中的两大核心支柱，发挥着举足轻重的作用。通过对大量的驾驶数据进行深入分析，AI 能够像一位勤奋好学的学生，不断地学习并预测各种驾驶场景下的最佳行为。在机器学习的过程中，算法会从历史驾驶数据中自动提取特征和模式，例如不同路况下的车速控制、转弯角度的选择、与其他车辆的安全距离保持等。随着数据量的不断增加，算法的学习效果也会逐步提升，变得越来越精准和智能。深度学习则更进一步，它利用深度神经网络结构，能够自动学习和提取更加复杂和抽象的特征。例如，通过对大量的交通图像进行训练，深度学习模型可以准确识别出各种不同类型的车辆、行人、交通标志和信号灯等，甚至能够预测它们的行为趋势。这种反应过程看似复杂，但在自动驾驶系统中,这一切都在瞬间完成。这就像车子有了自己的"大脑"一样,能够在瞬间处理大量信息,并做出最佳的驾驶决策。

1. 决策和控制

在处理完数据并做出决策后,AI算法会向车辆的控制系统发送指令。这些指令包括转向、加速和刹车等操作。控制系统接收到指令后,会迅速执行这些操作,使车辆按照预定的路线安全行驶。

2. 情境理解

除了处理传感器数据,AI还需要理解更广泛的驾驶情境。这包括预测其他车辆和行人的行为、识别道路标志和信号、理解交通规则等。通过综合这些信息,AI可以做出更加智能和安全的驾驶决策。例如,当车辆接近学校区域时,AI会自动降低车速,确保安全。

3. 持续学习和改进

自动驾驶系统的另一个关键特性是其持续学习和改进的能力。

总之,人工智能和算法是自动驾驶技术的核心。在机器学习和深度学习的加持下,自动驾驶汽车在不同的路况和环境中行驶,AI算法会不断积累新的数据,并通过这些数据进行自我训练和优化。这意味着自动驾驶系统会越来越聪明,驾驶决策也会越来越精准和可靠,无论是在繁忙的城市街道、高速公路,还是在恶劣的天气条件下,自动驾驶系统都能够凭借强大的 AI 和算法,为乘客提供安全、舒适、高效的出行体验。

高精度地图

高精度地图堪称自动驾驶汽车的"GPS 导航",为其在道路上的精准行驶提供有力指引。与传统导航系统相比,这些高精度地图所包含的信息不仅更加丰富,还具备了更高的精确性。它涵盖了众多详细且精准的道路数据,有力地确保了自动驾驶汽车能够安全、准确地行驶在道路上。

1. 高精度地图的内容

(1)车道线:高精度地图对每条车道的位置和宽度都进行了详细标注。这一功能对于自动驾驶汽车来说意义重大,它能够帮助车辆始终保持在正确的车道内行驶,避免偏离车道而引发危险。当车辆行驶过程中,通过与高精度地图中的车道线信息进行比对,自动驾驶系统可以精确调整车辆的行驶方向,确保车辆始终沿着既定的车道轨迹前进。

(2)交通标志:地图中准确记录了各种交通标志的位置和含义。自动驾驶汽车可以根据这些信息提前了解道路的限速、禁止通行区域、转弯指示等重要规则,从而做出相应的驾驶决策。例如,当车辆接近一个限速标志时,系统会自动调整车速以符合规定的限速要求;在遇到禁止转弯的标志时,车辆会提前规划新的行驶路线,避免违规操作。

(3)信号灯:高精度地图中对信号灯的位置和状态变化时间也有详细记录。这使得自动驾驶汽车能够提前预知信号灯的变化,合理调整车速,以确保在红灯时及时停车,绿灯时顺利通行。例如,当车辆距离信号灯还有一定距离时,系统可以根据地图中的信号灯信息和当前车速,计算出最佳的行驶速度,以最大限度地减少等待时间,提高行驶效率。

(4)路况:地图实时反映道路的拥堵情况、施工区域等信息。自动驾驶汽车可以根据这些路况信息选择最优的行驶路线,避开拥堵路段和施工区域,提高行驶的安全性和效率。例如,在上下班高峰期,系统可以自动选择较为畅通的道路行驶,避免陷入交通拥堵;当遇到道路施工时,车辆可以提前绕行,确保行驶的顺畅。

(5)坡度和曲率:高精度地图详细记录了道路的坡度和曲率信息。这对于自动驾驶汽车在行驶过程中的速度控制和转向操作至关重要。例如,当车辆行驶在坡度较大的路段时,系统可以根据坡度信息调整动力输出,确保车辆有足够的动力爬坡;在弯道处,车辆可以根据曲率信息提前调整转向角度,以保持稳定的行驶状态。

(6)道路的三维结构:地图准确呈现了道路的三维结构,包括桥梁、隧道、立交桥等。自动驾驶汽车可以根据这些信息提前做好行驶准备,例如在进入隧道前自动调整灯光,在通过立交桥时选择正确的匝道。

2. 高精度地图的作用

高精度地图相当于为自动驾驶汽车打造了一个全知全能的导航系统,在车辆行驶的过程中发挥着重要的作用,有力地确保车辆能够做出正确的决策。

(1)路径规划:高精度地图在路径规划方面表现出色,它能够助力自动驾驶汽车规划出最优的行驶路线。通过对地图中丰富的道路信息进行分析,包括道路的拥堵情况、施工区域、坡度、曲率等因素,系统可以计算出一条既安全又高效的行驶路径,确保车辆能够快速、平稳地到达目的地。例如,在城市交通高峰时段,高精度地图可以根据实时路况信息,为车辆规划出一条避开拥堵路段的路线,从而节省行驶时间;在长途行驶中,地图可以考虑沿途的加油站、充电站等设施的位置,合理规划休息和补给点,提高行驶的便利性。

(2)精准定位:结合 GPS 导航和高精度地图,自动驾驶汽车能够实现厘米级的精准定位。在复杂的城市环境中,传统的 GPS 定位可能会存在一定的误差,而高精度地图则可以通过提供详细的道路特征信息,如车道线、交通标志等,对车辆的位置进行精确校正。例如,当车辆行驶在高楼林立的城市峡谷中时,GPS 信号可能会受到干扰而导致定位不准确,但高精度地图可以根据车辆周围的道路特征和地图数据进行匹配,从而确定车辆的准确位置,确保车辆在复杂的城市道路中准确行驶。

(3)环境理解:通过高精度地图,自动驾驶汽车能够提前了解前方道路的情况,为应对各种复杂路况做好充分准备。例如,当车辆即将驶入一个急转弯路段时,地图可以提前告知车辆转弯的角度和半径,使车辆能够提前调整速度和转向角度,确保行驶的安全和稳定;在遇到陡坡时,车辆可以根据地图中的坡度信息提前调整动力输出,防止车辆在爬坡过程中动力不足或下坡时速度过快;当发现前方有拥堵路段时,车辆可以提前减速并选择合适的车道,避免陷入交通堵塞。

(4)安全驾驶:高精度地图提供的详细道路信息,为自动驾驶汽车在复杂的交通环境中做出安全的驾驶决策提供了有力支持。例如,当车辆接近一个复杂的交叉路口时,高精度地图能够提供详细的车道信息,包括车道的数量、宽度、转向限制等。车辆可以根据这些信息提前选择正确的车道,并在进入路口前做好减速、转向等准备,确保安全通过交叉路口。此外,地图中还可以标注出危险路段、事故多发区等信息,使车辆在行驶过程中能够提前警惕,采取更加谨慎的驾驶策略。

控制系统

控制系统在自动驾驶汽车中扮演着至关重要的角色,负责将人工智能算法做出的决策转化为实际的车辆操作,实现转向、加速和制动,以确保车辆能够精确地按照预定路线行驶,并在各种驾驶条件下保持安全和稳定。

1. 控制系统的类型

（1）转向控制：它犹如汽车的"方向盘指挥官"，通过操控方向盘来改变车辆的行驶方向。这个系统能够高度精准地根据 AI 算法的指令，准确调整方向盘的角度，使车辆始终沿着预定的路径前行。例如，当车辆需要转弯时，转向控制系统会依据道路曲率和车速等因素，智能地调整方向盘的角度和转动速度，从而实现平稳流畅的转向。它就像是一位经验丰富的赛车手，能够在不同的路况下做出恰到好处的转向操作，确保车辆行驶的稳定性和安全性。

（2）加速控制：该系统相当于车辆的"动力调节器"，负责调整车辆的动力输出，进而控制车速。AI 算法会根据传感器数据和高精度地图的信息，对当前的交通情况进行准确判断，并向加速控制系统发出加速或减速的操作指令。例如，当前方道路畅通无阻时，加速控制系统会适时增加发动机的动力输出，让车辆加速前进，以提高行驶效率；而当遇到红灯或前方车辆减速时，它会迅速减少动力输出，减缓车辆速度，确保行车安全。

（3）制动控制：该系统如同汽车的"安全卫士"，通过操控刹车系统来实现减速或停止车辆。这个系统能够根据 AI 算法的指令，精确地控制刹车力度，确保车辆在需要停车或减速时能够平稳安全地进行操作。例如，当前方有障碍物或行人出现时，制动控制系统会立即响应，迅速增加刹车力度，使车辆在最短的时间内安全停下，有效避免碰撞事故的发生。

（4）综合控制：自动驾驶汽车的控制系统并非只是简单地执行单一的转向、加速或制动操作，而是需要在复杂的驾驶环境中进行综合控制。综合控制系统就像是一位全能的"交通指挥官"，能够根据各种传感器的数据和 AI 算法的分析结果，协调各个子系统的工作，确保车辆能够平稳、精准地行驶。例如，当车辆在行驶过程中遇到复杂的路况变化时，综合控制系统会同时调整转向、加速和制动系统，以实现最佳的行驶状态。

2. 控制系统的组成部分

（1）电子控制单元（ECU）：ECU 是控制系统的"大脑"，如同汽车的"中央处理器"。它接收来自 AI 算法的指令，并将这些指令准确地传递给执行器。同时，ECU 还会实时监控执行器的状态，确保其工作正常。一旦发现执行器出现故障或异常情况，ECU 会立即采取相应的措施，以保障车辆的安全行驶。

（2）执行器：执行器是控制系统的核心部件，如同汽车的"肌肉组织"，负责实际执行转向、加速和制动操作。例如，电动转向机、电动刹车系统和电动油门控制器等都是执行器的重要组成部分。它们能够将 ECU 的指令转化为实际的机械动作，实现对车辆的精确控制。

（3）反馈系统：反馈系统就像是汽车的"感觉器官"，通过传感器监控车辆的实际状态，并将这些信息及时反馈给 ECU。ECU 会根据反馈信息调整控制策略，确保车辆按照预定的路线和速度行驶。例如，车轮速度传感器、方向盘角度传感器和加速度传感器等都是反馈系统的重要组成部分。它们能够实时监测车辆的速度、方向和加速度等参数，为 ECU 提供准确的反馈信息，以便 ECU 做出更加精准的控制决策。

3. 控制系统的工作原理

（1）接收指令：AI算法根据传感器数据和高精度地图的信息，做出科学合理的驾驶决策，并将指令发送给ECU。这就像是一个智能的"指挥官"，根据战场的实际情况制订作战计划，并将指令传达给下属部队。

（2）传递指令：ECU接收到AI算法的指令后，会迅速将这些指令传递给相应的执行器。这就像是一个高效的"传令官"，将指挥官的指令准确无误地传达给各个作战单位。

（3）执行操作：执行器根据ECU的指令，执行相应的转向、加速或制动操作。这就像是勇敢的"士兵"，按照指挥官的命令执行具体的作战任务。

（4）反馈调整：反馈系统将车辆的实际状态信息传递给ECU，ECU根据反馈信息调整控制策略，确保车辆的行驶状态符合预期。这就像是一个敏锐的"情报员"，不断收集战场的实际情况，并将这些信息反馈给指挥官，以便指挥官做出更加准确的决策。

总之，控制系统是自动驾驶汽车的"手和脚"，它通过精确地执行AI算法的决策，确保车辆能够安全、平稳地行驶。无论是转向、加速还是制动，控制系统都能够根据实际路况和驾驶需求，灵活调整操作，实现智能驾驶。

任务二　认识自动驾驶等级及特点

自动驾驶技术根据其自动化程度可以分为L1～L5五个等级。每个等级都代表着自动驾驶技术发展的不同阶段，恰似驾驶培训中的不同阶段，从"初学者"逐步迈向"全自动驾驶"。接下来，让我们详细地了解一下每个等级及其特点。

L1级别：辅助驾驶

L1级别是自动驾驶技术的初级阶段，主要提供一些辅助驾驶功能。在这个级别，车辆主要由人类驾驶员操控，但系统可以在特定情况下提供一些辅助。例如，车辆可能配备了自适应巡航控制系统（adaptive cruise control，ACC），该系统可以根据前车的速度自动调整车辆的速度，保持一定的安全距离。此外，车辆还可能配备了车道偏离预警系统（LDW），当车辆偏离车道时，系统会发出警告提醒驾驶员。

特点：

人类驾驶员始终保持对车辆的主要控制权。

系统只能在特定条件下提供有限的辅助功能。

L2级别：部分自动化

L2级别在L1的基础上有了进一步的提升，实现了部分自动化驾驶。在这个级别，车辆可以同时控制转向和加速/减速，但是人类驾驶员仍然需要时刻保持警惕，随时准备接管车辆。例如，一些高端车型配备的自动泊车系统就属于L2级别，车辆可以自动控制方向盘、油门和刹车，完成泊车操作。此外，一些车辆还配备了交通拥堵辅助系统（TJA），在交通拥堵时可以自动跟随前车行驶。

特点：

车辆可以同时控制转向和加速/减速。

人类驾驶员需要时刻保持警惕，随时准备接管车辆。

L3 级别：有条件自动化

L3 级别是自动驾驶技术的一个重要转折点，车辆在特定条件下可以实现完全自动驾驶，但是人类驾驶员仍然需要在系统请求时接管车辆。例如，在高速公路上，当车辆处于自动驾驶模式时，如果遇到恶劣天气或系统故障，车辆会请求驾驶员接管。在这个级别，车辆配备了更先进的传感器和算法，可以处理更复杂的驾驶场景。

特点：

车辆在特定条件下可以实现完全自动驾驶。

人类驾驶员需要在系统请求时接管车辆。

L4 级别：高度自动化

L4 级别是自动驾驶技术的高级阶段，车辆可以在大多数情况下实现完全自动驾驶，无须人类驾驶员干预。在这个级别，车辆配备了高度智能化的传感器和算法，可以处理各种复杂的驾驶场景，包括城市道路、高速公路、乡村道路等。例如，一些自动驾驶出租车就属于 L4 级别，乘客只需要输入目的地，车辆就可以自动行驶到目的地。

特点：

车辆可以在大多数情况下实现完全自动驾驶。

无须人类驾驶员干预，但在一些特殊情况下可能需要远程监控。

L5 级别：完全自动化

L5 级别是自动驾驶技术的最高级别，车辆可以在任何情况下实现完全自动驾驶，无须人类驾驶员干预。在这个级别，车辆不再需要方向盘、油门和刹车等传统的驾驶控制设备，完全由计算机系统控制。例如，未来的自动驾驶公交车、自动驾驶物流车等都可能属于 L5 级别。

特点：

车辆可以在任何情况下实现完全自动驾驶。

无须人类驾驶员干预，也不需要传统的驾驶控制设备。

自动驾驶等级为 L1～L5，代表了自动驾驶技术的不同成熟阶段。L1 和 L2 属于初级阶段，主要提供辅助驾驶功能；L3 和 L4 属于中级阶段，能够在特定条件下实现高度自动驾驶；L5 则是终极目标，完全实现无人驾驶。这些等级就像驾驶培训的不同阶段，每个阶段都代表着技术的进一步成熟和驾驶体验的提升。通过理解这些等级，我们可以更好地认识自动驾驶技术的发展方向和未来前景。

任务三　探索自动驾驶的应用及未来展望

本任务将深入细致地探讨自动驾驶技术在人们日常生活与工作里的实际应用情况。通过对其应用场景的分析，我们可以更好地理解自动驾驶技术是如何切实提高我们的生活质量与工作效率的，以及它将如何为我们带来更加便捷和智能的未来。自动驾驶的应用及未来展望如图 8-12 所示。

自动驾驶在日常生活中的应用

1. 通勤服务

上学和上班：学生可以乘坐自动驾驶校车去上学，家长不用再担心孩子的安全。校车上先进的安全系统，能够实时监测道路情况，确保每一个孩子都能安全到达学校。上班一族

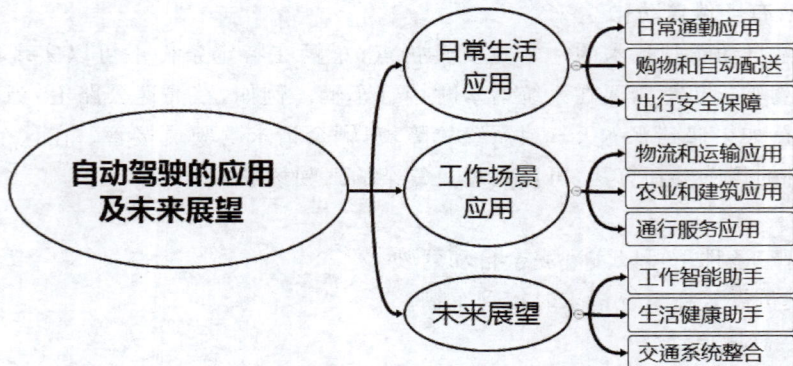

图 8-12　自动驾驶的应用及未来展望

可以在自动驾驶汽车里放松一下,看看书、听听音乐或者处理一些工作。这样,你的通勤时间不仅不会浪费,还能得到充分地利用。自动驾驶汽车的舒适度和便捷性让你从一开始就有了一个愉快的工作日。

预约共乘环保出行:通过手机应用,你可以预约一辆自动驾驶共乘车,与其他人一起分担。这样不仅节省了开支,还减少了路上的车流量,有助于缓解交通拥堵。多个人共乘一辆自动驾驶车还能减少碳排放,对环境更加友好,比起每个人开自己的车,能大幅减少每千米的碳足迹,为环保事业贡献力量。

2. 购物和自动配送

自动驾驶送货车:是全天候服务的高效送货方式。无论是生活中必需的日常用品,可口的外卖食品,还是网络购买的商品,都可借助自动驾驶送货车实现准时投递。想象一下,无论天气状况如何恶劣,你都能准时收到包裹,这将是多么令人期待的事啊!不像传统意义上的运输方式,自动驾驶送货车能够全天 24h 持续运行,无须停歇。这就意味着,你可以随时下单购物,并且能够快速地收到包裹,极大地提升了购物体验。

无人机配送:是灵活高效的快速运送方式。驾驶无人机能够在空中高速运送小型包裹,尤其适用于紧急物品以及偏远地区的配送服务。想象一下,你悠然地坐在家中,等待着无人机将急需的药品或者心仪的零食送到阳台,那将会是多么便捷舒适的体验。无人机可以巧妙地避开地面交通的拥堵,直接飞往目的地,大幅度缩短了配送时间。无论是繁华都市中的高楼大厦,还是宁静乡村的简陋小屋,无人机都能够迅速抵达。

自动驾驶技术的广泛应用,让我们的日常生活变得更加便捷与安全。从日常通勤到购物消费,再到物流配送,自动驾驶技术正在逐步改变着我们的出行方式,提升着我们的生活质量。未来,随着技术的不断进步与发展,自动驾驶必将为我们带来更多的惊喜与便利。

自动驾驶在工作场景中的应用

(1) 物流和运输行业:自动驾驶技术在该行业中有着巨大的应用潜力,能够显著提高效率和安全性。

自动驾驶卡车在长途运输中具有极大的优势。首先,它们没有司机限制,可以全天 24h 地运行,减少因司机需要休息而造成的运输延误,从而确保货物能够更快地到达目的地。其次,自动驾驶卡车不存在疲劳驾驶的问题,从而降低交通事故的风险,提高整体运输的安全性。车上配备了先进的传感器和 AI 算法,能够实时监测道路状况,并会自动调整车速和路线,从而减少交通事故的发生。例如,在前方发生紧急情况时,自动驾驶卡车可以迅速刹车,从而避免碰撞。

自动驾驶叉车在仓库和物流中心里不仅可以高效地搬运和堆放货物,还能够有效提高仓储管理的效率。自动驾驶叉车能够自动识别货物的位置和类型,并能将货物搬运到指定的存放位置。这不仅能提高搬运效率,还明显减少了人为操作可能导致的错误。自动驾驶叉车还能够与仓储管理系统进行无缝对接,自动更新货物的存储信息,从而实现智能化的仓储管理。仓库管理人员可以随时了解库存情况,实现优化库存管理。

(2)农业和建筑行业:自动驾驶技术在该行业同样展现了巨大的应用前景,能够大幅提高工作效率和精准度。

在农业领域,自动驾驶拖拉机可以精确地执行各种农业任务,如耕种、施肥和收割,提高农作物的产量和质量。它能够根据预先设定的路径和参数,精确地执行耕种、施肥和收割等任务。这不仅提高了工作效率,还保证了农作物的均匀生长。自动驾驶拖拉机不依赖人力就可以自动完成大量农业工作,从而降低劳动力成本。这样,农民就可以将更多精力投入农场管理和农作物优化等其他事务上。

在建筑工地,自动驾驶机械如推土机和挖掘机可以执行高精度的施工任务,减少人为错误,提高施工效率。它们可以根据预先设定的施工计划,精确地进行挖掘、推土等操作,从而保证施工质量。例如,自动驾驶挖掘机可以按照设定的深度和角度进行挖掘,可以避免人为操作可能导致的误差。因为不用考虑人员因素,自动驾驶建筑机械可以在危险环境中工作,从而减少工人暴露在危险中的时间,提高施工现场的安全性。

(3)通行服务行业:自动驾驶技术在通行服务行业的应用也非常广泛,特别是在出租车和共享汽车服务中。

自动驾驶出租车:自动驾驶出租车可以随时随地响应乘客的需求,你只要通过手机应用就可以召唤一辆自动驾驶出租车来接送,而且无须等待长时间。无论是上下班、通勤、购物,也不管白天黑夜,自动驾驶出租车都可以快速、安全地将你送达目的地。因为车上配备了先进的传感器和 AI 系统,能够实时监测道路和乘客的安全。例如,如果遇到突发情况,自动驾驶出租车可以立即采取措施,确保乘客的安全。

自动驾驶共享汽车:自动驾驶共享汽车可以有效减少私家车的使用率,降低交通拥堵和碳排放量。乘客可以随时预约和使用共享汽车,而不需要购买和维护私家车。这不仅节省了个人的出行成本,还减少了路上的车辆数量,从而缓解交通压力。正是这种高效利用和优化调度同时又能减少每次出行的碳排放量,从而保护环境,实现环保出行。

通过在物流、农业、建筑和服务行业中的应用,自动驾驶技术正在为我们的工作和生活带来显著的变化。它不仅提高了工作效率和安全性,还提供了更加便捷和环保的出行方式。未来,随着技术的进一步发展,自动驾驶将为我们创造更多的可能性,提升我们的生活质量。

自动驾驶的未来展望

未来的自动驾驶汽车将不仅仅是交通工具,它们会成为我们的"智能助手",为我们提供各种各样的服务。想象一下,你的车子不仅能把你安全地从家里送到学校或公司,还能在路上为你提供更多的便利和乐趣。

1. 工作智能助手

（1）移动办公：自动驾驶汽车将成为你的移动办公室。你可以在上班的路上处理邮件、参加视频会议，甚至进行复杂的工作任务。车内会配备舒适的座椅、稳定的 Wi-Fi 和先进的办公设备，让你充分利用通勤时间，将确保你可以随时在线，参加视频会议、处理文件和与同事及时沟通，不再因为交通问题而耽误工作，提高自身工作效率。

（2）车上娱乐：自动驾驶汽车还将成为移动的娱乐中心。车内会配备高清电视屏幕、高品质音响系统和虚拟现实设备，在车里看电影、听音乐，甚至玩虚拟现实游戏，让你在路上也能享受家庭影院般的娱乐体验，享受愉快的旅程，甚至还可以与朋友或家人一起玩互动游戏，增加旅途的乐趣。

2. 生活健康助手

未来的自动驾驶汽车将从多方面关心你的健康。

（1）健康监测：在车内，智能系统会监测你的身体状况，提供健康建议和紧急救助。在座椅和方向盘上配备的传感器可以实时监测你的心率、血压和体温，及时发现潜在问题。

（2）健康建议：车内系统会基于你的健康数据，进一步提供关于饮食、运动和休息方面的建议，帮助你保持健康的生活方式。

（3）紧急救助：如果监测到你存在紧急健康问题，需要马上救助时，自动驾驶汽车还会自动联系医疗机构，并马上将你送往最近的医院。

3. 交通系统整合

自动驾驶技术的发展将与智能交通系统紧密结合，实现更加高效和环保的交通管理。未来的城市交通将变得更加流畅，减少拥堵和碳排放量，让我们的生活环境更加美好。

（1）智能交通管理：自动驾驶汽车将与城市的智能交通系统互联互通，实现交通流量的动态调控，避免拥堵，确保道路畅通无阻。

（2）交通流量优化：智能交通系统会根据实时交通数据，动态调整交通信号和车流方向，确保道路畅通无阻。例如，系统可以实时监控高峰期和非高峰期的交通状况，智能调整红绿灯的显示时间，以减少交通等待时间。自动驾驶汽车还可以与智能交通系统协同工作，优先为急救车辆、公交车和其他特殊车辆提供畅通无阻的通行路线，提高紧急情况的处理效率。

（3）环保交通：自动驾驶技术通过优化行车路线、减少不必要的等待措施，还会显著减少车辆的燃油消耗和碳排放量，更好地保护环境。例如，在道路上没有其他车辆时，自动驾驶汽车可以选择最短的路线来行驶，这样避免不必要的绕路和长时间等待，从而减少燃油消耗和尾气排放量。并且随着自动驾驶技术的发展，越来越多的自动驾驶汽车将采用新能源动力，如电动汽车和氢燃料电池汽车，进一步减少对环境的污染。未来，自动驾驶汽车的能源使用将更加高效和环保，减少对传统燃油的依赖。

自动驾驶技术的未来发展将不仅改变我们的出行方式，还会深刻影响我们的日常生活方式和社会结构。它将成为我们的智能助手，帮助我们更好地工作、娱乐和健康生活。同时，与智能交通系统的整合将使城市交通更加高效和环保，为我们创造一个更加美好的生活环境。未来可期，让我们共同迎接自动驾驶技术所带来的无限可能吧！

课后练习

一、讨论题

1. 你认为 AI 在医疗诊断中的应用有哪些潜在挑战和解决方案？
2. 你认为 AI 在个性化治疗中的应用能否完全取代医生的决策？为什么？
3. 你认为自动驾驶技术的普及对社会有哪些潜在的影响和挑战？
4. 你认为自动驾驶汽车在提高城市交通效率和环保方面有哪些优势？

二、问答题

1. 什么是智慧旅游？如何通过 AI 技术提升个性化旅行体验？
2. 虚拟导游是如何利用 AI 和 AR 技术为游客提供服务的？
3. AI 在诊断中的应用有哪些具体例子？
4. 远程医疗中的 AI 应用有哪些具体场景？
5. 未来远程医疗的发展趋势有哪些？
6. 自动驾驶汽车如何通过传感器感知周围环境？
7. 自动驾驶汽车如何凭借人工智能和算法做出驾驶决策？
8. 自动驾驶技术在物流和运输行业的应用有哪些优势？

模块九

剖析人工智能与社会

项目一　了解人工智能的安全问题

任何"高新技术"都存在两面性，都可能成为双面刃。人工智能也是一把双面刃，在为人类带来巨大利益的同时也存在一些负面问题，特别是安全问题。

任务一　了解人工智能人伦安全

1. 心理安全

人工智能的快速发展使得其能力和威力越来越强，智能机器人的神通也越来越大。这使社会上一些人受到心理威胁，或叫作精神威胁。他们担心，如果智能机器人具有同人类一样的思维、情感和创造力，那么，一旦这些智能机器人的智能超越人类智能，它们就要与人类"平分天下"，甚至主宰人类，变成社会的统治者，而人类则沦为人工智能的奴隶。这种对人工智能的恐惧心理如果不加以疏导，就可能发展为一种精神恐慌症。此外，人工智能和机器人的普遍使用，使得人们有较多机会和时间与智能机器共事或相伴，这会增加相关人员的孤独感，感到寂寞、孤立和不安。

2. 伦理道德安全

人工智能的伦理问题已经引起全社会的关注，人工智能技术的进步可能给人类社会带来重大风险。例如，在服务机器人领域，人们所担忧的风险与伦理问题主要涉及小孩和老人的看护及自主机器人武器的研发两个方面。陪伴机器人能够为孩子提供愉悦的感受，激发他们的好奇心。但是，孩子必须要有大人照料，陪伴机器人没有资格成为孩子的看护者。孩子过长时间与陪伴机器人相处，会使孩子缺失社交能力，造成孩子不同程度的社会孤立。

应用军事机器人也产生一些道德问题。例如，在作战中由地面武装机器人开枪开炮或由无人机、无人车发射导弹炮弹，造成对方士兵甚至无辜群众伤亡。武器一般是在人的控制下进行致命打击的,但是,军事机器人却能够自主锁定攻击目标并消灭他们的生命。

利用人工智能媒体和互联网暴露个人隐私,侵犯自然人享有的隐私权和人格权问题,是利用人工智能技术引发的另一类不容忽视的伦理道德问题。因互联网和人工智能平台"人肉搜索"导致受害人自杀的事件时有发生。

3. 认知安全

人工智能的全面发展及其与实体经济深度融合,使人工智能促进各行各业,进入千家万户,将会改变人的传统观念与思维方式,甚至使认知能力下降。例如,在 AlphaGo 与国际围棋高手的围棋比赛中,人工智能与人类的思维方式是根本不同的,已经改变了围棋对弈的本质及人类围棋对弈的传统思维范式。又如,过分依赖计算机的学生和成年人,他们的主动计算能力和独立思考能力都会显著下降。

以往印在书本报刊或杂志上的传统知识是固定不变的,而人工智能系统的知识库的知识是可以不断修改和更新的。一旦智能系统(例如,ChatGPT)的用户过分相信人工智能系统的建议,他们就可能不愿多动脑筋,容易轻信智能系统,使其认知能力下降,逐渐失去对问题求解的主动性和对任务的责任心。人工智能的深度应用还可能会使相关科技人员失去介入问题求解与信息处理的机会,在潜移默化中改变自己的思维方式和工作方式。

4. 技术安全

历史充分证明,任何高新技术如果控制不力或失去控制,就会给人类带来巨大危险。众所周知,化学科学的成果被用于制造化学武器,生物学的成就被用于制造生物武器,核物理研究的重大进展导致核武器的威胁。现在有人担心智能机器有一天会反客为主,让它们的创造者——人类接受其奴役,威胁人类的安全。

比生化技术和核技术更危险的是,人工智能技术是一种信息技术,能够极快地传递与复制。因此,存在某些比"爆炸"技术更大的风险,即果人工智能技术落入极端分子之类的人员手中,那么他们就会把人工智能技术用于进行反人类和反社会的犯罪活动。

任务二　了解人工智能公共安全

1. 社会安全

在过去 50 多年中,人类社会结构发生了静悄悄和日积月累的变化。以前人们与机器直接打交道,而现在则要借助智能机器与传统机器打交道。这就是说,原来那种"人—机器"的传统两极社会结构,已逐渐为"人—智能机器—机器"的新型三极社会结构所取代。人们已经感受到并将更多地看到,人工智能"医生""秘书""记者""编辑"和机器人"护士""服务员""交通警察""保安""操作工""清洁工"和"保姆"等,将由智能系统或智能机器人担任。这样一来,人类就必须学会与人工智能机器和智能机器人和谐共处,以适应这种新型社会结构。

人工智能引起的另一个社会问题是可能造成人员大量失业。智能机器能够代替人类从事各种劳动,特别是脑力体力,将造成一部分人员下岗。英国牛津大学的一项研究报告指出:将会有 700 多种职业被智能机器替代,首当其冲的是销售、行政和服务业。有人提出一个人工智能将超过人类的任务与时间表,见表 9-1。

表 9-1　人工智能将超过人类的任务与时间表

工作任务	翻译语言	写作随笔	驾驶卡车	零售工作	写畅销书	自主手术
超过时间	2024 年	2026 年	2027 年	2031 年	2049 年	2053 年

2. 政治安全

人工智能用于进行政治宣传的趋势与日俱增,造成地缘政治的不平等和不平衡。在一些西方国家,过去大选前的信息传播主要是通过传单和海报进行的。如今,这类信息主要以数字形式传播,包括使用人工智能等先进技术影响选民的意见。例如,借助 Facebook 提供的大量数据,可以确定潜在选民的特征甚至他们所经历的情感。通过 Facebook 庞大数据支持实现的这种操纵的两个例子是 2016 年的英国脱欧公投和同年的美国总统选举。

3. 法律安全

智能机器的发展与应用带来了许多前所未有的法律问题,传统法律面临严峻挑战。到底引起了哪些法律新问题呢?请看下面的例子。

无人驾驶汽车发生伤人事故,该由谁承担法律责任?交通法规或将从根本上改写。又如,用于战场的机器人开枪打死人是否违反了国际公约?随着智能机器思维能力的提高,它们可能对社会和生活提出看法,甚至是政治主张。这些问题可能给人类社会带来危险,引起不安。

"机器人法官"能够通过对已有数据的分析而自动生成最优判决结果。与法官一样面临失业威胁的还有教师、律师和艺术家等行业。如今,许多作品可由智能机器创作,连新闻稿也可以由记者机器人或 ChatGPT 撰写。ChatGPT 等人工智能系统还能够谱曲与绘画。现有的与知识产权保护相关的法律或将被颠覆。在人工智能时代,法律也将重塑对职业的要求,法律观念将被重新构建。不久之后,"机器人不得伤害人类"将可能与"人类不得虐待机器人"同时写进劳动保护法。

此外,在医疗领域,使用医疗机器人而产生的医疗事故的责任问题及在执法领域机器人警察执行警察职能都存在安全问题。这些问题应当如何考虑与处理?因此,需要解决许多相关的法律问题。人工智能产品在法律领域的许多责任问题和安全问题需要严肃对待与尽早处理。机器人开发者必须对他们的智能产品承担相关法律责任。

4. 军事安全

随着人工智能和智能机器的不断发展,一些国家的研究机构和军事组织正致力于把人工智能技术和无人系统用于军事目的,研发与使用智能化武器,给人类社会和世界和平造成极其重大的安全威胁。

例如,在以往的伊拉克战争和阿富汗战争中,美国配置了 5000 多个遥控机器人和部分重型武装机器人,用于侦察、排雷和直接作战。地面武装机器人和智能武装无人机不仅打死了很多敌方士兵,而且造成许多无辜平民的伤亡。

人们对智能武器的研制与使用表示极大关注和坚决反对。2017 年 8 月,埃隆·马斯克(Elon Musk)与来自 26 个国家的 116 位 CEO 和人工智能研究者聚到一起,签署了一份公开信,请求联合国禁止使用人工智能武器。该公开信有一段重要的叙述:"一旦致命的自主武器得到开发,它们将使武装冲突的战斗规模比以往任何时候都大,而且时程比人类所能理解的要快。一旦这个潘多拉魔盒被打开,就很难关闭。因此,我们恳请联合国各缔约国寻找一种保护我们所有人免受这些危险的方法。"

一封类似的公开信由澳大利亚新南威尔士大学托比·沃尔什(Toby Walsh)教授发布，告诫各国反对基于军事的人工智能军备竞赛。该公开信已有3150位机器人学和人工智能产业领域的研究人员签名，另有17701名其他人员一起签名。

为了防止应用智能化武器，未来生命研究院创始人马克斯·泰格马克(Max Tegmark)敦促每个人参与"安全工程"，禁止使用致命自主武器，并确保人类对人工智能的和平利用。

项目二　描绘未来的人工智能

任务一　定义未来城市

未来城市的概念不再局限于科幻小说，而是正在逐步成为现实。设想一下，一个智慧城市能够通过智能系统自动调节街道照明，垃圾桶会在需要清理时自动通知环卫工人，交通信号灯则能根据实时数据优化车流。这些智能化的城市管理手段不仅使我们的生活更加便捷，还能显著提高资源利用效率，减少环境污染。目前，中国在智慧城市建设方面已经取得了显著进展，从北京到深圳，各大城市纷纷利用高科技手段，致力于打造更加智慧和可持续的城市生活环境。未来智慧城市的愿景如图9-1所示。

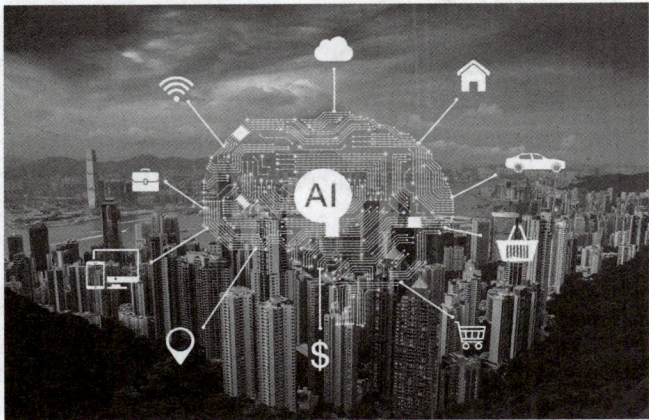

图 9-1　未来智慧城市

未来智慧城市的定义与特点

智慧城市是利用现代信息技术和智能系统来提高城市管理水平和居民生活质量的城市。这意味着智慧城市不仅是一个有高科技技术的地方，还通过这些技术来解决城市中的各种问题，从而实现更高效、更环保、更便捷的城市生活。智慧城市的关键特点如下。

1. 智能基础设施

智能基础设施是智慧城市的基石，包括智能电网、智慧供水系统、智能照明等。智能电网可以根据用电需求动态调整电力供应，减少浪费；智慧供水系统能监测水质和用水量，确保安全供水；智能照明系统则会根据人流和光照情况自动调节亮度，既节能又方便。

2. 数据驱动的城市管理

在智慧城市中，数据是非常重要的资源。通过传感器、摄像头和其他设备收集的大量数据,可以帮助城市管理者实时监控和分析城市运行情况。

3. 智能交通

智能交通系统利用数据和技术来提升交通效率和安全性。例如,智能公交系统可以通过 GPS 定位和实时数据分析,优化公交线路和发车时间,减少乘客的等待时间;自动驾驶汽车通过传感器和 AI 技术,可以提高驾驶安全性,并减少交通事故。

通过这些关键特点,智慧城市不仅提升了城市管理的水平和居民生活的便利性,还为我们创造了一个更加安全、环保和可持续发展的城市环境。这些智慧技术的应用,使未来城市成为一个更加智能和人性化的地方。

智慧城市技术

智慧城市的实现离不开一系列先进技术的支撑。这些技术不仅能让城市变得更智能、更高效,还提升了居民的生活水平。图 9-2 所示是智慧城市中几项关键技术的详细介绍,接下来结合实际案例,展示它们在城市管理中的应用。

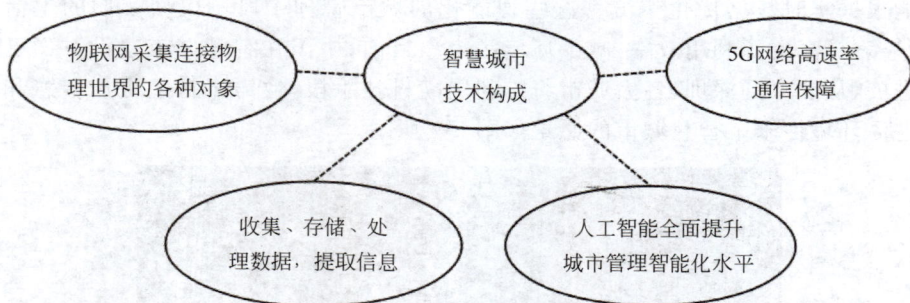

图 9-2　智慧城市关键技术构成

1. 物联网

物联网(IoT)是通过传感器、设备和网络,将物理世界中的各种对象连接起来,实现信息的采集和交换。在智慧城市中,物联网技术广泛应用于城市的各个角落。

2. 大数据

大数据技术是通过对大量数据进行收集、存储、分析和处理,从中提取有价值的信息。在智慧城市中,大数据技术可以帮助城市管理者做出更加科学和高效的决策。

3. 人工智能

人工智能是通过计算机程序模拟人类智能的技术。在智慧城市中,AI 技术广泛应用于各种场景,提高了城市管理的智能化水平。

4. 5G 网络

5G 网络是第五代移动通信技术,具有高速率、低延迟、大容量等特点。在智慧城市中,5G 网络为各种智能应用提供了可靠的通信保障。

智慧城市的实现依赖于物联网、大数据、人工智能和 5G 网络等先进技术的支持。这些技术不仅让城市管理变得更加智能和高效,还提升了居民的生活水平。

智慧城市的愿景

　　未来的智慧城市不仅是一个科技高度发达的城市,更是一个让居民生活更加便利和幸福的城市。通过高效的城市管理,提升居民生活水平和减少环境污染,智慧城市将为我们描绘出一幅美好的未来图景,如图 9-3 所示。

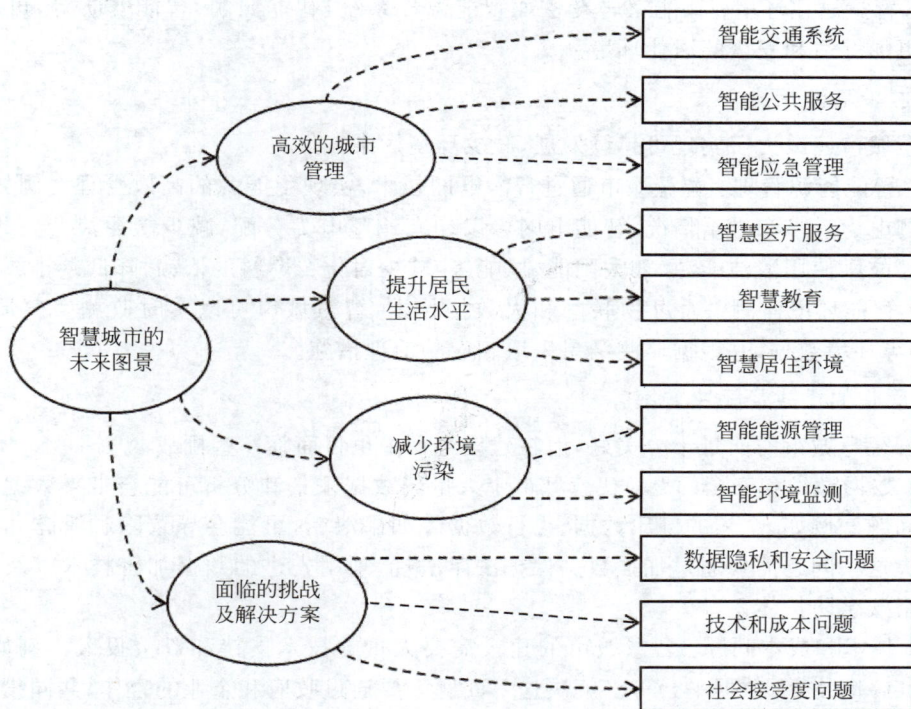

图 9-3　智慧城市的未来图景

1. 高效的城市管理

　　智慧城市利用先进技术实现了城市管理的高效化。以下是几个具体的方面。

　　(1)智能交通系统:通过实时数据分析和人工智能技术,智慧交通系统可以优化交通信号灯的设置,减少交通拥堵。

　　(2)智能公共服务:智慧城市中的公共服务也将更加智能化。例如,通过智能设备和大数据分析,环卫系统可以实时监测垃圾桶的填满程度,自动安排垃圾清理,提高清洁效率。此外,智慧城市中的智能政务服务平台可以让市民在线办理各种手续,减少了不必要的排队和等待时间。

　　(3)智能应急管理:智慧城市的应急管理系统可以通过传感器和大数据分析,实时监测城市中的各种风险,如自然灾害、火灾等,并快速做出响应。

2. 提升居民生活水平

　　智慧城市不仅关注城市管理的高效化,更关注居民生活水平的提升。

　　(1)智慧医疗服务:智慧医疗技术如远程医疗、智能健康监测设备等,可以让居民在家中就能享受到优质的医疗服务。电子健康档案系统可以记录每个人的健康状态,医生可以通过这些数据提供更加精准的治疗方案。

（2）智慧教育：智慧城市中的教育系统也将更加智能化。例如，通过在线教育平台，学生可以随时随地学习课程内容，智能学习系统可以根据学生的学习情况提供个性化的学习方案，以提高学习水平。

（3）智慧居住环境：智能家居设备如智能温控系统、智能照明、智能安防等，可以为居民提供更加舒适和安全的居住环境。

3. 减少环境污染

智慧城市还致力于实现可持续发展，减少环境污染。

（1）智能能源管理：智慧城市通过智能电网技术，实现了能源的高效管理。例如，通过实时监测电力需求和供给情况，智能电网可以动态调整电力分配，减少能源浪费。此外，智慧城市还鼓励使用清洁能源，如太阳能、风能等，减少对化石燃料的依赖，降低碳排放。

（2）智能环境监测：通过物联网和大数据技术，智慧城市可以实时监测空气质量、水质、噪声等环境数据，并根据监测结果采取相应的治理措施。

4. 面临的挑战及解决方案

尽管智慧城市的前景十分美好，但在建设过程中也将面临一些挑战。

（1）数据隐私和安全问题：智慧城市中大量的数据采集和分析可能会带来数据隐私以及安全问题。例如，个人的健康数据、出行数据等如果泄露，可能会导致隐私泄露和安全风险。解决这一问题需要通过加强数据保护法律法规、采用先进的数据加密技术以及建立完善的网络安全防护体系。

（2）技术和成本问题：智慧城市的建设需要大量的技术支持和资金投入。例如，物联网设备、5G 网络、大数据平台等。解决这一问题需要通过政府和企业的合作，共同投资和研发，降低建设成本；同时，推动智慧城市的标准化建设，减少重复投入和资源浪费。

（3）社会接受度问题：智慧城市的建设和推广需要市民的广泛接受和参与。例如，智能垃圾分类系统需要市民的配合和使用，否则难以发挥应有的效果。解决这一问题需要通过加强市民的宣传教育，提高市民的智慧城市意识和参与度；同时，优化智能系统的设计和使用体验，让市民更加愿意接受和使用这些技术。

智慧城市的愿景是实现更加高效的城市管理、提高居民生活水平以及减少环境污染。尽管在建设过程中面临着数据隐私、安全、技术和社会接受度等挑战，但通过科学技术的不断进步和社会各界的共同努力，这些问题都可以逐步得到解决。

案例研究：具体城市的智慧化实践——互联网之都的智慧化探索

我们选择了杭州作为案例，详细介绍杭州在智慧城市建设中的实践和成果。通过具体的数据和实例分析，我们可以看到智慧技术在这个城市中的具体应用和取得的成效。

杭州作为中国的"互联网之都"，在智慧城市建设方面一直走在前列，得益于阿里巴巴等科技企业的支持。杭州的智慧城市建设涵盖了智慧交通、智慧政务和城市大脑等多个领域。

（1）智慧交通：杭州的"智慧交通"系统利用人工智能和大数据技术，对全市交通进行实时管理和优化。通过对交通信号灯的智能调控，杭州的交通延误时间减少了 15%。这套系统不仅能优化车流，还能提前预警交通事故和拥堵，提升了出行效率。

（2）智慧政务：杭州大力推进"最多跑一次"改革，利用智慧政务平台，市民可以在线办理各种行政事务，减少了线下排队和等待时间。通过政务数据的整合和共享，政府服务的效率和透明度得到了显著提升。

（3）城市大脑：杭州的"城市大脑"项目是其智慧城市建设的核心。这个系统通过整合全市的实时数据，实现对交通、安防、环境等多个领域的智能管理。例如，城市大脑可以实时监控空气质量、自动调度环卫车辆等，以提高城市环境管理效率。

智慧城市的未来愿景不仅是科技进步的象征，更是实现可持续发展和提升居民生活水平的重要途径。通过智能交通、智慧政务、智慧社区等多方面的创新应用，智慧城市不仅能大幅提高城市管理效率、减少资源浪费，还能提升公共服务水平，实现人们的美好生活。杭州的成功案例展示了智慧城市在中国发展的巨大潜力和实际成效，为其他城市提供了宝贵的经验和参考价值。

任务二　绿色生活：智慧城市的日常

绿色生活不仅是一个时尚的理念，更是未来城市发展的核心。绿色生活倡导资源节约、环境友好和健康舒适的生活方式，而智慧城市则通过高科技手段实现这一目标。在智慧城市中，智能技术与绿色理念相结合，不仅可以优化能源使用、减少污染，还能提升居民的生活质量，智慧城市中的绿色生活，如同一部环保交响曲，利用智能技术的"指挥棒"，谱写出人与自然和谐共处的美丽篇章。这不仅是时代的需求，更是我们每个人对未来生活的美好期待。绿色生活的图景如图 9-4 所示。

图 9-4　绿色生活图景

绿色生活的定义与意义

1. 绿色生活的定义

绿色生活，顾名思义，是一种追求资源节约、环境友好、健康舒适的生活方式。它倡导在日常生活中尽量减少资源消耗和环境污染，从而实现人与自然的和谐共处。具体来说，绿色生活包括节能减排、减少废弃物、使用可再生资源、推广环保产品等方面。比如，选择公共交通出行、减少一次性塑料制品的使用、注重垃圾分类和垃圾回收再利用等方式，都是绿色生活的体现。

2. 绿色生活的意义

绿色生活不仅对个人有积极影响，对社会和环境也有深远意义。

（1）对个人的意义：绿色生活能够提升个人的健康和生活质量。比如，选择步行或骑自行车不仅减少碳排放，还能增强体质。使用环保产品、食用有机食品，有助于减少对有害化学物质的摄入，从而保持健康。

（2）对社会的意义：绿色生活方式的推广可以引导社会形成环保意识，推动环保文化的普及。当越来越多的人践行绿色生活，环保理念将逐渐渗透到社会的各个角落，形成人人参与的环保氛围。这有助于推动相关政策的制定和实施，促进社会的可持续发展。

（3）对环境的意义：绿色生活能够显著减少对自然资源的消耗和环境的污染。减少能源和水资源的浪费,降低二氧化碳等温室气体的排放,有助于缓解气候变化,保护生态环境。垃圾分类和循环利用可以减少垃圾填埋和焚烧带来的环境负担,促进资源的高效利用。

绿色生活不仅是一种个人选择,更是一种社会责任。它在智慧城市中得到了更好的实践,通过智能技术的支持,绿色生活方式得以更广泛和深入地推广。

智慧城市中的绿色技术

在当今全球化和城市化快速发展的时代,智慧城市成为一个热门话题。智慧城市不仅是科技的集大成者,更是绿色环保生活的先锋。在智慧城市中,绿色技术的应用日益广泛,包括智能电网、绿色建筑和共享经济模式等(图9-5)。这些技术不仅提升了城市的运行效率,还为实现可持续发展提供了强有力的支持。下面,我们将通过一些实际案例,深入解读这些绿色技术如何帮助实现绿色生活。

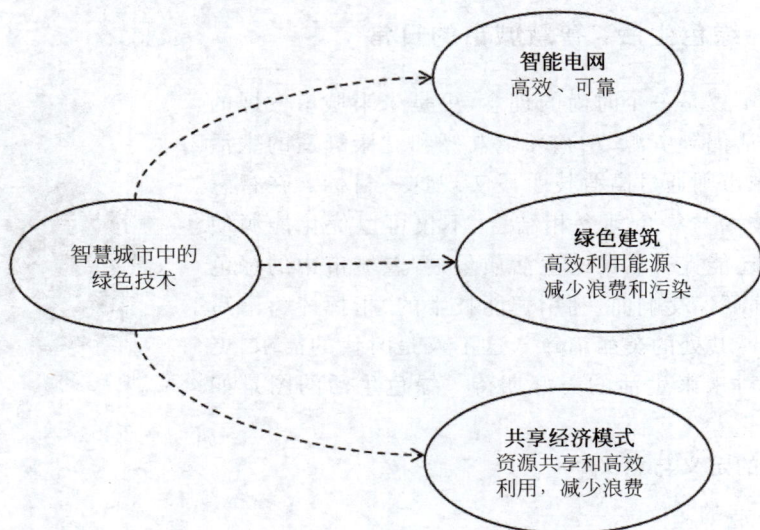

图 9-5　智慧城市中的绿色技术

1. 智能电网:节能减排的电力革命

智能电网(smart grid)是指利用先进的传感技术、信息通信技术和控制技术,对传统电网进行改造和升级,形成一个更加高效、可靠和环保的电力系统。

实例:德国的智能电网计划

德国作为全球能源转型的先锋国家,其智能电网计划(Energiewende)备受瞩目,该计划旨在通过引入智能电网技术,提高能源利用效率,并大力发展可再生能源。在德国的一些城市中,已经安装了大量的智能电表和传感器,这些设备能够实时监测和管理电力的供应和需求。

智能电网的优势在于其高效和环保。通过实时监测和优化电力分配,智能电网能够大幅减少电力浪费。通过接入可再生能源(如风能和太阳能),智能电网有助于实现清洁能源的大规模应用,从而进一步减少温室气体排放。

2. 绿色建筑：环保与舒适并存

绿色建筑（green building）是指在建筑的全生命周期内，最大限度地节约资源、保护环境、减少污染，为人们提供健康、适用和高效使用空间的建筑物。绿色建筑强调能源效率、水资源利用、材料选择和室内环境质量等方面的优化。

实例：新加坡的滨海湾金沙酒店

新加坡的滨海湾金沙酒店是绿色建筑的典范（图 9-6）。酒店采用了先进的节能技术，如高效的空调系统和照明系统，利用太阳能发电，同时建筑外墙使用了隔热材料，减少了空调的使用量。屋顶花园不仅美观，还能够吸收二氧化碳，改善城市的空气质量。

图 9-6　新加坡的滨海湾金沙酒店

绿色建筑不仅能够显著降低能源消耗和碳排放，还能够为居民提供更健康、舒适的居住环境。随着人们环保意识的增强，绿色建筑将成为未来城市建设的主流。

3. 共享经济模式：资源高效利用的新途径

共享经济模式是指通过互联网平台，促进资源的共享和资源的高效利用，以减少浪费和环境污染。例如共享单车（bike-sharing）是共享经济模式的一种典型应用。

实例：中国的共享单车系统

中国的共享单车系统（如美团和青桔共享单车）已经成为城市居民日常出行的重要交通工具。通过智能手机应用程序，用户可以方便地找到并使用附近的共享单车。共享单车不仅减少了私家车的使用，还缓解了城市交通拥堵，减少了汽车尾气排放，改善了空气质量。

共享经济模式有效地促进了资源的高效利用和环境保护。共享单车的普及不仅带来了便捷的出行方式，还推动了绿色出行的理念，为智慧城市的绿色发展提供了强有力的支持。

绿色出行与智慧交通

智慧城市中的绿色出行和智慧交通系统不仅提升了居民出行的便利性，还显著减少了对环境的负面影响。通过智能交通信号、自动驾驶汽车和公共交通优化等技术，智慧交通系统为城市带来了诸多便利。此外，绿色出行方式如电动汽车、共享单车和步行等，也在减少碳排放和缓解交通拥堵方面发挥了重要作用。绿色出行与智慧交通如图 9-7 所示。

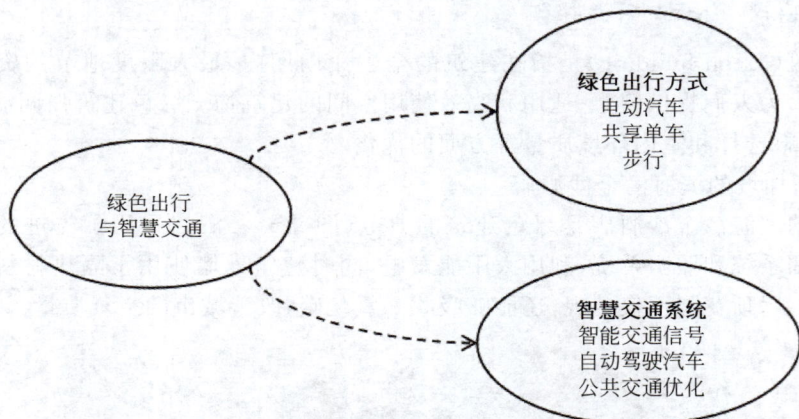

图 9-7　绿色出行与智慧交通

1. 绿色出行方式

绿色出行方式在智慧城市中也得到了广泛应用,以下是几种主要的绿色出行方式及其优势。

(1)电动汽车:电动汽车以电力为驱动能源,不会产生尾气污染,零排放。随着电动汽车充电基础设施的完善,越来越多的城市居民选择电动汽车作为日常出行的交通工具。电动汽车不仅环保,还能降低出行成本。

(2)共享单车:共享单车通过智能手机 App 进行租借,方便快捷,适合短途出行。共享单车不仅减少了对私家车的依赖,还缓解了城市交通压力,降低了碳排放。例如,北京的共享单车系统自推出以来,极大地改善了市民的短途出行方式,每年减少了大量的碳排放。

(3)步行:步行是最环保的出行方式,不产生任何污染。智慧城市通过建设步行友好的城市环境,如步行街、城市绿道等,鼓励市民选择步行出行。步行不仅有助于减少交通拥堵,还能改善市民的身体健康。

2. 智慧交通系统

智慧交通系统是智慧城市的核心组成部分,通过信息和通信技术实现交通管理的智能化,以下是智慧交通系统中的几项关键技术。

(1)智能交通信号:智能交通信号系统通过实时监测交通流量,自动调整信号灯的时长,以优化交通流量,减少交通拥堵。例如,北京的智能交通信号系统利用大数据分析和人工智能技术,根据实时交通状况调整信号灯的时长,减少了高峰时段的拥堵情况。

(2)自动驾驶汽车:自动驾驶汽车利用传感器、摄像头和 AI 技术,实现了车辆的自动驾驶功能。自动驾驶汽车不仅提高了行驶安全性,还能通过优化行驶路线,减少燃油消耗和尾气排放。例如,深圳的一些自动驾驶试点项目已经在特定区域内实现了无人驾驶出租车的运营,大大减少了人为驾驶带来的交通事故。

(3)公共交通优化:通过大数据和智能调度系统,公共交通优化技术可以提高公交车、地铁等公共交通工具的运行效率。例如,杭州的智能公交系统可以根据乘客数量和交通状况,实时调整公交线路和发车时间,提高了公交车的利用率和乘客的出行体验。

绿色生活中的智能家居

　　智能家居技术通过先进的物联网和自动化系统,为家庭生活带来了便利和舒适。智能温控系统、智能照明和智能家电等技术不仅提高了居民的生活水平,还帮助家庭节能减排,促进绿色生活方式的实现。下面将详细介绍这些技术及其应用实例,展示智能家居如何为绿色生活作出贡献。绿色生活中的智能家居如图 9-8 所示。

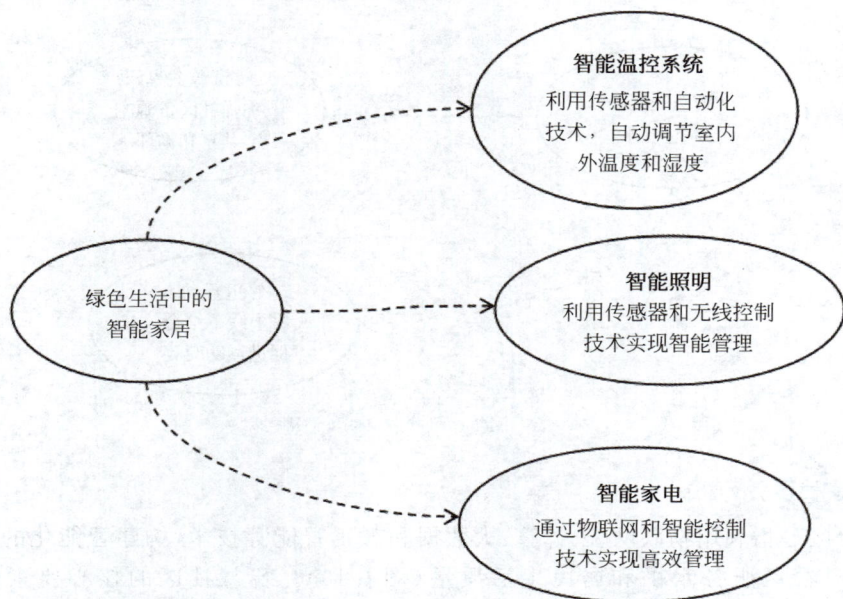

图 9-8　绿色生活中的智能家居

1. 智能温控系统

　　智能温控系统利用传感器和自动化技术,根据室内外温度、湿度及用户的作息时间,自动调节室内温度,达到节能和舒适的双重效果。

2. 智能照明

　　智能照明系统通过传感器和无线控制技术,实现对家庭照明的智能管理。智能灯泡和照明控制器可以根据自然光照和房间使用情况自动调节灯光亮度,达到节能效果。

3. 智能家电

　　智能家电如智能冰箱、洗衣机和空调等,通过物联网和智能控制技术,实现高效运行和节能管理。智能冰箱可以监测食品的存储情况,提醒用户补充食物,减少浪费;智能洗衣机能够根据衣物的重量和污渍程度,自动调整洗涤程序,节约用水和用电。

　　智能家居技术通过智能温控系统、智能照明和智能家电等,显著提升了家庭生活的舒适度和便利性,同时也在节能减排方面发挥了重要作用。

智慧社区与绿色生活

　　智慧社区是智慧城市的重要组成部分,通过现代科学技术实现社区管理的高效化、资源共享的最大化以及邻里互动的便利化(图 9-9)。智慧社区不仅提升了居民的生活水平,还在推动绿色生活方面发挥了重要作用。下面将详细介绍智慧社区的概念,并探讨智慧社区中推动绿色生活的具体措施,如社区花园和垃圾分类等。

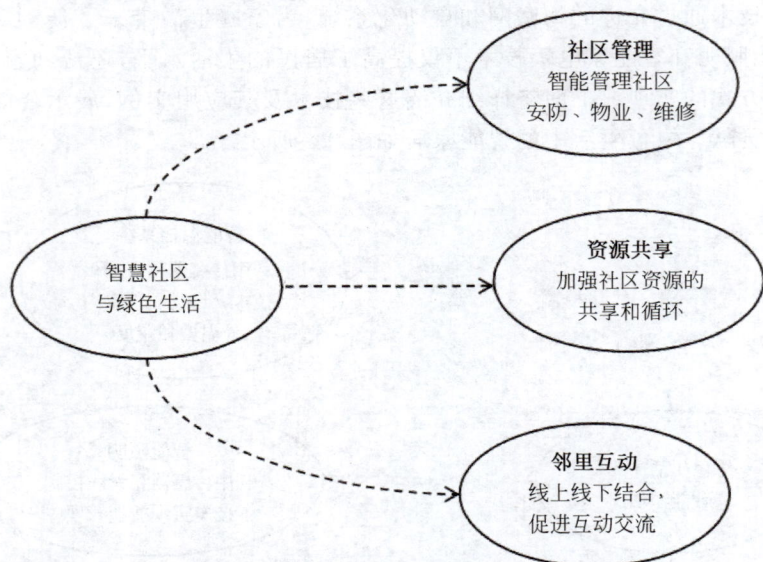

图 9-9 智慧社区与绿色生活

1. 智慧社区

智慧社区是指利用物联网、云计算、大数据和人工智能等技术,构建智能化的社区管理系统,以提升社区服务水平和居民生活质量(图 9-10)。智慧社区的核心要素包括以下几项。

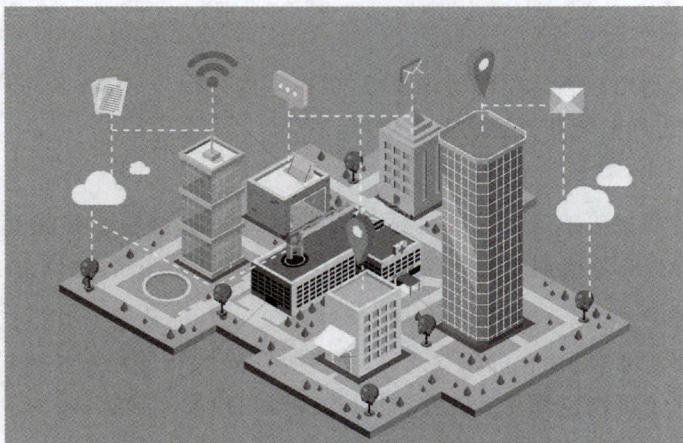

图 9-10 智慧社区

(1)社区管理:通过智能设备和系统,实现社区安防、物业管理、能耗监测等方面的智能化管理。例如,智能安防系统可以通过摄像头和传感器实时监控社区安全状况,及时发现和处理异常情况;智能物业管理系统则能让居民在线报修、缴费,提高管理效率和居民满意度。

（2）资源共享：智慧社区鼓励资源的共享和循环利用，如共享单车、共享汽车、共享图书馆等，既方便了居民生活，也节约了资源。例如，共享单车的普及，不仅方便了居民短途出行，还减少了对私家车的依赖，降低了碳排放。

（3）邻里互动：智慧社区通过线上线下结合的方式，促进邻里之间的互动和交流。例如，社区 App 可以发布社区活动信息、邻里互助需求等，增强居民的社区归属感和参与感。

2. 绿色生活

智慧社区在推动绿色生活方面采取了多种措施，以下是其中几项重要的措施。

（1）社区花园：社区花园是智慧社区中推广绿色生活的重要方式之一。社区花园不仅美化了居住环境，还为居民提供了种植蔬菜、花卉的场所，促进了居民与自然的亲密接触。例如，北京的一些智慧社区开设了社区花园，居民可以认领花坛种植植物，不仅改善了社区环境，还促进了居民之间的互动。

（2）垃圾分类：智慧社区通过智能垃圾分类系统，实现垃圾分类的高效管理。智能垃圾桶配备传感器，可以自动识别和分类不同类型的垃圾，并通过物联网技术实时监控垃圾桶的填满情况，优化垃圾清运路线和时间。例如，上海的一些智慧社区使用智能垃圾桶，居民通过扫描二维码开盖投放垃圾，系统会根据垃圾类型进行分类，并给予相应的环保积分奖励，激励居民参与垃圾分类。

（3）绿色建筑：智慧社区中的建筑物采用绿色建筑标准，使用环保材料和节能技术，减少建筑对环境的影响。例如，深圳的智慧社区中，一些住宅楼采用了太阳能光伏系统、雨水收集系统和高效节能的空调系统，显著降低了能耗和碳排放。

（4）智能家居：智慧社区推广智能家居技术，如智能温控系统、智能照明和智能家电等，帮助居民实现节能减排，提高生活舒适度。例如，杭州的智慧社区中，居民可以通过手机App 远程控制家中的温度、照明和电器使用情况，既方便又节能。

智慧社区通过智能化的社区管理、资源共享和邻里互动，提升了居民的生活质量，并在推动绿色生活方面取得了显著成效。社区花园、垃圾分类、绿色建筑和智能家居等措施，不仅美化了社区环境，还促进了资源的可持续利用和碳排放的减少。

通过倡导绿色生活，智慧城市不仅为居民创造了一个更清洁、更健康的生活环境，还推动了社会的可持续发展，为子孙后代留下了宝贵的生态财富。

项目三　解读 AI 与社会主义核心价值观

任务一　机器智能与人类智慧的共存

机器智能（也称数字智能）是指通过计算机技术模拟人类思维的智能系统，其核心在于快速处理大量数据并做出精准的决策。人类智慧（也称为生物智能）则涵盖了创造力、情感、伦理判断和复杂问题的解决能力，体现了人类在思维和情感上的独特优势。尽管机器智能在效率和精确度方面具有显著优势，但其缺乏人类的情感理解和创造力（图 9-11）。因此，机器智能与人类智慧的共存不仅是技术发展的必然趋势，更是推动社会进步和解决复杂问题的重要途径。通过协同发展，机器智能可以弥补人类智慧的不足，而人类智慧则能引导和完善机器智能的应用，实现真正的智能化社会。

图 9-11　机器智能

技术与人文的对话

随着科技的不断进步,机器智能在各个领域展现出了卓越的效率和精准度。机器智能能够处理海量数据,进行复杂的计算和分析。例如,在金融领域,AI可以在几秒内分析数百万笔交易,识别出潜在的市场趋势和风险,这种高效的处理能力是人类难以匹敌的。此外,在制造业中,AI驱动的机器人可以24h不间断地进行精密的组装和检测,极大地提升了生产效率和产品质量。

然而,尽管机器智能在效率和精准度方面有着显著的优势,人类智慧在创造力、情感和伦理决策方面的不可替代性同样重要。创造力是人类智慧的核心,只有人类能够通过直觉和想象力,提出前所未有的创新构想。比如,艺术创作、文学写作和科学发现等领域,依赖于人类独特的创造力。此外,情感理解和表达也是机器智能所无法完全复制的。医生在给病人诊断时,不仅需要专业的医学知识,还需要共情能力,安慰和鼓励病人,使其心理状态得到改善。伦理决策则涉及对复杂道德问题的判断,这需要人类根据价值观和道德原则做出权衡和选择,而这些都不是用简单的算法能够解决的。

在实际应用中,机器智能与人类智慧的互补效应日益显著。以智能助理在教育和医疗中的辅助作用为例,智能助理可以帮助老师对学生成绩进行分析,并提供个性化的学习方案,从而提升教学效果。在医疗领域,AI可以辅助医生进行病历分析,预测病情发展,为医生提供诊断建议。但最终的治疗决策仍需医生根据患者的具体情况、家庭背景和个人意愿综合考量,这种人性化的决策过程是AI无法独立完成的。

综上所述,机器智能与人类智慧各具优势,共同推动了社会的进步。在效率和精准度方面,机器智能发挥了其强大的能力,而在人性化、创造力和伦理决策方面,人类智慧则展现了其独特的价值。通过两者的有机结合,我们能够实现更高效、更人性化的社会发展。

机器智能和人类智慧协同发展的案例

机器智能和人类智慧协同工作的成功案例在各个领域不断涌现,这些案例展示了两者结合所带来的巨大效益和面临的挑战。

1. 智能制造中的人机协作

在智能制造领域,人机协作是机器智能与人类智慧协同工作的典范。智能制造通过将AI技术应用于生产线,极大地提升了生产效率和

AI与人类
合作现状

产品质量。例如,德国的西门子公司在其阿姆贝格工厂实施了全自动化生产线,机器人和人类工人密切合作,生产出复杂的工业控制器。机器人负责高精度的组装和检测工作,而人类工人则进行监控、维护和质量控制等任务。

2. 协同工作的效益

这种人机协作模式带来了显著的效益。根据西门子公司的数据显示,该工厂的生产效率提高了 75%,产品不良率降低至不足 0.001%。机器人能够 24h 不间断工作,处理重复性高、精度要求高的任务,而人类工人则专注于需要判断力和创造力的工作,如解决生产中的意外问题和优化生产流程。

3. 研究数据支持

相关研究数据也支持这种协同模式的优势。麻省理工学院的一项研究表明,在制造业中引入人机协作后,生产效率平均提高了 85%。研究还发现,通过机器人的精准度和人类工人的灵活性相结合,可以显著提升产品质量和生产速度。

4. 协同发展的挑战

尽管协同发展带来了诸多效益,但也面临着一些挑战。

(1)技术挑战,如何实现机器人与人类的无缝协作,确保安全性和可靠性,是一大难题。例如,机器人在工作时需要识别和避让人类工人,避免发生碰撞,这对传感器技术和算法提出了高要求。

(2)社会挑战,随着机器人逐渐承担更多工作任务,人们担心可能会导致失业问题。虽然目前数据显示,机器人往往是替代高强度、重复性高的工作,但如何在新技术普及过程中,确保劳动力市场的平衡,仍需政策和社会的共同努力。

5. 协同发展的未来

展望未来,随着技术的不断进步,机器智能与人类智慧的协同将更加紧密。机器人将具备更强的感知能力和学习能力,与人类工人的互动将更加自然和高效。在医疗、教育、服务等领域,人机协作的潜力也将进一步释放,为社会创造更多价值。

总之,机器智能和人类智慧的协同发展,将引领我们迈向一个更高效、更智能、更人性化的未来。通过克服技术和社会挑战,我们能够充分发挥两者的优势,实现社会的可持续发展。

人机协同未来展望

1. 机器智能和人类智慧共存的发展趋势

随着科技的飞速发展,机器智能和人类智慧的共存将越来越普遍并深入各个领域。在未来,我们可以预见以下几个发展趋势。

(1)深度融合。机器智能将更加深度地融入人们日常生活和工作中。例如,智能家居系统将变得更加智能化,可以自动调节室温、控制家电、监测安全等。而在工作场所,AI 助手则将协助员工进行数据分析、任务管理和决策支持,提升整体工作效率。

(2)个性化服务。在未来,AI 技术将能够根据个人的需求和偏好,提供高度个性化的服务。例如,在医疗领域,AI 可以根据每个患者的健康数据,制订个性化的治疗方案和健康管理计划。在教育领域,智能学习平台将根据学生的学习进度和兴趣,推荐最适合的学习资料和课程,帮助学生更有效地学习。

(3)创新与创造力。机器智能将与人类智慧共同推动创新和创造力的增强。例如,在艺术领域,AI可以辅助艺术家进行创作,提供灵感和技术支持;在科研领域,AI可以协助科学家进行复杂的数据分析和模拟实验,推动科学发现和技术创新。

2. 伦理和社会问题

在机器智能和人类智慧共存的过程中,机器智能未来面临着许多问题,我们需要认真对待这些问题并寻求解决方案,如图9-12所示。

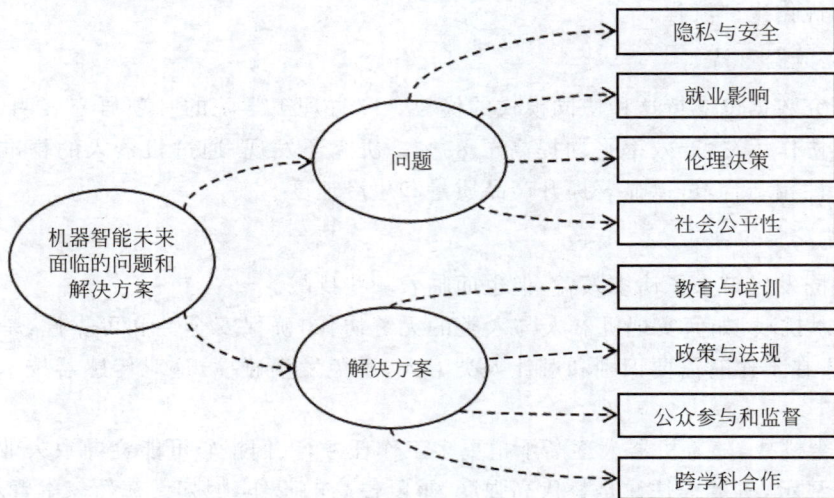

图 9-12　机器智能未来面临的问题和解决方案

(1)隐私与安全。随着机器智能处理和分析大量数据,个人隐私和数据安全成为一个重要问题。未来,需要制定更加严格的数据保护法规,确保用户数据的安全和隐私不被侵犯。此外,开发安全可靠的 AI 系统,防止数据泄露和滥用,也是至关重要的。

(2)就业影响。机器智能在提高生产效率的同时,也可能导致部分工作岗位的消失。为应对这一挑战,需要通过教育和培训,提升劳动者的技能和竞争力,使其能够适应新技术带来的变化。此外,政府和企业应共同努力,创造更多高质量的就业机会,促进经济的可持续发展。

(3)伦理决策。机器智能在执行任务时可能面临复杂的伦理决策问题,例如在自动驾驶汽车中,如何在紧急情况下做出最佳选择。为此,需要建立一套完善的伦理准则和决策机制,确保 AI 系统在执行任务时遵循人类社会的价值观和道德规范。

(4)社会公平性。机器智能的发展可能加剧社会不平等,例如技术资源的集中可能导致贫富差距扩大。为实现社会公平,需要推动技术的普及和共享,使更多人能够享受科技带来的便利和福利。此外,政府应加强监管,防止技术垄断和不公平竞争。

3. 伦理和社会问题解决方案

(1)教育与培训:推动教育体系改革,将 AI 和技术素养教育纳入基础教育和职业培训中,培养学生和劳动者的创新能力和技术技能,使其能够适应和利用新技术。

(2)政策与法规:制定和完善相关法律法规,保护个人隐私和数据安全,确保 AI 技术的公平应用和可持续发展。政府应加强监管,防止技术滥用和不公平竞争。

（3）公众参与和监督：增强公众对 AI 技术的理解和参与,建立公开透明的监督机制,确保 AI 技术的开发和应用符合社会利益和道德规范。

（4）跨学科合作：推动人工智能领域与人文、社会科学的跨学科合作,共同探讨和解决技术发展带来的伦理和社会问题,确保技术进步与社会发展相协调。

总之,机器智能和人类智慧的共存将引领我们迈向一个更加智能化和高效的未来。在这一过程中,我们需要通过教育、政策、公众参与和跨学科合作,共同应对挑战,确保技术进步惠及全社会,实现可持续发展的美好愿景。

任务二 AI 助力传统文化与现代文化的融合

中国文化以其深厚的历史底蕴和独特的价值观念著称。这些传统价值观塑造了中国人的生活方式和社会结构,并在全球文化中占据重要地位。

AI 技术的迅猛发展,正在深刻改变着中国社会的各个方面。在这样的文化背景下,AI 在中国扮演着独特而重要的角色,不仅推动了传统文化的传承与创新,还促进了现代科技与文化的深度融合。未来,AI 将在促进中国传统文化与现代科技的协同发展中发挥越来越重要的作用。

传统文化中的 AI

AI 技术不仅在科技和商业领域中展现了巨大潜力,还对传统文化的保护和传承带来了全新的机遇。通过 AI 技术,传统文化得以更好地保存、传播和创新,焕发出新的生机。AI 在传统文化中的应用如图 9-13 所示。

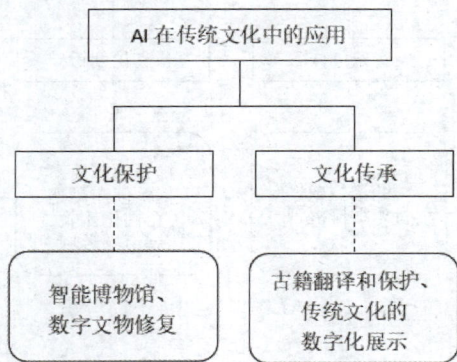

图 9-13 AI 在传统文化中的应用

1. 智能博物馆

智能博物馆利用 AI 技术提升了观众的参观体验和文物保护水平。在智能博物馆中,AI 技术可以通过虚拟现实和增强现实技术,为观众提供沉浸式的参观体验。

2. 数字文物修复

传统文物的修复往往需要大量的人力和时间,而 AI 技术可以显著提升这一过程的效率和准确性。例如,利用图像识别和深度学习技术,AI 可以分析破损文物的图像,自动生成修复方案,甚至在某些情况下直接进行数字修复。此外,AI 还可以通过对大量历史数据的分析,推测出文物的原貌,帮助修复师更准确地进行文物修复工作。

AI 技术在传统文化传承中的应用

1. 古籍翻译和保护

古籍承载着中华文化的精髓,但由于语言差异和文本的古旧等原因,大量古籍难以阅读和理解。AI 技术,特别是语音识别和自然语言处理技术,在古籍翻译和保护方面发挥了重要作用。通过扫描和文字识别,AI 可以将其转换为数字化文本,接着利用机器翻译技术将古文翻译成现代汉语甚至其他语言,方便更多人阅读和研究。

2. 传统文化的数字化展示

AI 技术还可以用于传统文化的数字化展示,通过多媒体手段弘扬中华优秀传统文化。例如,利用图像识别和生成技术,AI 可以将传统绘画和书法作品制作成高清数字版,便于传播和展示。观众可以通过手机或计算机欣赏这些作品,甚至参与互动体验,如在线临摹和创作。此外,AI 还可以通过语音合成技术,复原古代音乐和戏剧表演,使观众可以一睹古代文化的风采。

现代文化中的 AI

AI 在现代文化产业中的应用越来越广泛,正在深刻改变影视、音乐等文化领域的创作和生产方式。通过 AI 技术,文化产业得以实现创新和发展,提升了文化软实力。AI 在现代文化中的应用如图 9-14 所示。

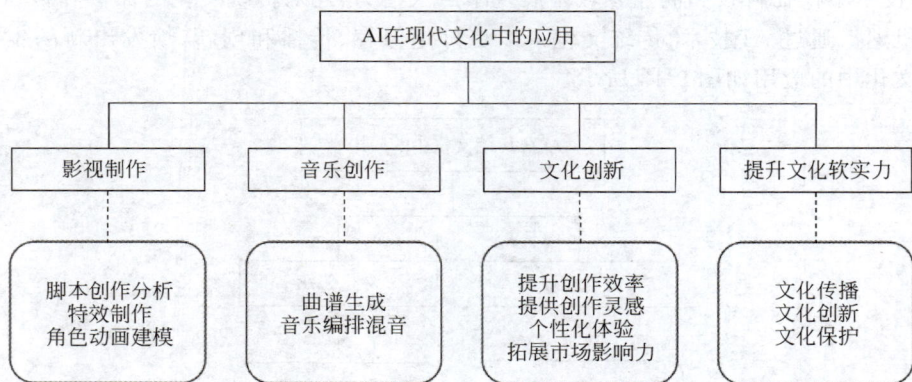

图 9-14　AI 在现代文化中的应用

1. AI 在影视制作中的应用

AI 技术可以辅助编剧进行脚本创作和分析。例如,利用自然语言处理技术,AI 可以对大量的影视剧本进行分析,总结出成功剧本的结构和特点,为编剧提供创作灵感和建议。

此外,AI 还可以自动生成故事大纲,甚至撰写剧本的部分内容。例如,中央电视台(CCTV)作为中国的主要广播电视媒体,也在积极采用 AI 技术,以提升节目制作质量和观众体验。

在特效制作中,AI 技术同样发挥了重要作用。通过深度学习和图像处理技术,AI 可以快速生成逼真的特效场景,减少了人工制作的时间和成本。例如,中央电视台《国家宝藏》这档节目运用了大数据分析和 AI 技术,精准地捕捉了观众的兴趣点,进而优化节目内容,提高观众的观看体验。

2. AI 在音乐创作中的应用

AI 技术在音乐创作中的应用同样引人注目。利用生成对抗网络和循环神经网络等算法，AI 可以自动生成曲谱，为音乐创作提供新的思路和素材。例如，中央电视台的音乐节目《民歌·中国》通过 AI 技术分析大量民歌数据，发掘和创新传统民歌的现代表达方式。AI 可以生成新的旋律，甚至帮助作曲家进行编曲，从而创造出既有传统韵味又符合现代审美的音乐作品。

AI 技术还可以辅助音乐的编排与混音。通过分析大量音乐数据，AI 可以识别不同乐器的特点和最佳组合方式，为音乐作品提供编排建议。此外，AI 还可以自动进行音频处理和混音，使音乐作品达到专业水准。

3. AI 促进文化产业创新和发展的方式

AI 技术显著提升了文化产业的创作效率。通过自动化的脚本生成、特效制作和音乐创作，创作者可以更快地完成高质量的作品，从而缩短制作周期，降低成本。例如，AI 可以在几分钟内生成一首曲子或设计一个复杂的特效场景，而这些工作如果由人工完成，可能需要数天甚至数周的时间。

AI 技术可以为创作者提供丰富的灵感和素材。通过对大量作品的分析，AI 可以总结出成功作品的特点，并生成新的创意方案。例如，AI 可以根据流行趋势和观众喜好，推荐适合的剧本题材或音乐风格，为创作者提供参考。

AI 技术帮助文化产业拓展了市场和影响力。通过多语言翻译和文化适应，AI 可以将优秀的文化作品传播到全球各地，打破语言和文化的障碍。例如，AI 翻译技术可以将影视作品和音乐翻译成多种语言，使其更容易被国际观众接受和喜爱。

4. AI 提升文化软实力

AI 技术在文化传播中的应用，使中国优秀的现代文化作品能够更广泛地传播到世界各地，提升了国家的文化软实力。通过 AI 翻译和推荐技术，更多的国际观众可以了解和欣赏中国的影视作品、音乐和其他文化产品，增强了中国文化的国际影响力。

AI 技术促进了文化产业的创新发展，使中国在全球文化产业中占据重要地位。通过不断引入和应用先进的 AI 技术，中国的影视、音乐等文化产业在质量和创意上不断提升，吸引了越来越多的国际观众和听众。

在现代文化产业中，AI 技术不仅推动了新作品的创作，还在文化保护和传承中发挥了重要作用。例如，通过数字化和智能化手段，AI 可以帮助保存和修复珍贵的文化遗产，使其在现代社会中得到更好的保护和传播。

总之，AI 技术在现代文化产业中的应用，为影视制作、音乐创作等领域带来了巨大的变革和发展机遇。通过提升创作效率、提供创作灵感、个性化体验和拓展市场，AI 促进了文化产业的创新和发展，提升了国家的文化软实力。未来，随着 AI 技术的不断进步，中国的文化产业将继续蓬勃发展，创造出更多优秀的文化作品，进一步增强中国的文化影响力。

AI 在文化融合中的应用

随着 AI 技术的迅猛发展，传统文化与现代文化在 AI 的推动下实现了深度融合 AI 不仅为传统艺术的保护和创新提供了新手段，还在文化交流和多样性方面发挥了重要作用。

AI 在文化融合中的应用如图 9-15 所示。

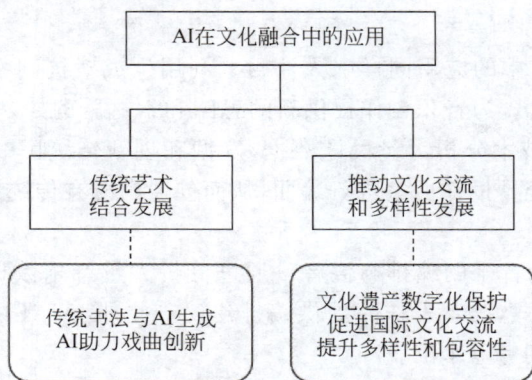

```
          ┌─────────────────────┐
          │  AI在文化融合中的应用  │
          └──────────┬──────────┘
         ┌───────────┴───────────┐
   ┌──────────┐            ┌──────────┐
   │ 传统艺术   │            │ 推动文化交流 │
   │ 结合发展   │            │ 和多样性发展 │
   └────┬─────┘            └─────┬────┘
   ┌────┴─────────┐        ┌─────┴──────────┐
   │ 传统书法与AI生成 │        │ 文化遗产数字化保护 │
   │ AI助力戏曲创新  │        │ 促进国际文化交流  │
   │               │        │ 提升多样性和包容性 │
   └───────────────┘        └────────────────┘
```

图 9-15   AI 在文化融合中的应用

1. 传统书法与 AI 生成

在中央电视台的节目中展示了 AI 与传统书法的结合。通过深度学习，AI 可以分析大量书法作品，学习不同书法家的风格，然后生成新的书法作品。这些 AI 生成的书法不仅保持了传统艺术的精髓，还通过现代技术实现了新的艺术表达。例如，AI 生成的书法作品可以应用在现代设计中，如广告、包装和数字媒体，使传统艺术焕发出新的生命力。

2. AI 助力戏曲创新

在戏曲领域，AI 技术也得到了应用。在中央电视台的戏曲节目中，AI 技术用于分析和合成传统戏曲唱腔，帮助年轻演员更好地学习和掌握传统艺术。通过 AI 模拟，不同流派的唱腔得以保存和传播，推动了传统戏曲的传承和创新。例如，利用语音合成技术，AI 可以模拟老一辈艺术家的声音，使其表演艺术得以传承。

人工智能技术正在推动传统文化与现代文化的深度融合，通过数字化保护、创作创新和文化交流，AI 使传统文化焕发出新的生命力，并促进了文化的多样性和包容性。随着 AI 技术的不断进步，我们可以期待更多的文化创意和创新形式出现，推动全球文化的繁荣和发展。

任务三   解读 AI 中的技术伦理

在当今数字化时代，AI 技术正以前所未有的速度改变着我们的生活和工作方式。从智能家居到自动驾驶，从医疗诊断到教育辅助，AI 的应用无处不在。然而，随着技术的飞速发展，一系列伦理问题也逐渐浮现。本章将深入探讨 AI 技术伦理的核心概念、主要问题及其在实际应用中的重要性，帮助同学们树立正确的技术伦理观，为未来的职业发展奠定坚实的基础。

什么是技术伦理

技术伦理是指在技术开发、应用和管理过程中所涉及的道德和伦理问题。它关注技术对人类社会、自然环境以及个人权利的影响，并试图通过制定规范和原则来引导技术的合理发展。对于 AI 技术而言，伦理问题尤为重要，因为 AI 不仅具有强大的功能，还可能对人类的价值观和社会结构产生深远影响。

AI 伦理挑战

AI 技术伦理的核心原则

为了确保 AI 技术的健康发展,国际社会普遍认同以下几条核心伦理原则。

1. 增进人类福祉

AI 技术的设计和应用应以人类利益为核心,致力于提升人类的生活质量和社会福祉。在教育领域,AI 应帮助学生更好地学习,为教师提供更有效的教学工具。

2. 公平与公正

AI 系统应避免因数据偏差或算法设计不当而对某些群体造成歧视。例如,在招聘、贷款审批等场景中,AI 工具应确保机会的公平分配。

3. 隐私保护

AI 技术需严格遵守隐私法规,保护用户数据不被滥用。在教育中,学生的个人信息(如成绩、健康数据等)应得到充分保护。

4. 透明与可解释性

AI 系统的决策过程应具备透明度,用户能够理解其逻辑。在教育中,AI 工具的输出结果需能被教师和学生理解,以便建立信任。

5. 责任与问责

明确 AI 技术应用中的责任主体,确保在出现问题时能够追溯责任。在教育领域,学校、开发者和使用者需共同承担伦理责任。

AI 技术伦理的主要问题

1. 算法偏见

AI 系统依赖数据进行学习和决策。然而,如果数据存在偏差,AI 算法可能会产生不公平的结果。例如,某些招聘 AI 工具可能因数据偏差而对少数族裔或女性求职者产生歧视。在教育中,AI 评估系统若未经过严格测试,也可能对某些学生群体不公平。

案例分析

某教育平台的 AI 评估系统在分析学生作文时,发现对某些地区的方言表达存在误判,导致部分学生得分偏低。这一问题引发了家长和教师的广泛关注,也凸显了算法偏见的严重性。

2. 隐私保护

AI 技术需要大量数据来训练模型,这可能导致用户隐私泄露的风险。在教育领域,学生的个人信息(如家庭住址、联系方式、学习记录等)可能被收集和存储。如果这些数据被不当使用或泄露,将对学生的隐私和安全造成威胁。

案例分析

某在线学习平台因数据安全漏洞导致学生信息泄露,引发了社会的广泛关注。该事件凸显了 AI 技术在隐私保护方面的脆弱性,也提醒我们在使用 AI 工具时必须严格遵守隐私法规。

3. 透明与可解释性

AI 系统的复杂性使得其决策过程难以理解,这被称为"黑箱问题"。例如,深度学习算法可能无法解释其决策的依据。在教育中,如果 AI 工具的输出结果无法被教师和学生理解,可能会导致信任危机。

案例分析

某学校引入了一套 AI 辅助教学系统,用于评估学生的学习进度和提供个性化建议。然而,教师发现该系统提供的建议缺乏明确的解释,导致教师和学生对其可靠性产生怀疑。

4. 责任与问责

AI 技术的应用涉及多个主体,包括开发者、使用者和监管者。当 AI 系统出现问题时,责任的归属往往难以明确。例如,如果一个 AI 教育工具导致学生学习效果下降,是开发者的设计问题,还是使用者的操作不当?

案例分析

某学校在使用 AI 辅助教学系统后,发现部分学生的学习成绩不升反降。经过调查,发现是系统设计存在缺陷,但开发者和学校之间对于责任的划分产生了分歧。

AI 技术伦理的实践案例

1. 算法偏见的应对

为了减少算法偏见,开发者需要从多方面入手。

数据清洗:确保数据的多样性和代表性,避免数据偏差。

算法优化:设计公平的算法,确保对所有群体的公平性。

持续监测:定期评估 AI 系统的输出结果,及时发现和纠正偏见。

案例分析

某教育平台通过优化数据集和算法,减少了对不同地区学生的偏见。经过改进,该平台的 AI 评估系统对不同地区学生的评分更加公平,得到了教师和学生的一致好评。

2. 隐私保护的实践

在教育领域,隐私保护需要从技术和管理两方面入手。

技术手段:采用加密技术和匿名化处理,确保数据安全。

管理措施:制定严格的隐私政策,规范数据的收集、存储和使用。

案例分析

某在线学习平台通过加密技术保护学生数据,并制定了详细的隐私政策。平台明确告知用户数据的使用范围和保护措施,赢得了用户的信任。

3. 透明度与可解释性的提升

为了提高 AI 系统的透明度和可解释性,开发者需要采取以下措施。

简化算法:在不影响性能的前提下,选择更易于解释的算法。

可视化工具:开发可视化工具,帮助用户理解 AI 系统的决策过程。

用户教育:通过培训和文档,帮助教师和学生理解 AI 工具的工作原理。

案例分析

某教育机构开发了一套可视化 AI 教学工具,通过图形化界面展示 AI 系统的决策逻辑。教师和学生可以通过该工具直观地理解 AI 的输出结果,增强了对 AI 工具的信任。

AI 技术伦理的未来发展方向

1. 跨学科合作

AI 伦理的治理需要融合伦理学、法学、社会学等多领域的知识。未来,AI 技术的发展将更加依赖跨学科的合作,以确保技术的合理应用。

案例分析

某高校成立了 AI 伦理研究中心,汇聚了计算机科学家、伦理学家、法律专家和社会学家。通过跨学科研究,该中心为 AI 技术的健康发展提供了重要的理论支持。

2. 公众参与

提高公众对 AI 伦理问题的认知,鼓励公众参与伦理规范的制定。在教育领域,通过科普活动和课程,培养学生的伦理意识,帮助他们更好地理解和使用 AI 技术。

案例分析

某中学开设了 AI 伦理课程,通过案例分析和讨论,帮助学生理解 AI 技术的伦理问题。课程结束后,学生对 AI 技术的使用更加谨慎,也积极参与到相关的伦理讨论中。

3. 持续演进

随着 AI 技术的不断发展,伦理原则和政策需持续更新,以应对新的挑战。未来,AI 伦理将更加注重动态调整,确保技术始终符合人类的价值观。

案例分析

某国家定期更新 AI 伦理规范,根据技术发展的新趋势和新问题,调整伦理原则和政策。这种动态调整机制确保了 AI 技术的健康发展,也为其他国家提供了借鉴。

AI 技术伦理是确保人工智能技术健康、可持续发展的关键。在教育领域,AI 技术的广泛应用需要遵循严格的伦理原则,以保护学生权益、促进公平教育和社会进步。通过本章的学习,同学们应了解 AI 伦理的核心原则,掌握常见伦理问题的应对方法,并积极参与到 AI 伦理的讨论和实践中。未来,随着技术的不断发展,AI 伦理将更加重要,希望同学们能够为构建负责任的 AI 应用环境贡献自己的力量。

课后练习

一、辩论题

社交媒体平台使用算法来推送用户感兴趣的内容,以增加用户的使用时长。然而,这种策略可能会优先推送吸引眼球但不一定准确的信息,导致信息传播不公正,甚至可能引发社会舆论。你认为社交媒体平台应该如何改进其算法,以平衡用户体验和信息公正性?在设计这些算法时,应该遵循哪些伦理原则?

二、讨论题

1. 你对人工智能技术的军事应用有什么看法?

2. 什么是绿色生活?它对个人、社会和环境有哪些重要意义?

模块十

探究ChatGPT

ChatGPT 是基于 GPT-3.5 架构训练的大型语言模型,由 OpenAI 公司开发。该模型具有前所未有的语言处理能力,能够实现自动生成自然语言文本、回答问题、完成翻译任务等多种语言相关任务。ChatGPT 是 GPT-3(generative pre-trained transformer 3)的升级版,拥有比前代更强的语言理解和生成能力。它使用 Transformer 模型结构进行训练,可以学习到大量的语言知识和模式,并且可以自动推理和生成文本,不需要人为的规则或预定义的模板。ChatGPT 模型具有非常强的泛化能力,可以在没有事先学习的情况下处理各种语言任务。ChatGPT 模型的训练过程基于大规模的语料库,包括互联网上的文本、书籍、新闻报道等各种语言数据。模型的训练过程需要大量的计算资源和时间,但训练完成后,模型可以通过 API 等方式提供服务,帮助开发者和用户完成各种语言处理任务。

ChatGPT 模型在多个领域具有广泛的应用,包括自然语言处理、机器翻译、智能客服、智能问答等。例如,ChatGPT 可以用于自动生成文章、电子邮件、推文等内容,也可以用于对话式人机交互,实现智能客服和智能助手等应用。

总之,ChatGPT 是一种前沿的大型语言模型,具有强大的语言处理和生成能力,可以在多种语言任务中发挥作用。作为一种人工智能技术,ChatGPT 有望在未来改变人们对语言处理和人机交互的认知和方式。

项目一　了解 ChatGPT 模型

OpenAI 是一个开发人工智能技术的研究组织,致力于研究和推广各种人工智能技术的发展。ChatGPT 是其开发的一个基于自然语言处理技术的人工智能聊天机器人原型,能够与人类进行自然、流畅的对话。它能够根据用户的文本输入,产生相应的智能回答。这个回答可以是简短的词语,也可以是长篇大论。其中 GPT 是 generative pre-trained transformer(生成型预训练变换模型)的缩写。

通过学习大量现成文本和对话集合(例如 Wiki),ChatGPT 能够像人类那样即时对话,流畅地回答各种问题(回答速度比人还是慢一些),无论是英文还是其他语言(例如中文、韩语等),从回答历史问题,到写故事,甚至是撰写商业计划书和行业分析,几乎都可以。

任务一　ChatGPT 史话

我们首先了解下 OpenAI。OpenAI 总部位于旧金山,由特斯拉的马斯克、萨姆·奥尔特曼及其他投资者在 2015 年共同创立,目标是开发造福全人类的 AI 技术。

此前,OpenAI 因推出 GPT 系列自然语言处理模型而闻名。从 2018 年起,OpenAI 就开始发布生成式预训练语言模型 GPT,可用于生成文章、代码、机器翻译、问答等各类内容。

每一代 GPT 模型的参数量都爆炸式增长,堪称"越大越好"。2019 年 2 月发布的 GPT-2 参数量为 15 亿,而 2020 年 5 月的 GPT-3,参数量达到了 1750 亿。如表 10-1 所示。

表 10-1　GPT 家族主要模型对比

模型	发布时间	参数量	训练数据量	备　　注
GPT-1	2018 年 6 月	1.17 亿	约 4.6GB(书籍语料)	基于 Transformer 解码器,仅支持文本生成
GPT-2	2019 年 2 月	15 亿	40GB(互联网文本)	引入零样本学习,开放生成能力
GPT-3	2020 年 6 月	1750 亿	45TB(约 3000 亿 token)	支持少样本学习,多任务泛化能力强
GPT-3.5	2022 年 11 月	约 2000 亿(估算)	未公开	加入 RLHF 微调,优化对话安全性
GPT-4	2023 年 3 月	未公开(推测 > 1 万亿)	未公开	支持多模态输入(文本＋图像),推理能力显著提升
GPT-4 Turbo	2023 年 11 月	未公开	未公开	上下文窗口扩展至 128K tokens,成本降低
GPT-4o	2024 年 5 月	约 1.8 万亿(估算)	未公开	全模态端到端模型(文本/图像/音频),响应延迟低至 232ms
GPT-4.5	2025 年 2 月	12.8 万亿	未公开	专注创意写作与情感表达,成本高昂
GPT-4.1	2025 年 4 月	未公开(推测 > 12 万亿)	未公开	支持 100 万 tokens 上下文窗口,编码能力突出(SWE-bench 54.6%)
GPT-4.1 Mini	2025 年 4 月	未公开	未公开	轻量版 4.1,延迟降低 50%,成本仅为 GPT-4o 的 17%

ChatGPT 是基于 GPT-3.5 架构开发的对话 AI 模型,是 InstructGPT 的兄弟模型。ChatGPT 很可能是 OpenAI 在 GPT-4 正式推出之前的演练,或用于收集大量对话数据。

OpenAI 使用人类反馈强化学习(Reinforcement Learning from Human Feedback,RLHF)技术对 ChatGPT 进行了训练,且加入了更多人工监督进行微调。

此外,ChatGPT 还具有以下特征。

(1) 可以主动承认自身错误。若用户指出其错误,模型会听取意见并优化答案。

（2）ChatGPT 可以质疑不正确的问题。例如被询问"哥伦布 2015 年来到美国的情景"的问题时，机器人会说明哥伦布不属于这一时代并调整输出结果。

（3）ChatGPT 可以承认自身的无知，承认对专业技术的不了解。

（4）支持连续多轮对话。

与大家在生活中用到的各类智能音箱不同，ChatGPT 在对话过程中会记忆先前使用者的对话讯息，即上下文理解，以回答某些假设性的问题。ChatGPT 可实现连续对话，极大地提升了对话交互模式下的用户体验。

对于准确翻译来说（尤其是中文翻译与人名音译），ChatGPT 离完美还有一段距离，不过在文字流畅度以及辨别特定人名方面来说，与其他网络翻译工具相近。

由于 ChatCPT 是一个大型语言模型，目前还并不具备网络搜索功能，因此它只能基于 2021 年所拥有的数据集进行回答。例如它不知道 2022 年世界杯的情况，也不会像苹果的 Siri 那样回答今天天气如何或帮你搜索信息。如果 ChatGPT 能上网自己寻找学习资料和搜索知识，估计又会有更大的突破。

即便学习的知识有限，ChatGPT 还是能回答脑洞大开的人类的许多奇葩问题。ChatGPT 通过算法屏蔽，减少有害和欺骗性的训练输入。

任务二　了解 ChatGPT 原理

BERT 是 2018 年 10 月由 Google AI 研究院提出的一种预训练模型。BERT 的全称是 bidirectional encoder representation from transformers。BERT 在机器阅读理解顶级水平测试 SQuAD1.1 中表现出惊人的成绩：全部两个衡量指标上全面超越人类，并且在 11 种不同 NLP 测试中创出 SOTA 表现，包括将 GLUE 基准推高至 80.4%（绝对改进 7.6%），MultiNLI 准确度达到 86.7%（绝对改进 5.6%），成为 NLP 发展史上的里程碑式的模型成就。BERT 采用了 transformer encoder block 进行连接，因为是一个典型的双向编码模型。

与 BERT 模型类似，ChatGPT 或 GPT-3.5 都是根据输入语句，语言/语料概率来自动生成回答的每一个字（词语）。从数学或从机器学习的角度来看，语言模型是对词语序列的概率相关性分布的建模，即利用已经说过的语句（语句可以视为数学中的向量）作为输入条件，预测下一个时刻不同语句甚至语言集合出现的概率分布。ChatGPT 使用来自人类反馈的强化学习进行训练，这种方法通过人类干预来增强机器学习以获得更好的效果。在训练过程中，人类训练者扮演着用户和人工智能助手的角色，并通过近端策略优化算法进行微调。由于 ChatGPT 更强的性能和海量参数，它包含了更多的主题的数据，能够处理更多小众主题。ChatGPT 现在可以进一步处理回答问题、撰写文章、文本摘要、语言翻译和生成计算机代码等任务。

任务三　训练 ChatGPT 模型

ChatGPT 的训练过程分为以下三个阶段。

第一阶段：训练监督策略模型（Supervised Fine-tuning，SFT）。

GPT-3 本身很难理解人类不同类型指令中蕴含的不同意图，也很难判断生成内容是否是高质量的结果。

为了让 GPT-3 初步具备理解指令的意图,首先会在数据集中随机抽取问题,由人类标注人员,给出高质量答案,然后用这些人工标注好的数据来微调 GPT-3.5 模型并获得 SFT 模型。此时的 SFT 模型在遵循指令/对话方面已经优于 GPT-3,但不一定符合人类偏好。

第二阶段:训练奖励模型(Reward Mode. RM)。

这个阶段的主要是通过人工标注训练数据(3 万多个数据),来训练奖励模型。在数据集中随机抽取问题,使用第一阶段生成的模型,对于每个问题,生成多个不同的回答。人类标注者对这些结果综合考虑给出排名顺序。

接下来,使用这个排序结果数据来训练奖励模型。训练结果如下:RM 模型接收一个输入,给出评价回答质量的分数。

第三阶段:采用近端策略优化(Proximal Policy Optimization,PPO)强化学习来优化策略。

PPO 的核心思路在于将 policy gradient 中 on-policy 的训练过程转化为 off-policy,即将在线学习转化为离线学习。这一阶段利用第二阶段训练好的奖励模型,靠奖励打分来更新预训练模型参数。在数据集中随机抽取问题,使用 PPO 模型生成回答,并用上一阶段训练好的 RM 模型给出质量分数。把分数依次传递,由此产生策略梯度,通过强化学习的方式以更新 PPO 模型参数。如果我们不断重复第二和第三阶段,通过迭代,会训练出更高质量的 ChatGPT 模型。

项目二 应用 ChatGPT 写论文

ChatCPT 是一种基于 GPT 模型的自然语言处理技术,它可以用于协助用户编写论文。ChatGPT 可以通过输入问题或关键字等信息,对相关领域内的知识进行检索,并生成可供用户参考的自然语言文本。此外,该技术还支持对用户提供的文本进行摘要、翻译、改写和校对等操作,以帮助用户提高论文的质量和效率。使用 ChatGPT 能够大大缩短论文的撰写时间,并且提供高质量的思路和参考资料。

第一步:登录 ChatGPT 国内版本

我们搜索公众号"智能聊天 AI 机器人",该应用是国内可使用版本的 ChatGPT,该版本的 ChatGPT 调用了 OpenAI 的官方应用 ChatGPT 的 API。我们可以与 ChatGPT 畅聊任何话题,如图 10-1 所示。

第二步:确定文章框架内容

首先我们和 ChatGPT 进行一个简单的对话,如图 10-2 所示。

其次我们让 ChatGPT 给出一篇论文的框架内容,ChatGPT 列出相应的论文主题内容,包括封面、摘要、目录、引言、文献综述、研究方法、研究结果、讨论和分析、研究结论、参考文献和致谢,如图 10-3 所示。

第三步:以特定主题写论文

ChatGPT 回答完上面的问题就可以开始写论文了,如要求它以"节能模式和绿色生态建筑"为题写一篇论文,如图 10-4 所示。

图 10-1　ChatGPT 国内版本

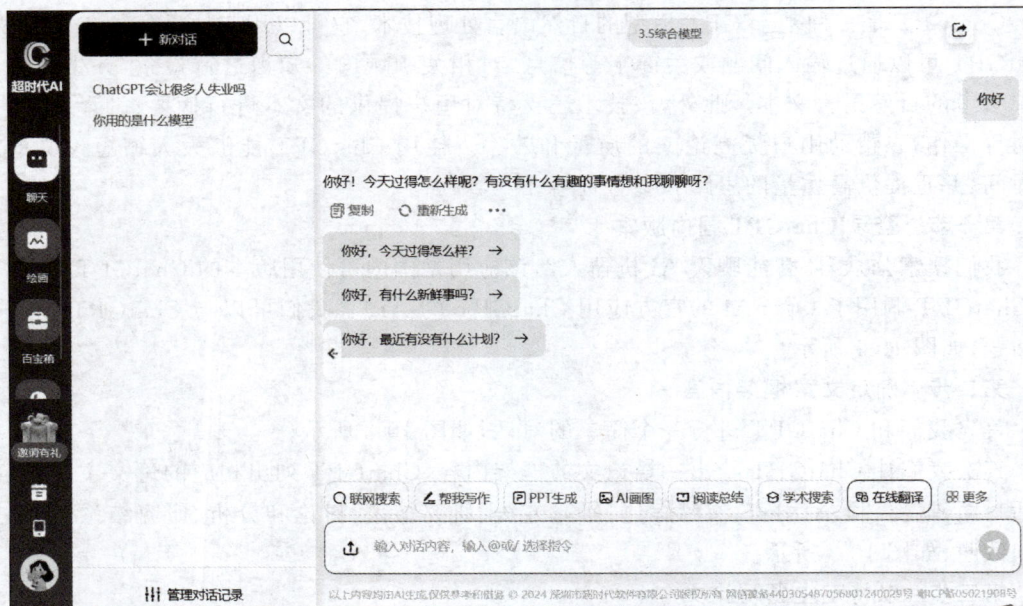

图 10-2　和 ChatGPT 进行简单的对话

一篇论文包括哪些内容

一篇完整的论文通常包括以下几个主要内容：

一、标题（Title）

1. 作用

   - 标题是论文的首要元素，它简洁地概括了论文的核心内容。一个好的标题能够吸引读者的注意力，使他们产生阅读论文的兴趣。

2. 示例

   - 例如，在一篇关于人工智能在医疗影像诊断中的应用的论文，标题可能是"人工智能技术在医疗影像诊断中的创新应用与效能提升"。

摘要（Abstract）

1. 内容

   - 是对论文内容的简短而全面的概括，通常不超过500字（具体字数要求因学科和期刊而异）。它包括研究的目的、方法、主要结果和结论等关键信息。

2. 作用

   - 让读者快速了解论文的大致内容，帮助他们决定是否有必要进一步阅读全文。同时，在文献数据库中，摘要也是搜索论文的重要依据。

3. 示例

   - 对于上述人工智能在医疗影像诊断的论文，摘要可能会这样写："目的：探讨人工智能技术在医疗影像诊断中的应用效果。方法：采用深度学习算法对大量医疗影像数据进行分析，并与传统诊断方法对比。结果：人工智能算法在诊断准确性和效率上均有显著提升。结论：人工智能技术在医疗影像诊断领域具有巨大的应用潜力。"

三、关键词（Keywords）

1. 内容

   - 是从论文中选取的能够准确反映论文主题概念的词汇或短语，一般为3-5个。

2. 作用

   - 方便读者在搜索文献时能够准确找到该论文，同时也帮助文献数据库对论文进行分类和索引。
   - 例如，上述论文的关键词可能是"人工智能、医疗影像诊断、深度学习、诊断准确性、效率"。

引言（Introduction）

1. 内容

   - 主要阐述研究的背景、目的和意义。它会介绍相关领域的研究现状，指出目前存在的问题或研究空白，从而引出论文的研究内容。

2. 示例

   - 在关于人工智能医疗影像诊断的论文中，引言可能会提到随着医疗影像数据的快速增长，传统诊断方法面临的挑战，如人力成本高、诊断效率低等，而人工智能技术的发展为解决这些问题提供了新的思路，所以开展本项研究具有重要意义。

五、正文（Main Body）

1. 内容

   - 这是论文的核心部分，详细阐述研究方法、实验过程、理论分析等内容。
   - 如果是实验性研究，会包括实验对象、实验材料、实验步骤等；如果是理论性研究，则会详细阐述理论推导过程、模型构建等。

2. 示例

   - 对于人工智能医疗影像诊断的论文，正文可能会详细描述所采用的深度学习算法（如卷积神经网络的结构、参数设置等），数据来源（包括影像数据的类型、数量、采集标准等），以及具体的训练和测试过程。

结果（Results）

1. 内容

   - 呈现研究的主要发现，可以是实验数据、观测结果、计算结果等。结果通常以图表（如柱状图、折线图、表格等）、数据等直观的形式展示。

2. 示例

   - 在人工智能医疗影像诊断论文中，结果部分可能会展示人工智能算法和传统诊断方法在不同类型疾病诊断中的准确率对比表格，以及随着训练数据量增加算法准确率变化的折线图等。

七、讨论（Discussion）

1. 内容

   - 对结果进行分析和解释，将结果与前人的研究进行比较，讨论结果的意义、局限性以及可能的改进方向等。

2. 示例

   - 在论文中可能会讨论人工智能算法虽然在诊断准确率上有优势，但可能存在对某些特殊病例误诊的情况，分析其原因可能是数据的偏态分布等，并提出未来可以通过扩大和优化数据来源等方式来改进。

八、结论（Conclusion）

1. 内容

   - 总结论文的主要研究成果，回答引言中提出的研究问题，强调研究的重要性和贡献，并对未来研究提出展望。

2. 示例

   - 结论部分会再次强调人工智能技术在医疗影像诊断中的有效性，同时指出本研究为后续进一步优化算法、拓展应用范围提供了基础，未来可以进一步探索其在更多疾病诊断中的应用等。

参考文献（References）

1. 内容

   - 列出论文写作过程中引用的所有文献资料，包括书籍、期刊文章、报告等。其格式通常遵循特定的学术规范，如APA、MLA等格式。

2. 示例

   - 例如，[1] Goodfellow, I., Bengio, Y., & Courville, A. (2016). Deep learning. MIT Press. 这是按照APA格式列出的一本关于深度学习的书籍参考文献。

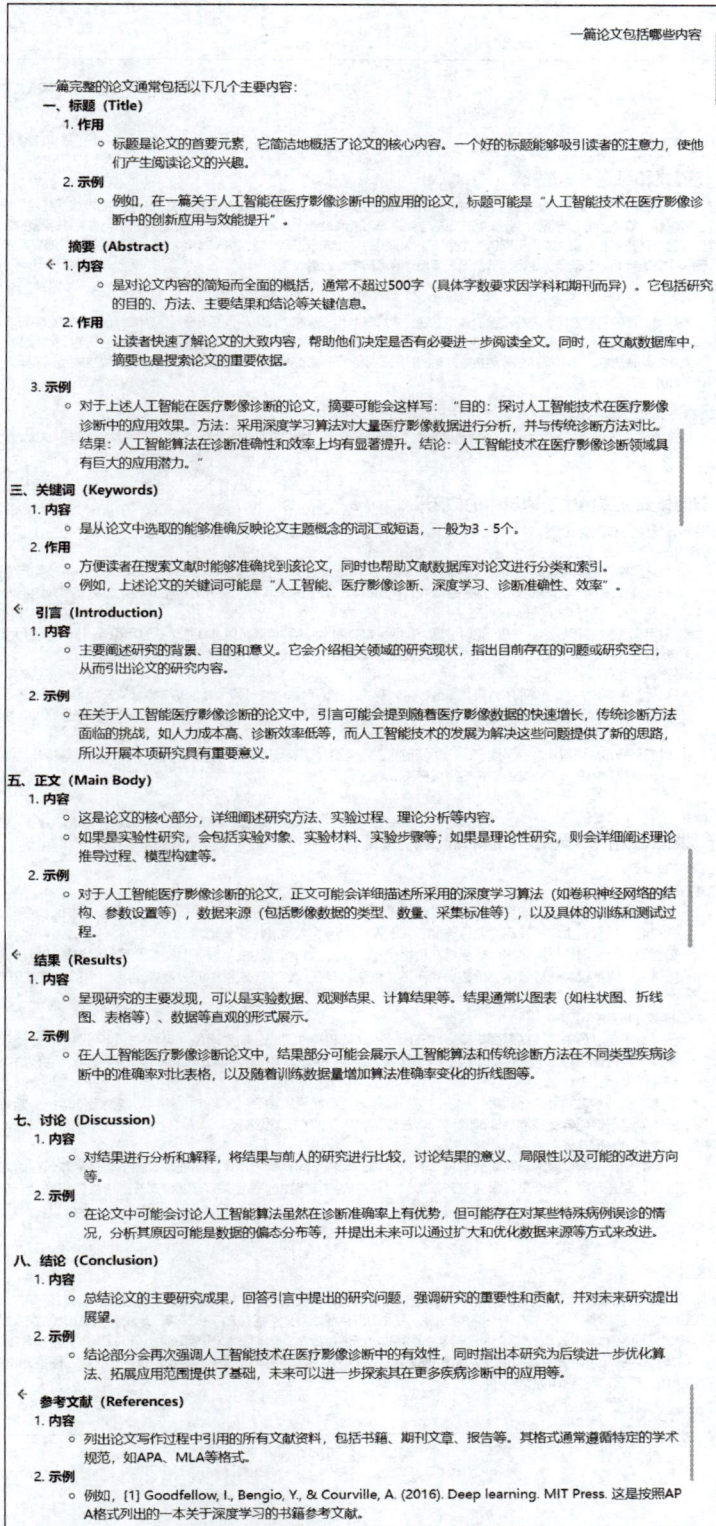

图 10-3　ChatGPT 关于论文的框架内容的回答

要求你以"节能模式和绿色生态建筑"为题，写一篇论文

节能模式和绿色生态建筑

摘要： 本文探讨了节能模式在绿色生态建筑中的应用。阐述了绿色生态建筑的概念与发展意义，分析了节能模式在建筑设计、建筑材料、能源系统等方面的应用策略，包括自然采光与通风设计、高效保温隔热材料的选用、可再生能源系统的集成等。同时，讨论了节能模式应用于绿色生态建筑面临的挑战，如成本较高、技术集成难度大等，并提出了相应的应对措施，强调了节能模式对推动绿色生态建筑发展、实现建筑可持续性的重要性。

一、引言

随着全球环境问题的日益严峻和能源资源的逐渐短缺，建筑行业作为能源消耗大户，面临着巨大的变革压力。绿色生态建筑应运而生，它旨在通过整合各种环保和节能技术，实现建筑与自然环境的和谐共生，减少对传统能源的依赖，降低建筑生命周期内的环境影响。节能模式是绿色生态建筑的核心要素之一，对提高建筑的能源效率、实现可持续发展目标具有不可替代的作用。

二、绿色生态建筑概述

（一）概念 绿色生态建筑是指在建筑的全寿命周期内，最大限度地节约资源（节能、节地、节水、节材）、保护环境和减

三、节能模式在绿色生态建筑中的应用

（一）建筑设计中的节能模式

1. 自然采光设计
   - 合理的建筑朝向和布局是实现自然采光的基础。例如，将建筑的长边朝向南北方向，可以最大限度地利用太阳光，减少东西向阳光直射带来的热量吸收。同时，通过设置采光中庭、采光井等形式，将自然光引入建筑内部深处，减少人工照明的使用时间。
   - 采用高性能的采光玻璃，如低辐射玻璃（Low‑E玻璃）。这种玻璃可以选择性地透过可见光，同时反射大部分的红外线，既能保证室内采光充足，又能减少夏季室内热量的吸收和冬季室内热量的散失。
2. 自然通风设计
   - 建筑的体型系数对自然通风效果有重要影响。较为紧凑的建筑体型有利于减少冬季热量散失，而适当的凹凸和开口设计则有助于夏季自然通风。例如，在建筑立面上设置通风百叶、通风口等，利用风压和热压原理实现室内空气的自然对流。
   - 内部空间布局也应考虑通风路径。将功能空间合理组织，形成畅通的通风通道，如将卧室、客厅等主要功能空间布置在通风良好的位置，避免将通风通道隔断。

四、节能模式应用于绿色生态建筑面临的挑战

（一）成本较高

1. 节能技术和材料成本
   - 一些先进的节能技术，如高效的太阳能光伏系统、地源热泵系统等，其初始投资成本较高。例如，地源热泵系统的地下埋管施工成本较高，而且需要专业的设备和技术人员进行安装和调试。
   - 高性能的保温隔热材料和绿色环保材料价格也相对较贵。如新型的气凝胶保温材料，虽然保温性能极佳，但目前其生产成本较高，导致市场价格居高不下，限制了其在绿色生态建筑中的大规模应用。　（二）技术集成难度大
2. 多种节能技术的协同
   - 在绿色生态建筑中，往往需要集成多种节能技术，如自然采光、自然通风、可再生能源利用和智能能源管理等技术整合在一起。这些技术来自不同的领域，其运行原理、控制方式和接口标准等各不相同，实现协同工作难度较大。
   - 不同节能技术之间可能存在相互影响。例如，在采用自然通风和空调系统时，如何协调两者的运行，避免出现通风效果不佳或者空调能耗增加的情况，需要深入的研究和优化设计。
3. 建筑与节能技术的适配
   - 不同类型、不同规模的建筑对节能技术的需求和适配性不同。例如，大型商业建筑和小型住宅建筑在能源需求特点、空间布局等方面存在很大差异，如何针对不同建筑类型选择合适的节能模式并进行优化组合是一个挑战。

六、结论

节能模式是绿色生态建筑实现可持续发展的关键。通过在建筑设计、建筑材料和能源系统等方面应用节能模式，可以有效提高绿色生态建筑的能源效率，减少对环境的影响，为人们提供健康舒适的居住和工作环境。尽管目前节能模式在绿色生态建筑中的应用面临着成本较高、技术集成难度大等挑战，但通过政策支持和技术创新等措施，可以逐步克服这些障碍。随着全球对环境保护和可持续发展的重视程度不断提高，节能模式在绿色生态建筑中的应用前景广阔，将不断推动建筑行业向更加绿色、环保、可持续的方向发展。

七、参考文献

图 10-4　生成论文

项目三　应用 ChatGPT 编程

首先我们与 ChatGPT 进行一个简单的对话，确认 ChatGPT 是否能够用 Python 编程，如图 10-5 所示。

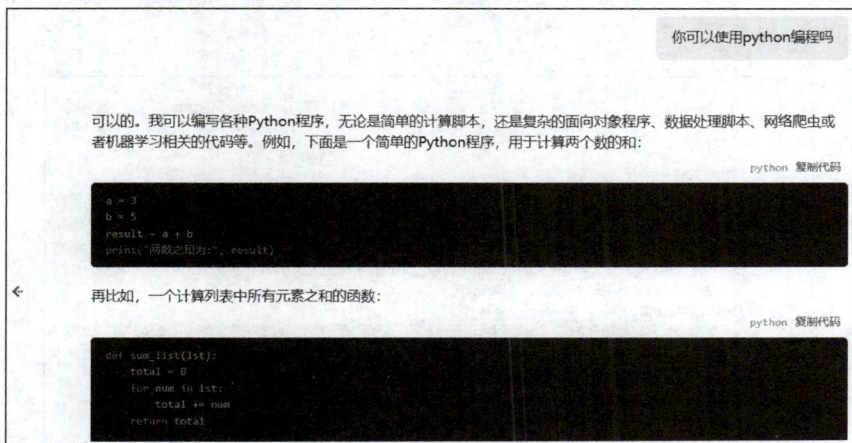

图 10-5　ChatGPT 程序语言确认

其次我们给出需求：用 python 输出 2 到 100 的素数，放在列表中。ChatGPT 会列出相应的主要代码和运行结果，如图 10-6 所示。

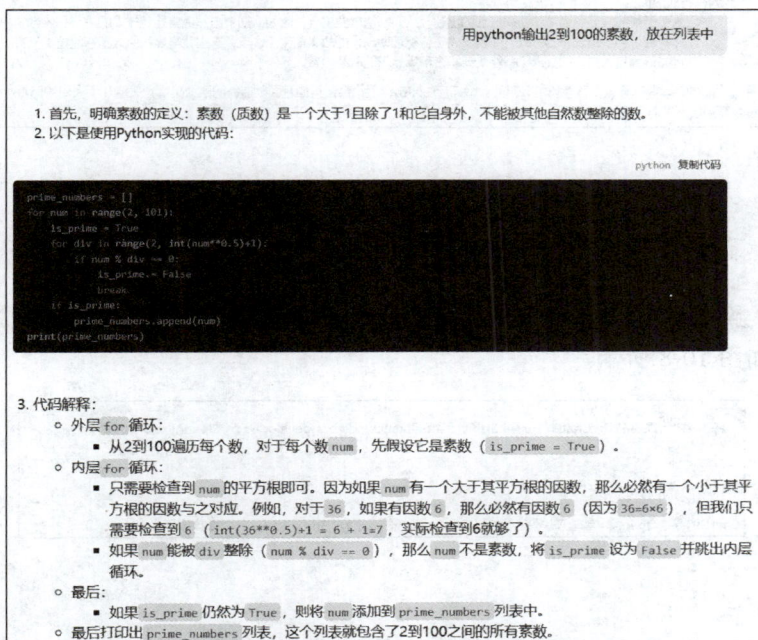

图 10-6　ChatGPT 实现输出 2 到 100 的素数

项目四　测试 ChatGPT 应用

任务一　提问小知识

ChatGPT 可以实现一些基础性的回答，具备人的逻辑和思维，发表自己的观点，如图 10-7 所示。

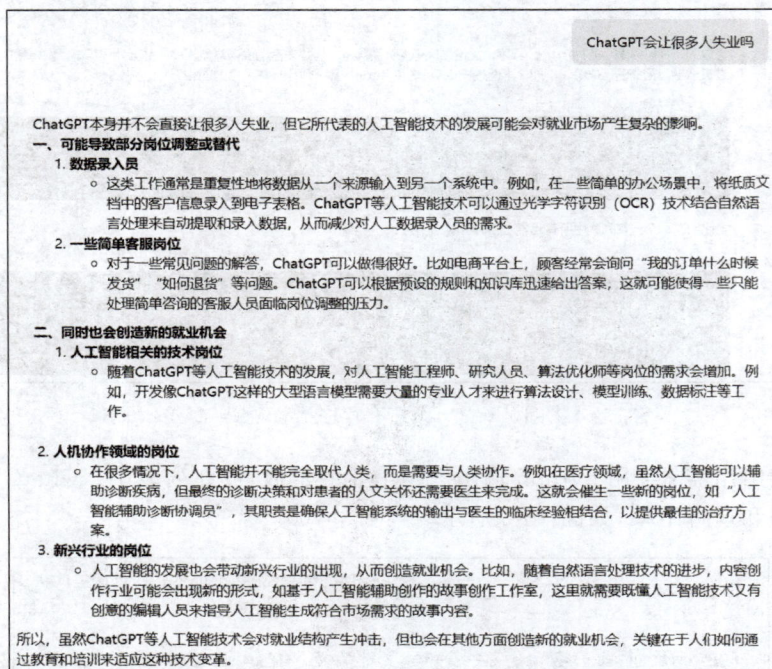

图 10-7　ChatGPT 给出的基础性问答

任务二　翻译中英文

ChatGPT 翻译得比较准确，甚至比各大专门的翻译软件都要好，而且省去了选择翻译软件的时间，如图 10-8 所示。

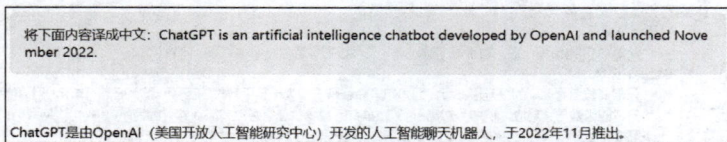

图 10-8　ChatGPT 翻译英文

任务三　撰写新闻稿

ChatGPT 撰写的新闻稿件写得短小精悍，已经是非常标准的模式化的短评新闻了，如

图 10-9 所示。

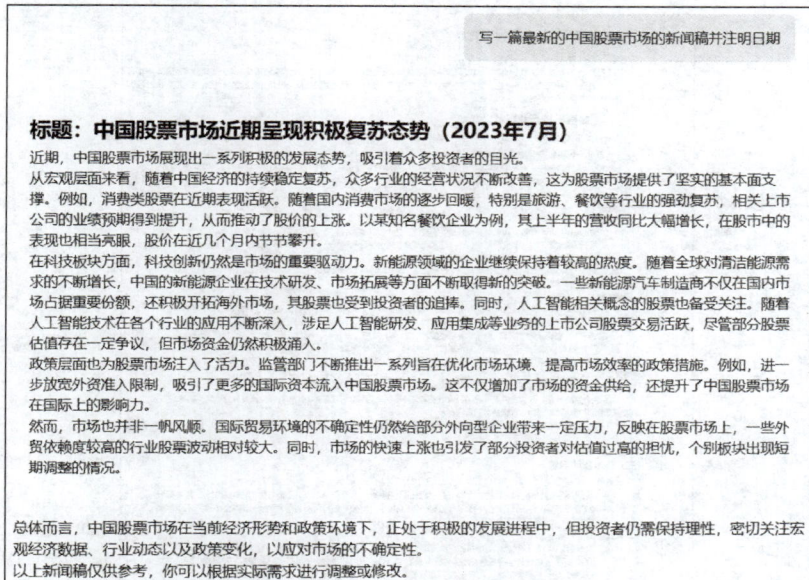

图 10-9　ChatGPT 撰写新闻稿

任务四　创作诗词

ChatGPT 撰写的诗词基本满足七言绝句的要求，后期随着 ChatGPT 训练数据的增加，会更加满足诗词的要求，如图 10-10 所示。

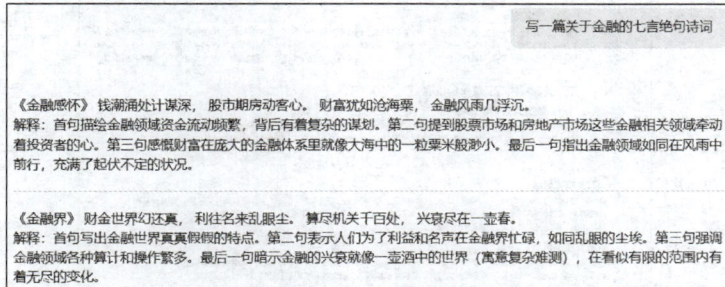

图 10-10　ChatGPT 创作诗词

任务五　撰写研究报告

ChatGPT 写的研究报告的格式是比较标准的格式，每个段落是很标准的模板语言。但缺少实际的数据支撑，如果想要更为准确的报告，应该问得更为细致，才可以得到更好的答案。相信未来 ChatGPT 是可以写出很好的报告的，后续只需人工简单修改润色，如图 10-11 所示。

写一份金融科技行业的中文研究报告

《金融科技行业研究报告》

一、引言

金融科技（FinTech）作为金融与科技深度融合的新兴领域，正以前所未有的速度改变着传统金融行业的生态格局。本报告旨在深入分析金融科技行业的现状、发展趋势、主要应用领域以及面临的挑战与机遇，为相关从业者、投资者和政策制定者提供全面的参考。

二、金融科技行业现状

（一）市场规模

近年来，全球金融科技市场规模呈现出持续快速增长的态势。据统计数据显示，[具体年份的]全球金融科技市场规模达到了[X]亿美元，预计在未来几年内将以[X]%的年复合增长率继续扩张。在中国，金融科技市场同样发展迅猛，已成为全球金融科技领域的重要力量。

（二）行业结构

1. 支付清算
   - 移动支付是金融科技在支付领域最具代表性的应用。在中国，支付宝和微信支付等移动支付平台已经广泛普及，不仅改变了消费者的支付习惯，还推动了线下商业的数字化转型。它们通过二维码支付、NFC（近场通信）支付等技术手段，实现了便捷、高效的支付体验。
   - 在跨境支付方面，金融科技公司利用区块链技术，试图解决传统的跨境支付手续费高、结算时间长等问题。一些新兴的跨境支付平台正在逐步崭露头角。

2. 借贷与融资
   - 网络借贷（P2P）曾经是金融科技借贷领域的热门模式，但由于监管不完善等原因，经历了大规模的整顿和洗牌。如今，正规的金融科技借贷平台更多与传统金融机构合作，利用大数据和人工智能技术进行风险评估和信贷审批，提高了借贷效率，降低了违约风险。
   - 供应链金融也是金融科技在融资领域的重要应用方向。通过整合产业链上下游企业的信息，金融科技平台能够为中小微企业提供精准的融资解决方案，缓解其融资难的问题。

3. 财富管理
   - 智能投顾是财富管理领域的创新应用。借助算法和人工智能模型，智能投顾平台可以根据投资者的风险偏好、财务状况等因素，为其提供个性化的投资组合建议。与传统的财富管理服务相比，智能投顾成本较低、服务范围广等优势，受到年轻投资者的青睐。
   - 一些金融科技公司还涉足数字货币投资、量化投资等领域，进一步丰富了财富管理的产品和服务。

（三）技术驱动因素

1. 大数据
   - 金融机构和金融科技公司通过收集和分析海量的用户数据，包括交易记录、消费行为、信用信息等，能够更好地了解客户需求，进行精准营销、风险评估和产品定制。例如，银行可以利用大数据分析来识别潜在的信用卡欺诈行为，提高风险管理水平。

2. 人工智能
   - 在金融领域，人工智能的应用涵盖了客户服务、风险控制、投资决策等多个方面。智能客服机器人可以实时解答客户的咨询和投诉，提高客户服务效率；机器学习算法可以对贷款申请人的信用状况进行更准确的评估，降低信贷风险；在投资领域，人工智能可以挖掘市场数据中的潜在规律，为投资策略提供支持。

3. 区块链
   - 区块链技术以其去中心化、不可篡改、安全可靠等特性，在金融领域具有广泛的应用前景。除了跨境支付外，区块链还可应用于数字货币、供应链金融、证券交易等领域。例如，央行数字货币（CBDC）的研发和试点工作正在稳步推进，这将对传统的货币发行和支付体系产生深远影响。

三、金融科技行业发展趋势

（一）开放合作

金融科技企业与传统金融机构之间的合作将更加紧密。传统金融机构拥有丰富的金融牌照、客户资源和风险管理经验，而金融科技企业则在技术创新、用户体验等方面具有优势。双方通过开放合作，可以实现优势互补，共同推动金融服务的创新和升级。例如，银行与金融科技公司合作推出联合品牌的信用卡、理财产品等。

（二）监管趋严

随着金融科技行业的快速发展，监管部门也在不断加强对该行业的监管。这有助于防范金融风险、保护消费者权益、促进金融科技行业的健康可持续发展。监管政策将更加注重平衡创新与风险控制，对金融科技企业的合规经营提出更高的要求。例如，对网络借贷平台的资金存管、信息披露等方面的监管要求不断提高。

（三）普惠金融深化

金融科技将继续在普惠金融领域发挥重要作用。通过降低金融服务成本、提高服务效率、扩大服务范围，金融科技能够使更多的中小微企业、农村居民和低收入群体享受到金融服务。例如，移动支付的普及及使用偏远地区的居民也能方便地进行支付和转账；基于大数据和人工智能的小额贷款平台为小微企业提供了便捷的融资渠道。

（四）跨境发展

随着全球经济一体化的推进，金融科技企业的跨境业务将不断拓展。一方面，金融科技企业将积极开拓海外市场，输出先进的金融科技产品和服务；另一方面，国际间的金融科技合作也将日益频繁，不同国家和地区的金融科技企业将在技术研发、市场拓展等方面开展合作。例如，中国的金融科技企业在东南亚、非洲等地区的跨境支付、移动借贷等业务已经取得了一定的进展。

四、金融科技行业面临的挑战

（一）数据安全与隐私保护

金融科技行业高度依赖数据，数据的安全与隐私保护成为至关重要的问题。随着数据泄露事件的频繁发生，如何确保用户数据在收集、存储、使用和共享过程中的安全性，同时保护用户隐私，是金融科技企业面临的严峻挑战。

（二）技术风险

金融科技的快速发展依赖于一系列新兴技术，这些技术本身也存在一定的风险。例如，人工智能算法可能存在偏差，导致错误的决策；区块链技术在性能、可扩展性等方面还存在一些技术难题需要解决。此外，技术的快速更新换代也要求金融科技企业不断投入大量资源进行研发和升级，以保持竞争力。

（三）金融风险

尽管金融科技为金融服务带来了诸多创新，但也不能忽视其可能带来的金融风险。例如，网络借贷平台的信用风险、数字货币的市场风险以及智能投顾的操作风险等，如果这些风险得不到有效控制，可能会引发系统性金融风险。

（四）人才短缺

金融科技行业是一个跨学科领域，需要既懂金融又懂技术的复合型人才。然而，目前这类人才相对短缺，人才的培养速度难以满足行业快速发展的需求。这在一定程度上制约了金融科技企业的创新能力和发展速度。

五、金融科技行业的机遇

（一）政策支持

许多国家和地区的政府都认识到金融科技对经济发展的重要性，纷纷出台政策支持金融科技的发展。这些政策包括税收优惠、财政补贴、创新基金设立等，为金融科技企业的发展提供了良好的政策环境。

（二）市场需求

随着人们生活水平的提高和金融意识的增强，对金融服务的需求也日益多样化和个性化。金融科技能够满足这些需求，例如提供更加便捷的支付方式、个性化的财富管理方案等。此外，中小微企业对融资的巨大需求为金融科技在借贷和融资领域的发展提供了广阔的市场空间。

（三）技术创新潜力

新兴技术在金融领域的应用仍处于不断探索和发展的阶段，还有很大的创新潜力待挖掘。例如，量子计算技术的发展可能会为金融领域带来变化，风险计算等带来革命性的变化；物联网技术与金融的结合也可能会创造出更多的金融应用场景。

六、结论

金融科技行业作为金融与科技融合的新兴领域，正处于快速发展的黄金时期。尽管面临数据安全、技术风险、金融风险和人才短缺等诸多挑战，但在政策支持、市场需求和技术创新潜力等机遇的推动下，金融科技行业具有广阔的发展前景。未来，金融科技应注重发展数据安全与隐私保护，积极投对技术风险和金融风险，加大人才培养和引进力度，同时加强与传统金融机构的开放合作，共同推动金融服务的创新和普惠金融的深化，为全球经济的发展注入新的活力。

10.5 国内流行语言模型

图 10-11　ChatGPT 撰写研究报告

项目五　了解流行大语言模型

国内大语言模型

任务一　了解文心一言

文心一言（ERNIE Bot）是百度全新一代知识增强大语言模型，文心大模型家族的新成员，能够与人对话互动、回答问题、协助创作，高效便捷地帮助人们获取信息、知识和灵感。文心一言从数万亿数据和数千亿知识中融合学习，得到预训练大模型，在此基础上采用有监督精调、人类反馈强化学习、提示等技术，具备知识增强、检索增强和对话增强的技术优势。

2023 年 3 月 16 日，百度新一代大语言模型文心一言正式启动邀测。8 月 31 日，文心一言率先向全社会全面开放。开放首日，文心一言共计回复网友超 3342 万个问题。12 月 28 日，百度首席技术官王海峰在第十届 WAVE SUMMIT 深度学习开发者大会上宣布文心一言用户规模已突破 1 亿。

截至 2024 年 11 月 12 日，文心一言用户规模达到 4.3 亿。截至 2024 年 4 月 16 日，文心一言 API 日均调用量也突破了 2 亿，服务客户数 8.5 万，千帆平台 AI 原生应用数超过了19 万。2024 年 9 月 4 日，文心一言 App 升级为"文小言 App"。

任务二　了解 Kimi

Kimi 是北京月之暗面科技有限公司于 2023 年 10 月 9 日推出的一款智能助手，主要应用场景为专业学术论文的翻译和理解、辅助分析法律问题、快速理解 API 开发文档等，是全球首个支持输入 20 万汉字的智能助手产品。Kimi 在二级市场一度复现了 ChatGPT"带货能力"的势头，引发了一众"Kimi 概念股"狂飙猛涨。

任务三　了解豆包

豆包是字节跳动公司基于云雀模型开发的 AI 工具，提供聊天机器人、写作助手以及英语学习助手等功能，它可以回答各种问题并进行对话，帮助人们获取信息，支持网页 Web 平台，iOS 以及安卓平台。2016 年，字节跳动公司成立人工智能实验室 AILab，聚焦于自然语言处理、机器学习、数据挖掘等方面的研究。2023 年 8 月 17 日，豆包开始小范围邀请测试，用户可通过手机号、抖音或者 Apple ID 登录。2024 年 5 月 15 日，字节跳动产品和战略副总裁朱骏在 2024 年春季火山引擎 Force 原动力大会上表示，豆包 App 总下载量达 1 亿次，豆包大模型将开启商业化模式，价格相比同行便宜 99.3％，定价 0.0008 元/千 tokens；8 月 8 日，豆包上线音乐生成功能；10 月 10 日，豆包发布首款 AI 智能体耳机 Ola Friend；11 月 7 日，豆包正式推出视频生成内测；12 月 3 日，豆包已上线图片理解功能。

任务四　了解讯飞星火

讯飞星火认知大模型是科大讯飞发布的大模型。该模型具有 7 大核心能力，即文本生成、语言理解、知识问答、逻辑推理、数学能力、代码能力、多模交互，该模型对标 ChatGPT。

2023 年 5 月 6 日,科大讯飞正式发布讯飞星火认知大模型并开始不断迭代;6 月 9 日,星火大模型 V1.5 正式发布;8 月 15 日,星火大模型 V2.0 正式发布;9 月 5 日,星火大模型正式面向全民开放;10 月 24 日,星火大模型 V3.0 正式发布;2024 年 1 月 30 日,星火大模型 V3.5 正式发布。4 月 26 日,讯飞星火大模型 V3.5 更新。5 月 22 日,讯飞星火 Lite 版永久免费。6 月 27 日 14:00,讯飞星火 V4.0 正式发布。8 月 30 日,星火语音大模型更新,带来"星火极速超拟人交互"。讯飞星火认知大模型已位列中国头部水平,通过中国信通院组织的 AIGC 大模型基础能力(功能)评测及可信 AI 大模型标准符合性验证,并获得 4+级评分。

课后练习

一、讨论题

请根据需要,尝试体验各种语言模型,辨析其优缺点。

二、选择题

1. 以下哪一项不是 ChatGPT 的特征?(   )

A. 若用户指出其错误,ChatGPT 会听取意见并优化答案

B. ChatGPT 可以质疑不正确的问题

C. ChatGPT 可以承认对专业技术的不了解

D. 不支持连续多轮对话

2. 以下哪一项不是 ChatGPT 的训练步骤?(   )

A. 训练监督策略模型

B. 训练奖励模型

C. 强化学习来优化策略

D. 获取大量数据

三、填空题

1. GPT 家族与 BERT 模型都是知名的 NLP 模型,都基于_____技术。

2. ChatGPT 有以下六种经典应用案例,分别是 _____、_____、_____、_____、_____和_____。

四、拓展题

1. 使用 ChatGPT 对诗歌进行补全,诗歌名为《黄昏里》。

叫响的鸟雀,衔着沉闷的黄昏,_____,云疏远天空的时候,风也疏远了我。

2. 使用 ChatGPT 生成完整邮件,邮件的主题是"回复客户,说软件没有任何使用问题"。

模块十一

探索DeepSeek应用

项目一　初识 DeepSeek

　　同学们,你是否曾想象过,在键盘敲击间探索知识海洋,让 AI 助手为你梳理思路、答疑解惑? 是否渴望在人工智能的浪潮中成为时代的弄潮儿? 今天,我们一起了解一颗正在中国科技苍穹中璀璨升起的明星——DeepSeek! 它不仅是一个强大的智能助手,更是一部砥砺奋进、勇攀科技高峰的生动教科书,其光芒足以点燃你我心中的奋斗之火!

　　DeepSeek 不仅是一项技术成果,更承载着中国青年科技报国的梦想。通过解析它的成长密码,我们将解锁属于自己的奋斗方程式。你们当中,必将涌现出未来 AI 领域的顶尖科学家、卓越工程师、富有远见的企业家! DeepSeek 今天的成就,是昨日奋斗的回响;而中国 AI 更加辉煌的明天,必将在你们手中铸就! 让我们以梦为马,以奋斗为犁,在科技的沃土上深耕不辍,共同书写属于中国,也属于你们这一代人的智能新篇章! 让 DeepSeek 的精神,点燃我们心中那团奋发图强、科技报国的熊熊之火,照亮我们无畏前行的奋斗之路! 前进吧,同学们,未来已来,你,准备好了吗?

任务一　了解 DeepSeek

1. 元年诞生

　　DeepSeek,由深度求索(DeepSeek AI)公司倾力打造。这家充满锐气的科技企业,成立于 2023 年——一个被全球公认为"大模型元年"的关键历史节点。当 ChatGPT 的旋风席卷世界,DeepSeek 选择在此时扎根于中国深圳这片创新沃土,怀抱"探索深度,寻求本质"(Seek Depth,Seek Truth)的初心,毅然投身于通用人工智能(AGI)的星辰大海。其成立本身,就是把握时代脉搏、勇立潮头的宣言! 年轻的 DeepSeek,用行动诠释了何为"生逢其时,当不负时代"!

2. 人才汇聚

DeepSeek 的耀目成就,源于其背后一支堪称"梦之队"的顶尖研发力量。

（1）团队核心成员主要来自清华大学、北京大学、上海交通大学、中国科学技术大学等国内顶尖学府,以及曾任职于谷歌、微软、百度、腾讯、阿里巴巴等全球科技巨头的顶尖 AI 实验室。他们是算法架构的魔法师、算力优化的工程师、数据洞见的探索者。这支队伍中的许多人,可能就是几年前和你们一样在图书馆挑灯夜读、在实验室奋战攻关的学长学姐!

（2）虽然具体人数未完全公开,但深度求索以极具竞争力的薪酬待遇和清晰的技术愿景,持续吸引着海内外顶尖 AI 人才加入。团队构成精干高效,成员普遍拥有深厚的学术背景和丰富的工业界实战经验,在自然语言处理、深度学习、大模型训练与优化等核心领域拥有深厚积淀。他们的成功来自扎实的学业基础、对技术的极致热爱和不懈的艰苦奋斗。他们的存在就是对我们最好的鞭策!

3. 未来规划

DeepSeek 的征程远未止步,其未来规划展现出雄心壮志。

（1）核心技术持续突破:聚焦大模型核心能力,在多模态理解与生成（图像、语音、视频）、复杂推理、世界知识整合、记忆与持续学习等前沿方向持续投入,向更通用、更强大的 AGI 迈进。

（2）应用生态深度构建:推动模型在教育、科研、办公、创作、编程、企业服务等千行百业的深度融合与落地,让 AI 真正赋能每一个人,提升社会效率。

（3）算力基建坚实支撑:持续投入构建自主可控的超大规模 AI 算力基础设施,为中国大模型的研发提供坚实的"地基"。

（4）人才高地汇聚英才:打造全球顶尖的 AI 研发平台,吸引和培养更多世界一流的 AI 人才,形成"人才—技术—产业"的良性循环。

4. 核心精神

（1）胸怀家国,科技报国的使命感! DeepSeek 诞生于中国,成长于中国,立志打造具有世界级竞争力的中国 AI。这背后,是团队"把关键核心技术掌握在自己手中"的坚定信念。这份使命感,难道不值得我们每一位立志成才的青年学子内化于心、外化于行吗?今日所学,终将成为明日建设科技强国的砖瓦!

（2）勇攀高峰,敢为人先的创新精神! 在巨头环伺、竞争激烈的 AI 领域,DeepSeek 以初生牛犊不怕虎的锐气,瞄准最前沿,挑战不可能。从 V2 的惊艳开源到 R1 的长文本突破,每一步都是对技术极限的冲击。这种勇闯"无人区"的精神,正是我们在学业和未来事业中克服难题、追求卓越的榜样!

（3）脚踏实地,坐穿"冷板凳"的艰苦奋斗! 大模型的训练动辄需要数月、耗费巨量算力资源,背后是无数工程师夜以继日的算法调优、参数调试、数据处理。每一次性能的提升,都是"板凳要坐十年冷"的坚持换来的。当你在图书馆为一道难题苦思冥想,在实验室为一个数据反复验证时,请记住,DeepSeek 的服务器也在彻夜运转,它的研发者也在挑灯夜战!奋斗,是通往任何伟大成就的唯一路径!

（4）开放协作,兼收并蓄的成长智慧! DeepSeek 积极拥抱开源,与全球开发者社区共建生态。这启示我们：个人的力量有限，唯有开放心态，善于学习与合作，才能汇聚成推动时代进步的磅礴力量！它不仅仅是一个工具，更是一个象征——象征着中国年轻一代科技工作者以智慧和汗水，在 AI 的赛道上奋力奔跑、勇争一流的决心与能力！它就在那里，以128K 的"超级大脑"随时准备为你的求知探索提供强大助力；它更在召唤，召唤着更多像你们一样怀抱理想、充满潜力的青年才俊加入这场激动人心的科技长征！当你在知识的海洋中扬帆，DeepSeek 是你最可靠的领航员；当你在创新的高地上攀登，DeepSeek 团队的精神是你最强大的助推器！

课后练习

1. 设计校园版 AI 助手 DeepSeek 校园之光，并形成介绍方案。
2. 将 DeepSeek 精神转化为个人成长要素，制作个人电子成长树（树根＝价值观，树枝＝行动，果实＝目标）。

DeepSeek
发展历程

任务二　学习 DeepSeek 发展历程

DeepSeek 是中国领先的人工智能团队，短短两年从中文能力薄弱的模型，进化成支持多模态、强推理的 AGI 探索者。它的成长史是 AI 技术的缩影，也是中国科技创新的典范。

1. 起步与开源奠基阶段（2023 年 11 月—2024 年 1 月）

在成立初期，DeepSeek 面临两大核心挑战：中文能力弱于国际主流模型，以及专业代码生成能力不足。为此，团队推出 DeepSeek-V1 和 DeepSeek-Coder（7B/33B）两大开源模型。通过纯中文预训练＋中英双语微调技术，显著提升中文语义理解与生成质量，填补了高质量中文大模型的空白；同时，专精代码领域的 DeepSeek-Coder 在 HumanEval、MBPP 等评测中超越 GPT-3.5 和 CodeLlama，成为全球最强开源代码模型。这一阶段的核心策略是全面拥抱开源：公开模型权重、训练方法及评测工具，快速建立开发者社区信任，为后续生态扩张奠定基础。短短 3 个月，DeepSeek 以"技术透明＋性能领先"的双重优势，确立了中国大模型开源先锋的地位。

2. 长上下文与通用能力跃升阶段（2024 年 1 月—2024 年 6 月）

随着应用场景复杂化，DeepSeek 聚焦三大瓶颈：上下文长度限制、推理效率低下及复杂任务泛化不足。DeepSeek-V2 率先支持 128K 超长上下文，在 LongBench 评测中实现长文档、代码库的精准理解；同时，创新引入 MoE（混合专家）架构（如 DeepSeek-MoE16B），仅激活部分参数即可达到 70B 模型的性能，推理成本降低 3 倍以上。在能力边界上，模型在MMLU（多学科知识）、GSM8K（数学推理）、MATH（高等数学）等权威榜单中超越 Llama2-70B，逼近 GPT-4 水平。这一阶段历时 5 个月，标志着 DeepSeek 从"垂直领域强者"向"通用智能体"的跨越，为多模态与高阶推理演进铺平道路。

3. 多模态与推理强化阶段（2024 年 6 月—2025 年 2 月）

为突破纯文本局限，DeepSeek 开启多模态与深度推理的融合探索。DeepSeek-VL（视觉语言模型）支持图像问答、图表解析与跨模态推理，解决图文关联理解的核心问题；

DeepSeek-R 系列（如 R1）专攻数学与逻辑稳定性，在 MATH、TheoremQA 等测试中达到 GPT-4Turbo 水平，实现复杂推理的可靠输出。同时，团队强化模型安全与价值观对齐：通过严格 RLHF（人类反馈强化学习）和宪法 AI 约束框架，显著降低有害内容生成风险。历时 9 个月的迭代，DeepSeek 不仅补齐多模态能力短板，更以"强推理＋高安全"的双重特性，推动技术从实验室走向产业化部署。

4. 通用人工智能（AGI）路径探索阶段（2025 年 2 月之后）

当前阶段，DeepSeek 瞄准 AGI 雏形构建，核心突破在于"被动响应"到"主动智能"的范式升级。DeepSeek-Agent 框架支持工具调用（如代码执行、网络搜索）、环境交互及任务自主规划（如自动撰写报告、多步问题拆解）；DeepSeek-V4 实现文本、图像、音频的统一理解与生成，对标 GPT-4o 级多模态能力；在技术纵深上，团队探索模型自我进化机制——通过数据合成、课程学习和自主优化，减少人工干预需求。这一仍在推进的变革，旨在赋予模型"目标驱动"能力，推动 AI 从"专家工具"向"通用助手"进化，为 AGI 时代奠定基础。

课后练习

1. 请归纳 DeepSeek 各发展阶段的关键技术、突破成就。
2. 制作 DeepSeek 发展阶段时间历程卡片并展示讲解。

任务三　探究 DeepSeek 的特点优势

DeepSeek-R1 是一款先进的大型语言模型（LLM），它展现了当前人工智能技术的诸多突破。它不仅仅是一个聊天机器人，更是一个集智能化、多功能、易用性、高效率、低成本、开源生态和安全部署等优势于一体的强大平台。理解它的工作原理和优势，能帮助我们更好地把握人工智能的发展趋势和应用前景。

你是一名"AI 技术探索小组成员"。你的任务是深入研究 DeepSeek 公开资料（参考图 11-1），完成以下探究步骤，并最终形成一份简洁的"DeepSeek 优势与技术解析报告"。

版本	原理	重要功能	特点	关键指标提升
DeepSeek V1	将多头查询〔Q〕分组共享键值〔K/V〕，减少显存占用	基本沿用LLaMA	奠定基础 GQA + 多阶段训练	训练速度+20%
DeepSeek V2	在潜在空间压缩注意力头维度〔如64维→32维〕，通过低秩分解减少计算量	• 提出DeepSeek MoE • MLA压缩kv减少缓存	效率革命 MoE + 潜在注意力	推理成本−50%
DeepSeek V3	熵最大化路由：约束路由器输出的熵值，自然增加专家负载 梯度掩码：对过载专家暂停梯度更新，促使其"冷却"	• MoE 负载均衡优化 • 引入MTP 技术	负载均衡新范式 无辅助损失均衡	专家利用率+24%
DeepSeek R1	动态路由架构：根据输入类型〔文本/代码/数学〕自动切换模型分支 混合精度推理：FP16用于注意力计算，INT4用于FFN层，延迟降低35%	冷启动问题的强化学习	全能选手 动态路由 + 混合精度	综合任务得分+15%

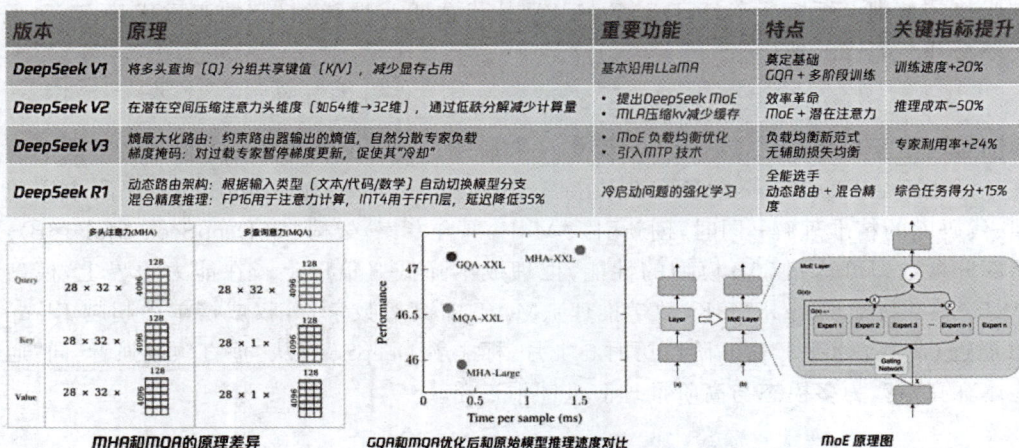

MHA和MQA的原理差异　　GQA和MQA优化后和原始模型推理速度对比　　MoE 原理图

图 11-1　DeepSeek 核心版本特性

1. 优势识别与分类

仔细阅读上图提供的 DeepSeek 核心版本特性列表,将上述特性归类到用户体验、技术性能和生态与安全三个维度,并简述每个特性的含义,哪个维度的特性你认为对普通用户最重要? 哪个维度对企业用户最重要? 为什么?

2. 核心技术解构

重点阅读上图中体现的核心技术,尝试将每项核心技术与其支撑的核心优势或关键能力联系起来,例如:深度学习＋NLP→支撑了智能化(理解复杂问题、个性化建议),MoE＋MLA→支撑了高效率(快速处理复杂查询)和低成本(降低推理开销),知识图谱→支撑了提供精准的答案(属于智能化的一部分),大规模强化学习→支撑了推理能力和泛化能力(属于智能化和高效率)等。

3. 应用场景设计与价值评估

基于 DeepSeek 的多功能性,为个性化习题辅导、自动生成报告初稿、旅行规划建议、健康咨询信息整合、多语言实时翻译等领域设计具体的应用场景,并说明 DeepSeek 的哪些优势在该场景中发挥了关键作用。

针对 DeepSeek 的特点优势,讨论其带来的积极影响和可能面临的挑战,如:低成本 & 开源生态特性对普及 AI 技术、促进创新有什么好处? 可能存在什么风险(如模型滥用)? 本地部署特性对银行、医院、政府机构是否很重要? 本地部署在效率和成本上可能有什么取舍? 高效率特性是否可能带来过度依赖或就业结构变化的问题?

课后练习

1. 将你的探究结果整理成一份结构清晰、语言简洁的报告,报告应包含标题、引言、核心优势解析、技术基石、应用展望、思考与评估等内容。
2. 在小组或班级内进行简短汇报,分享你的发现和见解。

项目二　探究 DeepSeek 原理及架构

任务一　探索 DeepSeek 原理

DeepSeek-V3 作为中国自主研发的大模型标杆,其 6710 亿参数的庞大身躯蕴藏着精巧的效率设计。面对"模型越智能,算力消耗越惊人"的行业困境,DeepSeek 团队首创四大核心技术:MoE 架构如同智能调度中心,让每个问题仅唤醒 370 亿相关参数专家,避免"全员出动"的资源浪费;MLA 机制将关键注意力矩阵压缩为轻量级数据包,显著缓解内存压力;多 token 预测打破传统逐字生成模式,实现"一次思考,多步输出"的思维跃迁;FP8 训练以精度微量损失换取显存占用骤降,为千亿级模型训练开辟新路径。这些技术共同构成 DeepSeek"高性能、低能耗"的智能引擎,本次任务将带您拆解这台引擎的核心部件。

1. 架构效率探秘

开展"专家调度模拟实验":将班级分为数学、文学、编程等专家小组。教师提出具体问题（如"解微分方程"），仅相关领域小组起立解答。记录每次激活的专家比例，讨论动态负载平衡如何降低资源消耗。类比 DeepSeek-V3 的 MoE 架构：6710 亿总参数中仅 5.5％被激活，理解"选择性专家唤醒"对降低 300％计算成本的贡献。

2. 内存压缩实战

进行"信息精炼挑战"：要求学生用 20 字概括一段 200 字文本的核心信息（模拟 MLA 的低秩压缩）。对比原文与摘要的信息保留度，体会 Key-Value 矩阵压缩为潜在向量的可行性。重点分析压缩后如何保持语义完整性，理解该技术如何实现内存占用降低 50％以上。

3. 推理加速验证

组织"语句接龙竞赛"：A 组逐词生成句子（如"我→爱→AI"），B 组每次预测两个词（如"我爱→AI"）。统计两组完成 10 句话的总耗时，验证多 token 预测的 30％加速效果。延伸讨论该技术对翻译、编程等实时场景的应用价值。

4. 技术迁移思考

展示 DeepSeek-R1 通过知识蒸馏将复杂推理能力迁移到轻量模型的过程。分组设计校园应用方案——如何用蒸馏技术让手机端模型具备论文解析能力？引导学生理解技术普惠化的实现路径。

课后练习

1. 归纳 DeepSeek 各原理要点。
2. DeepSeek 原理为我们带来了哪些 AI 技术启发。

任务二   解密 DeepSeek 的模型架构

DeepSeek 现有技术路线锁定三大方向：专家动态调度（MoE 架构创新）、注意力内存压缩（MLA 技术突破）和无监督自主进化（RL＋合成数据训练）。

1. 专家动态调度

DeepSeek 模型的大脑不是一个单一的"全能超人"，而更像一个管理着成千上万名"专项天才"的超级智能调度中心。这里的每一位"天才"（我们称为"专家"）都只在自己最拿手的领域达到顶尖水平：有的专攻数学难题，有的精通故事创作，有的擅长分析历史事件，有的则对科技知识了如指掌。当你要问模型一个问题，比如"解释一下电动汽车的工作原理，并写一首关于未来交通的短诗"时，这个智能调度中心就会立刻启动。它像一位经验丰富的"调度员"，快速扫描你的问题，瞬间判断出："哦，这个问题需要用到科技原理专家来解释汽车，还需要创意写作专家来写诗！"于是，它只精准地唤醒并派出这两三位最相关的专家来干活。其他成千上万的专家此刻都在"休息待命"，完全不消耗额外能量。被点名的专家们高效地完成自己最擅长的部分，结果被汇总成一个完美的答案给你。这种"让最专业的专家，在最需要的时候，只做最对口的事"的机制，就是 DeepSeek 能既强大又高效的核心秘密。

DeepSeek 模型拥有海量的知识，如果每次回答问题都要动用全部"脑力"，那得多慢、多耗电啊？这就是"专家动态调度"模型厉害的地方！它就像一家拥有无数顶尖专科医生的超级医院。病人（你的问题）来了，医院不是让所有医生都来会诊，而是有一个智能分诊系统

（路由器）。这个系统会根据病人的症状（你的问题内容），瞬间判断："这位病人主要需要心脏科张主任和呼吸科李主任。"于是，只有这两位最相关的顶级专家被请来会诊，其他科室的专家照常工作或休息。这样，医院（模型）虽然整体规模巨大、能力超群（能处理各种疑难杂症/复杂问题），但处理单个病人（单个你的问题）时却非常快速、精准且省资源（计算资源）。DeepSeek 正是通过这种"平时储备巨量专家，用时只激活关键少数"的动态调度智慧，成功解决了传统大模型"又胖（参数多）又慢（计算量大）"的难题，让强大的 AI 既能"学富五车"，又能"对答如流"。

2. 注意力内存压缩

你在手机上阅读一篇非常长的文章（比如一本电子书），但手机内存有限，读着读着就变慢了，甚至卡住了。这是因为手机要同时记住和思考前面读过的所有内容，负担太重。DeepSeek 模型在处理超长文本（比如一本书、一份长报告）时，也遇到了类似的"内存不足"问题。它的"注意力机制"原本需要记住并反复查看之前所有的文字（就像你不断翻回前面几十页去复习），这会让计算变得又慢又耗资源。DeepSeek 的 MLA（注意力内存压缩）技术，就像给模型装了一个"智能笔记压缩器"。当模型阅读超长文本时，这个技术能够自动将前面大段文字的核心要点和重要关系，巧妙地浓缩成一份精炼的"摘要笔记"。当模型需要回忆前面的内容时，它不再需要翻看所有原始文字，而是快速查阅这份高度压缩的"摘要笔记"就够了。这大大减轻了模型的"记忆负担"，让它能够流畅地处理非常长的对话或文档，不再轻易"卡顿"或"遗忘"。

你可以把 DeepSeek 的 MLA 技术，看作一位具备"过目不忘、抓重点"超能力的速记员。传统模型在处理长内容时，就像要求速记员把会议上每个人说的每一句话都一字不漏地记下来，笔记本很快就写满了，查找信息也慢。而 MLA 技术则教会了速记员（模型）一项新本领：听的同时，就能自动提炼出讲话的核心观点和逻辑关系，并用非常简洁的关键词和结构图记录下来。当会议进行到后面，需要参考前面的内容时，速记员只需快速浏览自己那份精炼的结构化笔记，就能瞬间把握之前讨论的精华，完全不用去翻厚厚的原始记录。这种"理解性压缩记忆"的能力，是 DeepSeek 能在普通计算机甚至手机上流畅运行、处理超长文本（如数百页 PDF）的关键突破！它不仅节省了大量"内存空间"，还让模型的"思考速度"大大提升，为用户提供了更强大、更顺滑的长文处理体验。

3. 无监督自主进化

DeepSeek 的"无监督自主进化"技术，就像给一位赛车手配备了一套"智能训练场"＋"虚拟教练"组合。首先，"训练场"能自动生成各种复杂的虚拟赛道（合成数据），比如突然出现的障碍、变化的天气、不同的对手策略，数量几乎是无限的。其次，"虚拟教练"（强化学习机制）不是手把手教，而是在每次跑圈后，根据预设的目标（比如速度最快、碰撞最少、路线最优）自动打分。赛车手（AI 模型）根据这些分数，不断自我反思、调整策略："哦，上次过这个弯太慢了，下次试试提前刹车？"或者"刚才超车路线选得好，加分了，以后多用这招！"通过在这种安全、无限的环境中反复"练习—评分—改进"，赛车手（AI）的能力就能在没有真人全程盯梢（无监督或弱监督）的情况下，快速、自主地提升，变得越来越强、越来越聪明。

你可以把 DeepSeek 的这种训练方式，看作建立了一个 AI 自我成长的"智能生态圈"。在这个圈子里，AI 首先利用它已有的知识，像一位"出题老师"一样，自动创造出大量有挑战性、多样化的新题目(合成数据)。这些题目可能涉及逻辑推理、创意写作、代码调试等,覆盖各种难度和角度。然后,AI切换成"考生"模式,尝试解答这些题目。关键来了:系统里还有一个"智能评分员"(奖励模型),它根据预设的"好答案"标准(如正确性、条理性、创造性、安全性)给AI考生的答案打分。AI考生拿到分数后,就像学生分析试卷一样,自动找出哪里做得好、哪里不足,并针对性调整自己的"解题思路"。这个"出题→做题→评分→改进"的循环可以日夜不停地自动运行。通过海量的这种自我练习和反思(强化学习循环),AI就能在很少依赖人工标注数据的情况下,持续地、高效地"进化",不断提升解题能力、语言表达和逻辑思维,最终成为一个更强大、更可靠、更通用的智能助手。

课后练习

1. 结合内容归纳 DeepSeek 各模型架构解决的问题及突出优势。
2. 结合你在应用 DeepSeek 中遇到的问题提出新的优化方案或思路。

项目三　试用 DeepSeek

任务一　使用网页端 DeepSeek

对于大多数用户来说,网页端是最方便快捷的使用方式。你无需任何编程基础,只需打开浏览器,就可以与 DeepSeek-R1 进行互动。

(1)打开 https://chat.deepseek.com/,然后注册登录,输入手机号或者使用微信扫码,如图 11-2 所示。

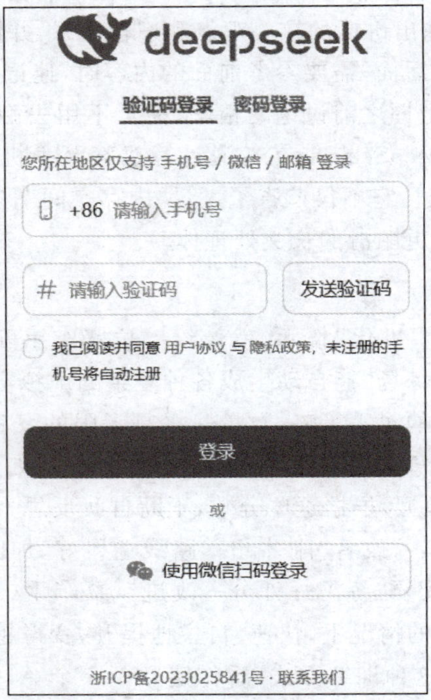

图 11-2　DeepSeek 登录

找到体验入口,在对话界面直接单击"深度思考(R1)",如图 11-3 所示。

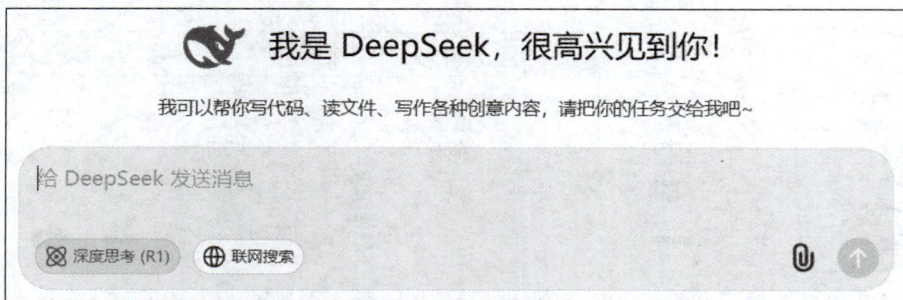

我是 DeepSeek,很高兴见到你!

我可以帮你写代码、读文件、写作各种创意内容,请把你的任务交给我吧~

给 DeepSeek 发送消息

深度思考 (R1)　　联网搜索

图 11-3　DeepSeek 对话界面

(2) 单击体验入口后,你将进入一个类似于聊天界面的页面。你可以在输入框中输入问题或指令,然后单击"发送"按钮。

(3) DeepSeek-R1 会根据你的输入生成相应的回复,并显示在对话框中,有自我思考部分。

使用技巧:

- 尽量使用清晰、明确的语言来描述你的需求,这样 DeepSeek-R1 才能更好地理解你的意图。
- 如果你对 DeepSeek-R1 的回答不满意,可以尝试换一种方式提问,或者提供更多的上下文信息。
- DeepSeek-R1 拥有多种能力,你可以尝试让它帮你写故事、生成代码、翻译文本等等,尽情探索它的潜力!

任务二　API 的使用

网页端虽然方便,但如果你想让 DeepSeek-R1 的能力发挥到极致,可以使用 API。那么,API 到底是什么呢?

什么是 API

什么是 API

举个例子,想象一下,你去餐厅点菜:

- 你(你的应用程序):想吃东西,但不会做。
- 菜单(API 文档):上面写着餐厅能提供的所有菜品(API 能提供的所有功能)。
- 服务员(APl):负责把你点的菜(你的请求)传达给厨房(DeepSeek-R1 模型),并把做好的菜(模型返回的结果)端给你。
- 点菜(发送请求):你告诉服务员你想吃什么菜,以及有什么特殊要求(例如:不要放辣)。
- 上菜(接收结果):服务员把厨房做好的菜端给你。

在这个例子中,API 就像是餐厅的服务员,它负责在你和 DeepSeek-R1 之间传递信息。你不需要知道厨房是怎么做菜的,只需要告诉服务员(API)你的需求,它就会帮你搞定一切!

简单来说,API 就是一个中间人,它让你的应用程序可以和 DeepSeek-R1"说话",让 DeepSeek-R1 听懂你的指令,并把结果返回给你。

在哪儿获取 API

(1) 访问 DeepSeek 开放平台:打开 https://platform.deepseek.com/,如图 11-4 所示。

图 11-4　获取 API

（2）找到 API keys：在左侧单击 API keys，然后生成一个 API 令牌。

（3）开始在各种应用中配置：这里注意三个地方，第一个是 API key，就是你生成的令牌密钥。第二个是中转地址或者叫代理地址、base_url，一律填写 https://api.deepseek.com。

出于 OpenAI 兼容考虑，也可以将 base_url 设置为 https://api.deepseek.com/v1 来使用。

第三个就是模型：deepseek-reasoner 是 DeepSeek 最新推出的推理模型 DeepSeek-R1。通过指定 model='deepseek-reasoner'，即可调用。DeepSeek-V3，如图 11-5 所示。

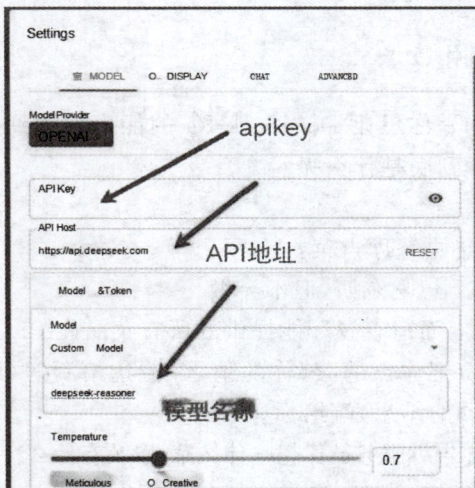

图 11-5　API 配置

API 应用场景

有了 API，你就可以在各种各样的应用里使用 DeepSeek-R1 的强大能力，就像你可以在不同的场合点不同的菜一样。以下是一些常见的可调用 API 的应用程序，如表 11-1 所示。

表 11-1 可调用 API 的应用程序

ChatbOX	一个支持多种流行 LLM 模型的桌面客户端,可在 Windows、Mac 和 Linux 上使用
留白记事	留白让你直接在微信上使用 DeepSeek 管理你的笔记、任务、日程和待办清单
RSS 翻译器	开源、简洁、可自部署的 RSS 翻译器
Enconvo	Enconvo 是 AI 时代的启动器,是所有 AI 功能的入口,也是一位体贴的智能助理
Cherry Studio	一款为创造者而生的桌面版 AI 助手
ToM emo(iOS,ipadOS)	一款短语合集＋剪切板历史＋键盘输出的 iOS 应用,集成了 AI 大模型,可以在键盘中快速输出使用
茴香豆(个人微信/飞书)	一个集成到个人微信群/飞书群的领域知识助手,专注解答问题不闲聊
QChatGPT(QQ)	高稳定性、支持插件、实时联网的 LLM QQ/QQ 频道/One Bot 机器人

总而言之,只要需要用到自然语言处理能力的地方,都可以用 DeepSeek-R1 的 API 来实现。

项目四 探索 DeepSeek 更多应用

任务一 尝试 DeepSeek 提问法则

(1)法则一:明确需求。

- ×错误示例:"帮我写点东西"。
- √正确示例:"我需要一封求职邮件,应聘新媒体运营岗位,强调三年公众号运营经验"。

(2)法则二:提供背景。

- ×错误示例:"分析这个数据"。
- √正确示例:"这是一家奶茶店过去三个月的销售数据,请分析周末和工作日的销量差异(附 CSV 数据)"。

(3)法则三:指定格式。

- ×错误示例:"给几个营销方案"。
- √正确示例:"请用表格形式列出三种情人节咖啡店促销方案,包含成本预估和预期效果"。

(4)法则四:控制长度。

- ×错误示例:"详细说明"。
- √正确示例:"请用 200 字解释区块链技术,让完全不懂技术的老人能听懂"。

(5)法则五:及时纠正。

当回答不满意时,可以输入:

- "这个方案成本太高,请提供预算控制在 500 元以内的版本"。
- "请用更正式的语气重写第二段"。

任务二　尝试基础指令演练

基础指令集

（1）/续写：当回答中断时自动继续生成。

（2）/简化：将复杂内容转换成大白话。

（3）/示例：要求展示实际案例（特别是写代码时）。

（4）/步骤：让 AI 分步骤指导操作流程。

（5）/检查：帮你发现文档中的错误。

基础指令场景演练

（1）输入"/步骤 如何用手机拍摄美食照片"，观察分步指导。

（2）输入"请解释量子计算，然后/简化"，对比前后差异。

任务三　尝试文档分析

文档分析操作流程

（1）点击回形针图标上传文件（支持 PDF/Word/TXT）。

（2）输入具体指令。

- "总结这份年报的三个核心要点"。
- "提取合同中的责任条款制成表格"。

（3）进阶技巧。

- 对比分析："对比文档 A 和文档 B 的市场策略差异"。
- 数据提取："从实验报告中整理所有温度数据"。

避坑指南：

- 超过 50 页的文档建议先拆分处理。
- 扫描版 PDF 需确保文字可复制。

任务四　尝试 AI 编程

万能编程模板如图 11-6 所示。

```
1    【语言】Python
2    【功能】自动下载网页图片
3    【要求】
4    - 处理SSL证书错误
5    - 显示下载进度条
6    - 保存到指定文件夹
```

图 11-6　编程模板

执行策略：

（1）先让 AI 生成代码。

（2）要求添加注释说明。

（3）请求逐行解释关键代码段。

（4）遇到报错直接粘贴错误信息。

任务五　尝试 AI 写作

阶段一：开题攻坚操作流程

（1）按研究方向输入："我是机械工程专业本科生，请推荐 5 个适合毕业设计的智能机器人相关课题，要求：①具有创新性但不过于前沿；②需要仿真实验而非实物制作；③附相关参考文献查找关键词。"

（2）优化题目示例对话。

你："基于深度学习的机械臂抓取系统研究。"

AI："建议改为'基于改进 YOLOv5 的未知物体自适应抓取系统研究'，创新点更明确。"

（3）文献速览。上传 10 篇 PDF 文献后输入"请用表格对比各文献的研究方法，按'创新点/局限/可借鉴处'三列整理"。

阶段二：正文写作核心技巧

（1）方法描述：输入"请将这段实验步骤改写成学术被动语态：我们先用 CAD 画了模型，然后导入 ANSYS 做力学分析"。

（2）数据可视化：提供 Excel 数据后输入"请建议三种适合展示温度变化曲线的图表类型，并说明选择理由"。

（3）降重技巧：对指定段落使用指令"/学术化改写保持原意但调整句式结构"。

阶段三：格式调整示例（图 11-7）

```
1    请检查我的论文格式是否符合以下要求：
2    1．三级标题用1.1.1格式
3    2．参考文献[1]需要补充DOI号
4    3．所有图片添加居中的「图1-」编号
5    4．行距调整为1.5倍
```

图 11-7　格式调整示例

阶段四：仅做文本辅助

查重降重一体化预检，指令如图 11-8 所示。

```
1    分析以下段落：［粘贴文本］
2    1．预测查重率及高危片段（标红显示）
3    2．识别潜在引用缺失（推荐3篇相关文献）
4    3．给出改写建议（同义替换/结构调整）
```

图 11-8　文本辅助指令

输出示例如图 11-9 所示：

期刊匹配引擎，指令如图 11-10 所示。

辅助必备指令如图 11-11 所示。

```
1    原句："机器学习需要大量数据支持"
2    改写方案：
3    "当代AI模型的训练过程，往往依赖于海量样本的持续输入（Wang et al., 2022）"
```

图 11-9　输出示例

```
1    基于我的研究：
2    – 领域：人工智能辅助教育
3    – 创新点：动态知识点图谱构建
4    – 数据量：10万+用户样本
5    推荐：
6    1. 3个冲刺期刊（IF 3-5）
7    2. 2个保底期刊（录用率>40%）
8    3. 1个新兴开源期刊（APC免费）
9    要求：
10   – 附最新影响因子和审稿周期
11   – 标注格式要求差异（参考文献/图表规范）
```

图 11-10　匹配指令

```
1    实时监控指令：
2    "追踪[研究关键词]的最新预印本，每周一生成简报"
3    "发现与我方法论相似的已发表论文，对比优劣势"
```

图 11-11　辅助必备指令

避坑指南：

- 警惕"该领域最新研究显示"等模糊表述，学术内容引用要明确，内容要严谨。
- 涉及敏感数据应使用"假设我们有某型号机床的振动频率数据"代替真实信息。
- 答辩 PPT 生成后务必人工检查动画逻辑。

任务六　尝试 AI 自媒体运营

爆款内容生产线——标题生成术

（1）基础版：

请生成 10 个关于"时间管理"的小红书标题，要求：

- 使用 emoji 符号。
- 包含数字量化。
- 突出痛点解决。

（2）进阶版：

将"Python 入门教程"改写成吸引大学生的抖音文案标题，要求：

- 使用悬念结构。
- 不超过 15 字。
- 带热门话题标签。

内容创作模板（图 11-12）

```
1   【类型】科普类短视频脚本
2   【主题】量子计算机原理
3   【要求】
4   1. 用"冰箱整理食物"做类比解释量子比特
5   2. 每30秒设置一个悬念转折
6   3. 结尾引导点赞话术
```

图 11-12　创作模板

排版优化技巧

① 输入将这段文字改造成适合微信公众号的排版。

② 每段不超过 3 行。

③ 关键句加 emoji。

④ 添加间隔符号如"————"。

⑤ 重要数据用绿色字体标注。

数据分析实战

上传后台数据截图后输入：

"分析粉丝活跃时间段，建议下周最佳发稿时刻表，用 24h 制展示高峰时段"。

任务七　尝试学习规划

定制专属学习方案

（1）输入背景："我需要三个月内雅思达到 7 分，当前水平 5.5 分，每天可学习 3h"。

（2）生成计划："请按周制订备考方案，包含每日各科时间分配、必备资料清单、阶段自测时间点"。

（3）动态调整："本周听力正确率仅 60%，请重新调整下周听力训练计划"。

知识点攻克策略

（1）概念理解：输入"用三句话解释蒙特卡罗模拟，第一句类比生活场景，第二句技术定义，第三句应用案例"。

（2）错题分析：上传错题照片后输入"请解析错误根源，并推荐 3 道同类强化练习题"。

（3）记忆强化："将这些医学名词生成记忆口诀，每句 7 个字押韵"。

"监督模式开启

（1）每周日晚 8 点提醒我提交学习总结 。

（2）每次刷手机超过 30min 发送警示语。

（3）完成阶段目标后生成奖励方案。"

避坑指南：

- 论文场景：慎用"帮我写文献综述"等宽泛指令，应改为"请对比 A 学者和 B 学者在
  ××理论上的分歧"。

- 自媒体场景：避免直接发布 AI 生成的时事评论，需人工核实事实。

- 学习场景：当 AI 建议"每天背 200 个单词"时，应追问"如何科学安排复习周期"。

课后练习

请用以下问题来测试大模型的深度思考能力。

1. 进化挑战
- 如果人类的大脑进化到可以理解四维或更高维度的世界,我们对时间和空间的理解会发生什么改变?

2. 宇宙学假设
- 如果发现宇宙的所有物理定律都只在地球附近有效,而在其他区域完全不同,这会如何改变科学?

3. 诗歌创作
- 问题:以"孤独的宇航员"为主题,创作一首十四行诗,要求押韵且有强烈的画面感。
- 目标:评估模型在诗歌创作中的语言美感和韵律把握能力。

参考文献

[1] 李开复,王咏刚.人工智能[M].北京:文化发展出版社,2018.

[2] Stuart Russell,Peter Norvig.人工智能:现代方法[M].4版.北京:人民邮电出版社,2021.

[3] 吴军.智能时代[M].北京:中信出版社,2020.

[4] 周志华.机器学习[M].北京:清华大学出版社,2018.

[5] 伊恩·古德费洛,约书亚·本吉奥,亚伦·库维尔.深度学习[M].赵申剑,等,译.北京:人民邮电出版社,2018.

[6] 雷明.机器学习:原理、算法与应用[M].北京:清华大学出版社,2019.

[7] 王东.人工智能导论[M].北京:高等教育出版社,2021.

[8] 斋藤康毅.深度学习入门:基于Python的理论与实现[M].陆宇杰,译.北京:人民邮电出版社,2020.

[9] 邱锡鹏.神经网络与深度学习[M].北京:机械工业出版社,2020.

[10] 阿斯顿·张,李沐,等.动手学深度学习(PyTorch版)[M].北京:人民邮电出版社,2023.

[11] 李沐.深度学习实践:从算法到系统[M].北京:电子工业出版社,2021.

[12] 焦李成.深度卷积神经网络:原理与实践[M].北京:清华大学出版社,2021.

[13] 吴保元.生成式人工智能[M].北京:人民邮电出版社,2023.

[14] 翟尤.AIGC未来已来:迈向通用人工智能时代[M].北京:电子工业出版社,2023.

[15] 腾讯研究院.生成式AI:人工智能创造内容的新纪元[M].北京:中信出版社,2023.

[16] 王延峰.ChatGPT:智能对话的革命[M].北京:机械工业出版社,2023.

[17] 李兵.扩散模型:从理论到实践[M].北京:清华大学出版社,2024.

[18] Richard Szeliski.计算机视觉:算法与应用(第2版)[M].艾海舟,等,译.北京:清华大学出版社,2021.

[19] 贾扬清.深度学习计算机视觉实战[M].北京:人民邮电出版社,2022.

[20] 张重生.语音识别技术:原理与应用[M].北京:机械工业出版社,2020.

[21] 王晓华.OpenCV深度学习应用与性能优化[M].北京:电子工业出版社,2021.

[22] 刘伟,等.智慧医疗:人工智能在医疗健康领域的应用[M].北京:科学出版社,2022.

[23] 李德毅.自动驾驶技术原理与实践[M].北京:清华大学出版社,2021.

[24] 王飞跃.智慧城市:人工智能与城市治理[M].北京:机械工业出版社,2022.

[25] 吴甘沙.智能交通:AI如何重塑未来出行[M].北京:人民邮电出版社,2023.

[26] 阿里巴巴集团.AI赋能:电子商务中的智能技术实践[M].北京:电子工业出版社,2020.

[27] 腾讯研究院.人工智能伦理:全球视野与中国实践[M].北京:中信出版社,2021.

[28] 李彦宏.智能经济:AI时代的伦理与治理[M].北京:中信出版社,2020.

[29] 吴朝晖.人工智能安全导论[M].北京:高等教育出版社,2023.

[30] 中国信息通信研究院.中国人工智能发展报告(2023)[M].北京:人民邮电出版社,2023.

[31] 国务院发展研究中心.中国新一代人工智能发展规划解读[M].北京:人民出版社,2020.

[32] 杨强等.智周万物:人工智能改变中国[M].北京:中信出版社,2021.

[33] 中国电子学会.中国人工智能产业创新联盟白皮书[M].北京:电子工业出版社,2022.

[34] 何之源.Python深度学习:基于PyTorch[M].北京:电子工业出版社,2021.

[35] 魏坤.TensorFlow 2.0实战:从入门到精通[M].北京:人民邮电出版社,2020.

[36] 李航.自然语言处理:基于预训练模型的方法[M].北京:清华大学出版社,2022.

[37] 亚历山大·扎伊,布兰登·布朗.深度强化学习实战[M].李晗,译.北京:人民邮电出版社,2023.

[38] 吴军.给孩子的科技史[M].北京:中信出版社,2021.

[39] 李开复.AI未来进行式[M].杭州:浙江人民出版社,2022.

[40] 腾讯青少年科技学院.青少年AI创新实践指南[M].北京:人民邮电出版社,2023.

［41］张江.人工智能启蒙：写给中学生的 AI 通识课［M］.北京：清华大学出版社,2020.

［42］李飞飞.AI 新基建：驱动产业变革的下一代人工智能［M］.北京：电子工业出版社,2022.

［43］吴恩达.机器学习训练秘籍［M］.北京：人民邮电出版社,2023.

［44］周明.大模型时代：从 ChatGPT 到通用人工智能［M］.北京：机械工业出版社,2024.

［45］肖仰华.知识图谱：方法、实践与应用［M］.2 版.北京：电子工业出版社,2022.

［46］刘知远.图神经网络：基础、模型与应用［M］.北京：清华大学出版社,2023.

［47］王斌.机器人学：从算法到实践［M］.北京：机械工业出版社,2021.

［48］吴北虎.通识 AI 人工智能基础概念与应用［M］.北京：清华大学出版社,2023.

［49］陈云志,胡韬,叶鲁彬.人工智能通识教程［M］.杭州：浙江大学出版社,2023.

［50］王万良.人工智能通识教程［M］.2 版.北京：清华大学出版社,2022.

［51］周苏,鲁玉军.人工智能通识教程［M］.北京：清华大学出版社,2020.

［52］刘若辰,慕彩红,焦李成,等.人工智能导论［M］.北京：清华大学出版社,2021.

［53］乔海晔.传感器与无线传感网络［M］.北京：电子工业出版社,2019.

［54］钟柱培.传感器技术及应用［M］.北京：高等教育出版社,2020.

［55］周志华.机器学习［M］.北京：清华大学出版社,2023.